21世纪高等院校教材

线性代数

田振际　黄灿云　编

科学出版社
北京

内 容 简 介

本书介绍了线性代数的基本知识，内容深入浅出，论述通俗易懂. 包括行列式、矩阵、向量、线性方程组、特征值、特征向量、二次型、向量空间等在工程技术中常用的线性代数知识和理论.

本书可作为高等工科院校非数学专业本科生的线性代数教材，也可供相关专业的教学和科研人员作参考用书.

图书在版编目(CIP)数据

线性代数/田振际，黄灿云编. —北京：科学出版社，2008

(21 世纪高等院校教材)

ISBN 978-7-03-020835-4

I. 线… II. ①田… ②黄… III. 线性代数-高等学校-教材 IV. O151.2

中国版本图书馆 CIP 数据核字(2008) 第 002061 号

责任编辑：赵 靖／责任校对：张小霞

责任印制：白 洋／封面设计：耕者设计工作室

科学出版社 出版

北京东黄城根北街 16 号

邮政编码：100717

http://www.sciencep.com

北京市文林印务有限公司 印刷

科学出版社发行 各地新华书店经销

*

2008 年 1 月第 一 版 开本：720×1000 1/16

2016 年 8 月第七次印刷 印张：10 1/4

字数：194 000

定价：16.00 元

(如有印装质量问题，我社负责调换)

前言

线性代数是工科高等院校的一门重要公共基础课程，该课程的理论性强，概念比较抽象，而且有独特的数学思维方式.

作为数学的一个重要分支，线性代数有着悠久的发展历史和极其丰富的内容.作为一种基本的数学工具，线性代数在数学学科与其他科学技术领域，诸如数值分析、优化理论、微分方程、概率统计、运筹学、控制论、系统工程等学科都有广泛的应用，甚至在经济管理、社会科学等方面，线性代数也起着十分重要的作用.

本书较简洁地介绍了线性代数与工程技术联系密切、应用广泛的基本理论. 在编写过程中力求做到深入浅出、简明易懂，深度与广度适中. 因而，本书较为实用，既便于教又便于学，可作为理工科院校本科生的教材，也可作为有关专业的教师及工程技术人员的参考书.

本书第 1 章介绍 n 阶行列式的概念及其基本性质. 第 2 章介绍矩阵的概念及运算. 第 3 章介绍 n 维向量及其运算、性质以及向量与矩阵的关系. 第 4 章介绍线性方程组有无解的判别法则以及线性方程组解的结构、通解的求法. 第 5 章介绍向量空间的基本概念以及向量的内积等内容. 第 6 章介绍矩阵的特征值、特征向量以及实二次型的基本概念及其正定性判别. 每章后面配有一定数量的习题，习题中还加入了历届研究生入学考试的部分题目.

本书第 3 章、第 4 章和第 5 章由田振际编写，第 1 章、第 2 章和第 6 章由黄灿云编写. 本书曾作为讲义在兰州理工大学 2006 级部分基地班中试用过，在广泛征求相关老师、学生和有关专家意见的基础上，经过作者多次修改编写而成.

书中尽量给出了定理的证明，但有些定理 (比如，定理 6.1.3，定理 6.6.1，定理 6.7.2 等) 的证明比较复杂，如果本门课程的学时较少，在讲授时可以略去其证明过程，只要求学生掌握结论就可以了.

本书的编写得到了兰州理工大学教务处的大力支持，在此作者表示衷心的感谢；同时也要感谢兰州理工大学应用数学系的全体老师，他们对本书的构架和内容布局等方面都提出了许多建设性意见，特别是夏亚峰教授、张民悦教授、黎锁平教授、杨胜良教授、霍海峰教授、欧志英教授、孙建平教授和王永铎博士，他们不但仔细地审阅了整个书稿，修改了其中的印刷错误，还提供了许多非常好的习题. 这里还要感谢我的几位研究生，他们也仔细地阅读了书稿，并修改了诸多印刷错误.

由于水平所限，书中难免有疏漏和不妥之处，敬请读者批评指正.

编　者

2007 年 11 月 10 日

目　录

第 1 章　行列式 ······ 1

1.1　排列及其逆序数 ······ 2

1.2　行列式的定义 ······ 4

1.3　行列式的性质 ······ 8

1.4　行列式按行 (列) 展开定理 ······ 14

1.5　克拉默法则 ······ 20

习题 1 ······ 22

第 2 章　矩阵及其运算 ······ 26

2.1　矩阵的定义及运算 ······ 26

2.2　逆矩阵 ······ 37

2.3　分块矩阵 ······ 42

2.4　初等变换与初等矩阵 ······ 48

2.5　矩阵的秩 ······ 57

习题 2 ······ 59

第 3 章　向量组的线性相关性 ······ 65

3.1　n 维向量及其运算 ······ 65

3.2　向量组的线性相关性及判别 ······ 67

3.3　极大线性无关组 ······ 75

3.4　向量组的秩与矩阵的秩 ······ 78

习题 3 ······ 85

第 4 章　线性方程组的解 ······ 88

4.1　线性方程组有解的条件 ······ 88

4.2　齐次线性方程组的基础解系 ······ 92

4.3　非齐次线性方程组的通解 ······ 96

习题 4 ······ 102

第 5 章　n 维向量空间 ······ 107

5.1　n 维向量空间 ······ 107

5.2　内积、长度与夹角 ······ 111

5.3　向量组的正交化 ······ 115

5.4　正交矩阵 ······ 118

习题 5 ··········· 119
第 6 章　矩阵的相似与二次型 ··········· 121
6.1　矩阵的特征值与特征向量 ··········· 121
6.2　矩阵的相似对角化 ··········· 127
6.3　实对称矩阵的相似对角化 ··········· 132
6.4　二次型及其标准形 ··········· 139
6.5　用配方法将二次型化为标准形 ··········· 145
6.6　惯性定理 ··········· 148
6.7　正定二次型与正定矩阵 ··········· 151
习题 6 ··········· 155

第1章　行　列　式

在解决许多实际问题时，常常会遇到解方程组，而在中学所学的代数中，我们主要学习过解一元、二元、三元以至四元一次方程组. 本章和第 4 章主要讨论一般的多元一次方程组，即线性方程组. 所谓线性方程组就是一组含有若干个变量的一次方程式. 有 n 个变量 m 个方程的线性方程组的一般形式是

$$\begin{cases} a_{11}x_1 + a_{12}x_2 + \cdots + a_{1n}x_n = b_1, \\ a_{21}x_1 + a_{22}x_2 + \cdots + a_{2n}x_n = b_2, \\ \cdots\cdots \\ a_{m1}x_1 + a_{m2}x_2 + \cdots + a_{mn}x_n = b_m, \end{cases} \tag{1.1}$$

这里，n 和 m 都是正整数. 如果 $m = n$，则 (1.1) 叫做 n 元线性方程组.

对于二元线性方程组

$$\begin{cases} a_{11}x_1 + a_{12}x_2 = b_1, \\ a_{21}x_1 + a_{22}x_2 = b_2, \end{cases}$$

当 $a_{11}a_{22} - a_{12}a_{21} \neq 0$ 时，其有唯一解，即

$$x_1 = \frac{a_{22}b_1 - a_{12}b_2}{a_{11}a_{22} - a_{12}a_{21}}, \quad x_2 = \frac{a_{11}b_2 - a_{21}b_1}{a_{11}a_{22} - a_{12}a_{21}}.$$

我们称 $a_{11}a_{22} - a_{12}a_{21}$ 为**二阶行列式**，并表示为

$$a_{11}a_{22} - a_{12}a_{21} = \begin{vmatrix} a_{11} & a_{12} \\ a_{21} & a_{22} \end{vmatrix}.$$

于是，上述解用行列式可表述为：当二阶行列式

$$\begin{vmatrix} a_{11} & a_{12} \\ a_{21} & a_{22} \end{vmatrix} \neq 0$$

时，该方程组有唯一解，即

$$x_1 = \frac{\begin{vmatrix} b_1 & a_{12} \\ b_2 & a_{22} \end{vmatrix}}{\begin{vmatrix} a_{11} & a_{12} \\ a_{21} & a_{22} \end{vmatrix}}, \quad x_2 = \frac{\begin{vmatrix} a_{11} & b_1 \\ a_{21} & b_2 \end{vmatrix}}{\begin{vmatrix} a_{11} & a_{12} \\ a_{21} & a_{22} \end{vmatrix}}.$$

对于三元线性方程组

$$\begin{cases} a_{11}x_1 + a_{12}x_2 + a_{13}x_3 = b_1, \\ a_{21}x_1 + a_{22}x_2 + a_{23}x_3 = b_2, \\ a_{31}x_1 + a_{32}x_2 + a_{33}x_3 = b_3, \end{cases}$$

如果记

$$\begin{vmatrix} a_{11} & a_{12} & a_{13} \\ a_{21} & a_{22} & a_{23} \\ a_{31} & a_{32} & a_{33} \end{vmatrix} = a_{11}a_{22}a_{33} + a_{12}a_{23}a_{31} + a_{13}a_{21}a_{32} - a_{13}a_{22}a_{31} - a_{12}a_{21}a_{33} - a_{11}a_{23}a_{32},$$

并称其为**三阶行列式**, 那么当三阶行列式

$$D = \begin{vmatrix} a_{11} & a_{12} & a_{13} \\ a_{21} & a_{22} & a_{23} \\ a_{31} & a_{32} & a_{33} \end{vmatrix} \neq 0$$

时, 上述三元方程组有唯一解

$$x_1 = \frac{D_1}{D}, \quad x_2 = \frac{D_2}{D}, \quad x_3 = \frac{D_3}{D},$$

其中

$$D_1 = \begin{vmatrix} b_1 & a_{12} & a_{13} \\ b_2 & a_{22} & a_{23} \\ b_3 & a_{32} & a_{33} \end{vmatrix}, \quad D_2 = \begin{vmatrix} a_{11} & b_1 & a_{13} \\ a_{21} & b_2 & a_{23} \\ a_{31} & b_3 & a_{33} \end{vmatrix}, \quad D_3 = \begin{vmatrix} a_{11} & a_{12} & b_1 \\ a_{21} & a_{22} & b_2 \\ a_{31} & a_{32} & b_3 \end{vmatrix}.$$

现在所面临的问题是, 方程组 (1.1) 是否有解; 如果有解, 如何求其解; 它有多少组解. 这些问题都和行列式有密切的关系. 本章的最后一节就是用行列式初步地解决 n 元线性方程组的上述问题, 我们要把二元、三元方程组解的上述结果推广到 n 元线性方程组的情形. 为此, 需要给出 n 阶行列式的定义, 并讨论它的性质, 这就是本章的主要内容.

1.1　排列及其逆序数

作为 n 阶行列式定义的准备, 首先给出排列及其逆序数的概念和性质.

定义 1.1.1　由 $1, 2, \cdots, n$ 组成的一个有序数组称为一个 n **级排列**.

例如, 3421 是一个四级排列, 45123 是一个五级排列. 容易看出, n 级排列的总数是 $n!$. 显然, $12\cdots n$ 也是一个 n 级排列, 这个排列具有自然顺序, 通常称其为**自然排列**或者**标准排列**.

定义 1.1.2 在一个排列中, 如果一对数的先后位置和大小顺序相反, 即前面的数大于后面的数, 那么就称它们为一个**逆序**; 一个排列中逆序的总数称为这个排列的**逆序数**; 进一步, 逆序数为偶数的排列称为**偶排列**, 逆序数为奇数的排列称为**奇排列**.

例如, $42, 43, 41, 21, 31$ 是排列 4231 的所有逆序, 因此它的逆序数就是 5, 所以是奇排列; 而排列 31524 的逆序数是 4, 因而是偶排列.

n 级排列 $j_1j_2\cdots j_n$ 的逆序数通常表示为

$$\tau(j_1j_2\cdots j_n).$$

应该指出, 我们同样可以考虑由任意 n 个不同的自然数所组成的排列以及它们的逆序、逆序数等概念.

把一个排列中两个数的位置互换, 而其余的不动, 这样就得到一个新的排列. 这种作出一个新排列的过程称为一个**对换**. 将相邻两个数对换叫做**相邻对换**. 显然, 如果将一个排列连续实施两次相同的对换, 那么排列就被还原了. 由此可知, 一个对换把全部 n 级排列两两配对, 使每两个配对的排列在这个对换下互变.

定理 1.1.1 对换改变排列的奇偶性.

这就是说, 经过一次对换, 奇排列变成偶排列, 偶排列变成奇排列.

证明 先证相邻对换的情形. 设排列 $\cdots jk\cdots$ 经过对换 j 和 k 变成 $\cdots kj\cdots$, 这里 “$\cdots$” 表示那些不动的数. 显然, 若 j, k 在排列 $\cdots jk\cdots$ 中与其他数构成逆序, 则在排列 $\cdots kj\cdots$ 中仍然与其他数构成逆序. 若不构成逆序, 则在排列 $\cdots kj\cdots$ 中也不构成逆序. 而对 j, k 来说, 如果原来构成逆序, 那么经过对换后逆序就减少 1; 如果原来不构成逆序, 那么经过对换后逆序就增加 1. 这样, 无论减少 1 还是增加 1, 对换后的排列的逆序数总是改变了奇偶性.

再证一般对换的情形.

设 $\cdots ji_1i_2\cdots i_mk\cdots$ 是 n 级排列, 把它作 m 次相邻对换, 也就是将 k 和它前面的数 $i_1, i_2, \cdots, i_m$ 依次作相邻对换, 这时排列变为 $\cdots jki_1i_2\cdots i_m\cdots$. 然后再作 $m+1$ 次相邻对换使排列变成 $\cdots ki_1i_2\cdots i_mj\cdots$. 这样, 原排列总共经过了 $2m+1$ 次相邻对换变成 $\cdots ki_1i_2\cdots i_mj\cdots$, 所以排列的奇偶性也改变了. ■

由定理 1.1.1 可知, 对换的次数就是排列的奇偶性改变的次数, 而标准排列 $12\cdots n$ 是偶排列 (逆序数为 0), 所以, 将一个奇排列对换成标准排列的对换次数为奇数, 而偶排列对换成标准排列的对换次数为偶数, 这就是下面的推论.

推论 1.1.1　任意一个 n 级排列与标准排列 $12\cdots n$ 都可经过一系列对换互变, 并且所作的对换的个数与这个排列有相同的奇偶性.

此外, 利用定理 1.1.1 还可证明下面的推论.

推论 1.1.2　在全部 n 级排列中, 奇排列和偶排列的个数相等, 各有 $n!/2$ 个.

证明　假设全部 n 级排列中共有 s 个奇排列, t 个偶排列. 若将 s 个奇排列的前两个数字对换, 则得到 s 个偶排列, 因此 $s \leqslant t$. 同样可证 $t \leqslant s$, 于是 $s = t$, 即奇、偶排列的个数相等, 各有 $n!/2$ 个. ∎

1.2　行列式的定义

为了给出 n 阶行列式的定义, 首先来看二阶行列式

$$\begin{vmatrix} a_{11} & a_{12} \\ a_{21} & a_{22} \end{vmatrix} = a_{11}a_{22} - a_{12}a_{21}$$

和三阶行列式

$$\begin{vmatrix} a_{11} & a_{12} & a_{13} \\ a_{21} & a_{22} & a_{23} \\ a_{31} & a_{32} & a_{33} \end{vmatrix} = a_{11}a_{22}a_{33} + a_{12}a_{23}a_{31} + a_{13}a_{21}a_{32} \\ -a_{13}a_{22}a_{31} - a_{12}a_{21}a_{33} - a_{11}a_{23}a_{32} \tag{1.2}$$

的结构.

容易看出, 无论二阶行列式还是三阶行列式, 它们都是一些乘积的代数和, 而每一项都是由行列式中位于不同行不同列的元素的乘积构成的, 且展开式恰恰就是由所有这种可能的乘积组成. 当 $n = 2$ 时, 由不同行不同列元素构成的乘积只有 $a_{11}a_{22}$ 和 $a_{12}a_{21}$ 两项; 当 $n = 3$ 时, 不难看出, 由不同行不同列的元素构成的乘积恰好就是 (1.2) 式右边部分中的 6 项.

此外, 我们还注意到, 三阶行列式的一般项可写成

$$a_{1p_1}a_{2p_2}a_{3p_3},$$

其中 $p_1p_2p_3$ 是 $1,2,3$ 的一个排列. 可以看出, 当 $p_1p_2p_3$ 是奇排列时, 对应的乘积项在 (1.2) 式中带有负号, 当 $p_1p_2p_3$ 是偶排列时带有正号. 显然, 这种确定乘积项符号的原则对二阶行列式也是对的. 这样, 二阶行列式和三阶行列式可分别写为

$$\begin{vmatrix} a_{11} & a_{12} \\ a_{21} & a_{22} \end{vmatrix} = \sum_{p_1p_2} (-1)^{\tau(p_1p_2)} a_{1p_1}a_{2p_2},$$

$$\begin{vmatrix} a_{11} & a_{12} & a_{13} \\ a_{21} & a_{22} & a_{23} \\ a_{31} & a_{32} & a_{33} \end{vmatrix} = \sum_{p_1p_2p_3} (-1)^{\tau(p_1p_2p_3)} a_{1p_1} a_{2p_2} a_{3p_3},$$

这里, $\sum\limits_{p_1p_2}$ 和 $\sum\limits_{p_1p_2p_3}$ 分别表示对所有 2 级排列和 3 级排列求和.

仿此, 我们给出 n 阶行列式的定义.

定义 1.2.1 n 阶行列式

$$\begin{vmatrix} a_{11} & a_{12} & \cdots & a_{1n} \\ a_{21} & a_{22} & \cdots & a_{2n} \\ \vdots & \vdots & & \vdots \\ a_{n1} & a_{n2} & \cdots & a_{nn} \end{vmatrix}$$

等于所有取自不同行不同列的 n 个元素的乘积

$$a_{1p_1} a_{2p_2} \cdots a_{np_n}$$

并冠以符号 $(-1)^{\tau(p_1p_2\cdots p_n)}$ 的代数和

$$\sum_{p_1p_2\cdots p_n} (-1)^{\tau(p_1p_2\cdots p_n)} a_{1p_1} a_{2p_2} \cdots a_{np_n},$$

也即

$$\begin{vmatrix} a_{11} & a_{12} & \cdots & a_{1n} \\ a_{21} & a_{22} & \cdots & a_{2n} \\ \vdots & \vdots & & \vdots \\ a_{n1} & a_{n2} & \cdots & a_{nn} \end{vmatrix} = \sum_{p_1p_2\cdots p_n} (-1)^{\tau(p_1p_2\cdots p_n)} a_{1p_1} a_{2p_2} \cdots a_{np_n},$$

这里, $p_1p_2\cdots p_n$ 是 $1,2,\cdots,n$ 的一个排列, $\sum\limits_{p_1p_2\cdots p_n}$ 表示对所有 n 级排列求和.

由定义立即看出, n 阶行列式是由 $n!$ 项组成的. 当 $n=1$ 时, 一阶行列式 $|a|=a$, 要注意的是不要和绝对值符号相混淆.

例 1.2.1 计算上三角行列式

$$\begin{vmatrix} a_{11} & a_{12} & \cdots & a_{1n} \\ 0 & a_{22} & \cdots & a_{2n} \\ \vdots & \vdots & & \vdots \\ 0 & 0 & \cdots & a_{nn} \end{vmatrix}.$$

解　由定义, 行列式展开式中一般项为

$$(-1)^{\tau(p_1p_2\cdots p_n)}a_{1p_1}a_{2p_2}\cdots a_{np_n}.$$

显然, 如果 $p_n \neq n$, 那么 $a_{np_n}=0$, 从而这个项也为零. 因此只考虑 $p_n=n$ 的那些项. 在第 $n-1$ 行中, 除了 $a_{n-1,n-1}$ 和 $a_{n-1,n}$ 外, 其余的都为零, 因此只有在 $p_{n-1}=n-1$ 或者 n 时这个项才有可能不为零. 但 $p_n=n$, 所以 p_{n-1} 不能等于 n, 从而 $p_{n-1}=n-1$. 这样逐步推下去, 在展开式中除了

$$(-1)^{\tau(12\cdots n)}a_{11}a_{22}\cdots a_{nn}$$

其余的都一定为零. 注意到 $(-1)^{\tau(12\cdots n)}=1$, 所以

$$\begin{vmatrix} a_{11} & a_{12} & \cdots & a_{1n} \\ 0 & a_{22} & \cdots & a_{2n} \\ \vdots & \vdots & & \vdots \\ 0 & 0 & \cdots & a_{nn} \end{vmatrix} = a_{11}a_{22}\cdots a_{nn}.$$

换句话说, 上三角行列式等于其**主对角线**(从左上角到右下角的对角线) 上元素的乘积.

作为特例, 我们有

$$\begin{vmatrix} d_1 & 0 & \cdots & 0 \\ 0 & d_2 & \cdots & 0 \\ \vdots & \vdots & & \vdots \\ 0 & 0 & \cdots & d_n \end{vmatrix} = d_1d_2\cdots d_n.$$

主对角线以外元素全为零的行列式称为**对角行列式**. 上式表明, 对角行列式等于主对角线上元素的乘积.

类似可以计算, 下三角行列式 (主对角线以上元素全为零)

$$\begin{vmatrix} a_{11} & 0 & \cdots & 0 \\ a_{21} & a_{22} & \cdots & 0 \\ \vdots & \vdots & & \vdots \\ a_{n1} & a_{n2} & \cdots & a_{nn} \end{vmatrix} = a_{11}a_{22}\cdots a_{nn}.$$

例 1.2.2　证明: 反对角行列式

$$\begin{vmatrix} 0 & 0 & \cdots & 0 & d_1 \\ 0 & 0 & \cdots & d_2 & 0 \\ \vdots & \vdots & & \vdots & \vdots \\ d_n & 0 & \cdots & 0 & 0 \end{vmatrix} = (-1)^{\frac{n(n-1)}{2}} d_1 d_2 \cdots d_n.$$

证明 依行列式定义不难得到

$$\begin{vmatrix} 0 & 0 & \cdots & 0 & d_1 \\ 0 & 0 & \cdots & d_2 & 0 \\ \vdots & \vdots & & \vdots & \vdots \\ d_n & 0 & \cdots & 0 & 0 \end{vmatrix} = (-1)^{\tau(n(n-1)\cdots 21)} d_1 d_2 \cdots d_n.$$

而 $\tau(n(n-1)\cdots 21) = \dfrac{n(n-1)}{2}$, 由此即可证明等式. ∎

现在用定理 1.1.1 来讨论行列式的另外一种表示.

对于行列式的一般项

$$(-1)^t a_{1p_1} \cdots a_{ip_i} \cdots a_{jp_j} \cdots a_{np_n},$$

其中 $t = \tau(p_1 \cdots p_i \cdots p_j \cdots p_n)$, 如果交换 a_{ip_i} 和 a_{jp_j} 的次序, 则其变为

$$(-1)^t a_{1p_1} \cdots a_{jp_j} \cdots a_{ip_i} \cdots a_{np_n}.$$

此时, 这一项的值并没有变, 但行标排列和列标排列同时作了一次相应的对换. 显然, 新的行标排列 $1 \cdots j \cdots i \cdots n$ 的逆序数 $r = \tau(1 \cdots j \cdots i \cdots n)$ 是奇数, 而新的列标排列 $p_1 \cdots p_j \cdots p_i \cdots p_n$ 的逆序数 $t' = \tau(p_1 \cdots p_j \cdots p_i \cdots p_n)$ 与 t 的奇偶性相反. 因此

$$(-1)^t = -(-1)^{t'} = (-1)^{t'}(-1)^r = (-1)^{t'+r},$$

进而有

$$(-1)^t a_{1p_1} \cdots a_{ip_i} \cdots a_{jp_j} \cdots a_{np_n} = (-1)^{t'+r} a_{1p_1} \cdots a_{jp_j} \cdots a_{ip_i} \cdots a_{np_n}.$$

这说明, 若调换乘积项中两个元素的次序, 则行标排列和列标排列同时作了一次相应的对换, 但行标排列和列标排列的逆序数之和的奇偶性并没有变化. 经过一次元素的对换是这样, 经过多次对换还是这样. 于是, 将 $(-1)^t a_{1p_1} a_{2p_2} \cdots a_{np_n}$ 的元素经过若干次对换, 使其列标排列 $p_1 \cdots p_i \cdots p_j \cdots p_n$ 变为标准排列 $12 \cdots n$, 而行标排列 $12 \cdots n$ 变为某个新的排列 $q_1 q_2 \cdots q_n$, 则有

$$(-1)^{\tau(p_1 p_2 \cdots p_n)} a_{1p_1} a_{2p_2} \cdots a_{np_n} = (-1)^{\tau(q_1 q_2 \cdots q_n)} a_{q_1 1} a_{q_2 2} \cdots a_{q_n n}.$$

我们还注意到, 若 $p_i = j$, 则 $q_j = i$(即 $a_{ip_i} = a_{ij} = a_{q_j j}$). 所以, 排列 $q_1q_2\cdots q_n$ 由排列 $p_1p_2\cdots p_n$ 唯一确定. 这样, 行列式的定义又可写成

$$\begin{vmatrix} a_{11} & a_{12} & \cdots & a_{1n} \\ a_{21} & a_{22} & \cdots & a_{2n} \\ \vdots & \vdots & & \vdots \\ a_{n1} & a_{n2} & \cdots & a_{nn} \end{vmatrix} = \sum_{q_1q_2\cdots q_n} (-1)^{\tau(q_1q_2\cdots q_n)} a_{q_1 1} a_{q_2 2} \cdots a_{q_n n}.$$

1.3 行列式的性质

用行列式的定义计算行列式是非常复杂的. 为了能够计算行列式, 下面来研究行列式的一些性质.

性质 1.3.1　互换行列式的行和列, 则行列式不变, 即

$$\begin{vmatrix} a_{11} & a_{12} & \cdots & a_{1n} \\ a_{21} & a_{22} & \cdots & a_{2n} \\ \vdots & \vdots & & \vdots \\ a_{n1} & a_{n2} & \cdots & a_{nn} \end{vmatrix} = \begin{vmatrix} a_{11} & a_{21} & \cdots & a_{n1} \\ a_{12} & a_{22} & \cdots & a_{n2} \\ \vdots & \vdots & & \vdots \\ a_{1n} & a_{2n} & \cdots & a_{nn} \end{vmatrix}.$$

证明　设

$$D = \begin{vmatrix} a_{11} & a_{12} & \cdots & a_{1n} \\ a_{21} & a_{22} & \cdots & a_{2n} \\ \vdots & \vdots & & \vdots \\ a_{n1} & a_{n2} & \cdots & a_{nn} \end{vmatrix},$$

并记

$$D' = \begin{vmatrix} a_{11} & a_{21} & \cdots & a_{n1} \\ a_{12} & a_{22} & \cdots & a_{n2} \\ \vdots & \vdots & & \vdots \\ a_{1n} & a_{2n} & \cdots & a_{nn} \end{vmatrix} = \begin{vmatrix} b_{11} & b_{12} & \cdots & b_{1n} \\ b_{21} & b_{22} & \cdots & b_{2n} \\ \vdots & \vdots & & \vdots \\ b_{n1} & b_{n2} & \cdots & b_{nn} \end{vmatrix},$$

即 $b_{ij} = a_{ji}\ (i, j = 1, 2, \cdots, n)$, 那么由定义知,

$$\begin{aligned} D' &= \sum_{p_1p_2\cdots p_n} (-1)^{\tau(p_1p_2\cdots p_n)} b_{1p_1} b_{2p_2} \cdots b_{np_n} \\ &= \sum_{p_1p_2\cdots p_n} (-1)^{\tau(p_1p_2\cdots p_n)} a_{p_1 1} a_{p_2 2} \cdots a_{p_n n} = D. \end{aligned}$$ ∎

行列式 D' 通常称为行列式 D 的**转置行列式**. 性质 1.3.1 表明, 行列式和它的转置行列式相同; 同时, 在行列式中行和列的地位是平等的, 因此, 凡是有关行的性质对列也同样成立, 反之亦然.

性质 1.3.2 互换行列式两行 (列), 行列式仅改变符号.

证明 设

$$D = \begin{vmatrix} a_{11} & a_{12} & \cdots & a_{1n} \\ a_{21} & a_{22} & \cdots & a_{2n} \\ \vdots & \vdots & & \vdots \\ a_{n1} & a_{n2} & \cdots & a_{nn} \end{vmatrix},$$

并设行列式

$$D_1 = \begin{vmatrix} b_{11} & b_{12} & \cdots & b_{1n} \\ b_{21} & b_{22} & \cdots & b_{2n} \\ \vdots & \vdots & & \vdots \\ b_{n1} & b_{n2} & \cdots & b_{nn} \end{vmatrix}$$

是由行列式 D 对换第 i,j (不妨设 $i<j$) 两行得到, 即当 $k \neq i,j$ 时, $b_{kp}=a_{kp}$, 当 $k=i$ 时, $b_{ip}=a_{jp}$; 当 $k=j$ 时, $b_{jp}=a_{ip}$. 于是,

$$\begin{aligned} D_1 &= \sum_{p_1\cdots p_i\cdots p_j\cdots p_n} (-1)^{\tau(p_1\cdots p_i\cdots p_j\cdots p_n)} b_{1p_1}\cdots b_{ip_i}\cdots b_{jp_j}\cdots b_{np_n} \\ &= \sum_{p_1\cdots p_i\cdots p_j\cdots p_n} (-1)^{\tau(p_1\cdots p_i\cdots p_j\cdots p_n)} a_{1p_1}\cdots a_{jp_i}\cdots a_{ip_j}\cdots a_{np_n} \\ &= \sum_{p_1\cdots p_i\cdots p_j\cdots p_n} (-1)^{\tau(p_1\cdots p_i\cdots p_j\cdots p_n)} a_{1p_1}\cdots a_{ip_j}\cdots a_{jp_i}\cdots a_{np_n}. \end{aligned}$$

注意到 $(-1)^{\tau(p_1\cdots p_i\cdots p_j\cdots p_n)} = -(-1)^{\tau(p_1\cdots p_j\cdots p_i\cdots p_n)}$, 因此

$$D_1 = -\sum_{p_1\cdots p_j\cdots p_i\cdots p_n} (-1)^{\tau(p_1\cdots p_j\cdots p_i\cdots p_n)} a_{1p_1}\cdots a_{ip_j}\cdots a_{jp_i}\cdots a_{np_n} = -D. \quad ■$$

性质 1.3.3 若行列式有两行 (列) 完全相同, 则行列式为零.

证明 设行列式 D 有两行相同, 若将相同的两行互换, 则有 $D=-D$, 因此 $D=0$. ■

性质 1.3.4 用常数 k 乘以行列式的某行 (列) 所有元素, 相当于用 k 去乘以行列式.

证明 由行列式定义即可证明. ■

显然, 性质 1.3.4 可以叙述为: 行列式一行 (列) 元素的公因子可提到行列式符号的外面. 于是又有下面的性质.

性质 1.3.5　若行列式有两行 (列) 元素成比例, 则行列式为零.

性质 1.3.6　若行列式

$$D=\begin{vmatrix} a_{11} & a_{12} & \cdots & a_{1r}+a'_{1r} & \cdots & a_{1n} \\ a_{21} & a_{22} & \cdots & a_{2r}+a'_{2r} & \cdots & a_{2n} \\ \vdots & \vdots & & \vdots & & \vdots \\ a_{n1} & a_{n2} & \cdots & a_{nr}+a'_{nr} & \cdots & a_{nn} \end{vmatrix},$$

$$D_1=\begin{vmatrix} a_{11} & a_{12} & \cdots & a_{1r} & \cdots & a_{1n} \\ a_{21} & a_{22} & \cdots & a_{2r} & \cdots & a_{2n} \\ \vdots & \vdots & & \vdots & & \vdots \\ a_{n1} & a_{n2} & \cdots & a_{nr} & \cdots & a_{nn} \end{vmatrix},$$

$$D_2=\begin{vmatrix} a_{11} & a_{12} & \cdots & a'_{1r} & \cdots & a_{1n} \\ a_{21} & a_{22} & \cdots & a'_{2r} & \cdots & a_{2n} \\ \vdots & \vdots & & \vdots & & \vdots \\ a_{n1} & a_{n2} & \cdots & a'_{nr} & \cdots & a_{nn} \end{vmatrix},$$

则 $D=D_1+D_2$.

证明　直接用行列式定义即可证明. ■

性质 1.3.6 实际上对行也是成立的, 也即若行列式

$$D=\begin{vmatrix} a_{11} & a_{12} & \cdots & a_{1n} \\ \vdots & \vdots & & \vdots \\ a_{i1}+a'_{i1} & a_{i2}+a'_{i2} & \cdots & a_{in}+a'_{in} \\ \vdots & \vdots & & \vdots \\ a_{n1} & a_{n2} & \cdots & a_{nn} \end{vmatrix},$$

$$D_1=\begin{vmatrix} a_{11} & a_{12} & \cdots & a_{1n} \\ \vdots & \vdots & & \vdots \\ a_{i1} & a_{i2} & \cdots & a_{in} \\ \vdots & \vdots & & \vdots \\ a_{n1} & a_{n2} & \cdots & a_{nn} \end{vmatrix},$$

$$D_2=\begin{vmatrix} a_{11} & a_{12} & \cdots & a_{1n} \\ \vdots & \vdots & & \vdots \\ a'_{i1} & a'_{i2} & \cdots & a'_{in} \\ \vdots & \vdots & & \vdots \\ a_{n1} & a_{n2} & \cdots & a_{nn} \end{vmatrix},$$

则 $D=D_1+D_2$.

性质1.3.7 行列式某行 (列) 元素同乘以数 k 然后加到另外一行 (列), 则行列式不变.

证明 利用性质 1.3.5 和性质 1.3.6 即可证明. ■

下面利用行列式的性质来计算几个行列式.

例1.3.1 计算行列式

$$D=\begin{vmatrix} 1 & 2 & 3 & 4 \\ 2 & 3 & 4 & 1 \\ 3 & 4 & 1 & 2 \\ 4 & 1 & 2 & 3 \end{vmatrix}.$$

解 利用性质 1.3.7, 把第一行依次乘 $-2,-3,-4$ 分别加到第二行、第三行、第四行即得

$$D=\begin{vmatrix} 1 & 2 & 3 & 4 \\ 0 & -1 & -2 & -7 \\ 0 & -2 & -8 & -10 \\ 0 & -7 & -10 & -13 \end{vmatrix}.$$

把第二行依次乘 $-2,-7$ 分别加到第三行、第四行即得

$$D=\begin{vmatrix} 1 & 2 & 3 & 4 \\ 0 & -1 & -2 & -7 \\ 0 & 0 & -4 & 4 \\ 0 & 0 & 4 & 36 \end{vmatrix}.$$

最后, 把第三行加到第四行即得

$$D=\begin{vmatrix} 1 & 2 & 3 & 4 \\ 0 & -1 & -2 & -7 \\ 0 & 0 & -4 & 4 \\ 0 & 0 & 0 & 40 \end{vmatrix}=160.$$

例1.3.2　计算行列式

$$D=\begin{vmatrix}a & b & b & \cdots & b\\ b & a & b & \cdots & b\\ b & b & a & \cdots & b\\ \vdots & \vdots & \vdots & & \vdots\\ b & b & b & \cdots & a\end{vmatrix}.$$

解　分别把第二行、第三行、……、第 n 行加到第一行即得

$$D=\begin{vmatrix}a+(n-1)b & a+(n-1)b & a+(n-1)b & \cdots & a+(n-1)b\\ b & a & b & \cdots & b\\ b & b & a & \cdots & b\\ \vdots & \vdots & \vdots & & \vdots\\ b & b & b & \cdots & a\end{vmatrix}$$

$$=[a+(n-1)b]\begin{vmatrix}1 & 1 & 1 & \cdots & 1\\ b & a & b & \cdots & b\\ b & b & a & \cdots & b\\ \vdots & \vdots & \vdots & & \vdots\\ b & b & b & \cdots & a\end{vmatrix}.$$

把第二列到第 n 列都分别加上第一列的 -1 倍, 并利用下三角行列式的计算结果即得

$$D=[a+(n-1)b]\begin{vmatrix}1 & 0 & 0 & \cdots & 0\\ b & a-b & 0 & \cdots & 0\\ b & 0 & a-b & \cdots & 0\\ \vdots & \vdots & \vdots & & \vdots\\ b & 0 & 0 & \cdots & a-b\end{vmatrix}$$

$$=[a+(n-1)b](a-b)^{n-1}.$$

例1.3.3　计算行列式

$$D=\begin{vmatrix}a & b & c & d\\ a & a+b & a+b+c & a+b+c+d\\ a & 2a+b & 3a+2b+c & 4a+3b+2c+d\\ a & 3a+b & 6a+3b+c & 10a+6b+3c+d\end{vmatrix}.$$

解 从第四行开始, 后行减前行, 即把第三行的 -1 倍加到第四行, 第二行的 -1 倍加到第三行, 把第一行的 -1 倍加到第二行, 便得

$$D=\begin{vmatrix}a & b & c & d\\ 0 & a & a+b & a+b+c\\ 0 & a & 2a+b & 3a+2b+c\\ 0 & a & 3a+b & 6a+3b+c\end{vmatrix}.$$

再把第三行的 -1 倍加到第四行, 第二行的 -1 倍加到第三行, 就有

$$D=\begin{vmatrix}a & b & c & d\\ 0 & a & a+b & a+b+c\\ 0 & 0 & a & 2a+b\\ 0 & 0 & a & 3a+b\end{vmatrix}.$$

最后, 再把第三行的 -1 倍加到第四行得

$$D=\begin{vmatrix}a & b & c & d\\ 0 & a & a+b & a+b+c\\ 0 & 0 & a & 2a+b\\ 0 & 0 & 0 & a\end{vmatrix}=a^4.$$

例1.3.4 设

$$D=\begin{vmatrix}a_{11} & a_{12} & \cdots & a_{1n} & 0 & 0 & \cdots & 0\\ a_{21} & a_{22} & \cdots & a_{2n} & 0 & 0 & \cdots & 0\\ \vdots & \vdots & & \vdots & \vdots & \vdots & & \vdots\\ a_{n1} & a_{n2} & \cdots & a_{nn} & 0 & 0 & \cdots & 0\\ c_{11} & c_{12} & \cdots & c_{1n} & b_{11} & b_{12} & \cdots & b_{1m}\\ c_{21} & c_{22} & \cdots & c_{2n} & b_{21} & b_{22} & \cdots & b_{2m}\\ \vdots & \vdots & & \vdots & \vdots & \vdots & & \vdots\\ c_{m1} & c_{m2} & \cdots & c_{mn} & b_{m1} & b_{m2} & \cdots & b_{mm}\end{vmatrix},$$

$$D_1=\begin{vmatrix}a_{11} & a_{12} & \cdots & a_{1n}\\ a_{21} & a_{22} & \cdots & a_{2n}\\ \vdots & \vdots & & \vdots\\ a_{n1} & a_{n2} & \cdots & a_{nn}\end{vmatrix},\quad D_2=\begin{vmatrix}b_{11} & b_{12} & \cdots & b_{1m}\\ b_{21} & b_{22} & \cdots & b_{2m}\\ \vdots & \vdots & & \vdots\\ b_{m1} & b_{m2} & \cdots & b_{mm}\end{vmatrix},$$

证明 $D=D_1D_2$.

证明　易见, 将 D_1 的行多次使用性质 1.3.7 可化为下三角行列式

$$D_1 = \begin{vmatrix} p_{11} & 0 & \cdots & 0 \\ p_{21} & p_{22} & \cdots & 0 \\ \vdots & \vdots & & \vdots \\ p_{n1} & p_{n2} & \cdots & p_{nn} \end{vmatrix} = p_{11}p_{22}\cdots p_{nn}.$$

而将 D_2 的列多次使用性质 1.3.7 也可化为下三角行列式

$$D_2 = \begin{vmatrix} q_{11} & 0 & \cdots & 0 \\ q_{21} & q_{22} & \cdots & 0 \\ \vdots & \vdots & & \vdots \\ q_{m1} & q_{m2} & \cdots & q_{mm} \end{vmatrix} = q_{11}q_{22}\cdots q_{mm}.$$

于是, 将 D 的前 n 行作与 D_1 相同的运算, 而将 D 的后 m 列作与 D_2 相同的运算, 则

$$D = \begin{vmatrix} p_{11} & 0 & \cdots & 0 & 0 & 0 & \cdots & 0 \\ p_{21} & p_{22} & \cdots & 0 & 0 & 0 & \cdots & 0 \\ \vdots & \vdots & & \vdots & \vdots & \vdots & & \vdots \\ p_{n1} & p_{n2} & \cdots & p_{nn} & 0 & 0 & \cdots & 0 \\ c_{11} & c_{12} & \cdots & c_{1n} & q_{11} & 0 & \cdots & 0 \\ c_{21} & c_{22} & \cdots & c_{2n} & q_{21} & q_{22} & \cdots & 0 \\ \vdots & \vdots & & \vdots & \vdots & \vdots & & \vdots \\ c_{m1} & c_{m2} & \cdots & c_{mn} & q_{m1} & q_{m2} & \cdots & q_{mm} \end{vmatrix}.$$

由此得 $D = p_{11}p_{22}\cdots p_{nn}q_{11}q_{22}\cdots q_{mm} = D_1D_2$.　■

1.4　行列式按行 (列) 展开定理

这一节的主要结果是行列式按行 (列) 展开定理. 用这个结果可以将高阶行列式降为低阶行列式, 从而简化行列式的计算. 为此, 我们先给出行列式的元素的余子式和代数余子式的概念.

在一个 n 阶行列式

$$D = \begin{vmatrix} a_{11} & a_{12} & \cdots & a_{1n} \\ a_{21} & a_{22} & \cdots & a_{2n} \\ \vdots & \vdots & & \vdots \\ a_{n1} & a_{n2} & \cdots & a_{nn} \end{vmatrix}$$

中, 把元素 a_{ij} 所在的行和列去掉后, 剩下的元素构成的 $n-1$ 阶行列式

$$\begin{vmatrix} a_{11} & a_{12} & \cdots & a_{1,j-1} & a_{1,j+1} & \cdots & a_{1n} \\ \vdots & \vdots & & \vdots & \vdots & & \vdots \\ a_{i-1,1} & a_{i-1,2} & \cdots & a_{i-1,j-1} & a_{i-1,j+1} & \cdots & a_{i-1,n} \\ a_{i+1,1} & a_{i+1,2} & \cdots & a_{i+1,j-1} & a_{i+1,j+1} & \cdots & a_{i+1,n} \\ \vdots & \vdots & & \vdots & \vdots & & \vdots \\ a_{n1} & a_{n2} & \cdots & a_{n,j-1} & a_{n,j+1} & \cdots & a_{nn} \end{vmatrix}$$

叫做元素 a_{ij} 的**余子式**, 并表示为 M_{ij}; 而

$$A_{ij} = (-1)^{i+j} M_{ij}$$

称为该元素的**代数余子式**, 也即第 i 行第 j 列元素的代数余子式就是带有符号 $(-1)^{i+j}$ 的余子式.

例如, 三阶行列式

$$\begin{vmatrix} 1 & 2 & 3 \\ 4 & 5 & 6 \\ 7 & 8 & 9 \end{vmatrix}$$

中, 1 和 6 的余子式分别是

$$M_{11} = \begin{vmatrix} 5 & 6 \\ 8 & 9 \end{vmatrix}, \quad M_{23} = \begin{vmatrix} 1 & 2 \\ 7 & 8 \end{vmatrix},$$

它们的代数余子式分别为

$$A_{11} = (-1)^{1+1} M_{11} = M_{11}, \quad A_{23} = (-1)^{2+3} M_{23} = -M_{23}.$$

引理 1.4.1 若 n 阶行列式的第 i 行元素除 a_{ij} $(1 \leqslant j \leqslant n)$ 外都为零, 则该行列式等于 a_{ij} 与其代数余子式 A_{ij} 的乘积.

证明 首先考虑 $i=j=1$, 也即 a_{ij} 位于第 1 行第 1 列时的情形, 此时

$$D = \begin{vmatrix} a_{11} & 0 & \cdots & 0 \\ a_{21} & a_{22} & \cdots & a_{2n} \\ \vdots & \vdots & & \vdots \\ a_{n1} & a_{n2} & \cdots & a_{nn} \end{vmatrix}.$$

利用例 1.3.4 的结果知,

$$D = a_{11} M_{11} = a_{11} (-1)^{1+1} M_{11} = a_{11} A_{11}.$$

再证明一般情形, 此时

$$D=\begin{vmatrix} a_{11} & \cdots & a_{1j} & \cdots & a_{1n} \\ \vdots & & \vdots & & \vdots \\ 0 & \cdots & a_{ij} & \cdots & 0 \\ \vdots & & \vdots & & \vdots \\ a_{n1} & \cdots & a_{nj} & \cdots & a_{nn} \end{vmatrix}.$$

将 D 的第 i 行依次和第 $i-1$ 行、第 $i-2$ 行、……、第 1 行对调, 然后再将第 j 列依次和第 $j-1$ 列、第 $j-2$ 列、……、第 1 列对调, 则所得的新行列式

$$D_1=\begin{vmatrix} a_{ij} & 0 & \cdots & 0 & 0 & \cdots & 0 \\ a_{1j} & a_{11} & \cdots & a_{1,j-1} & a_{1,j+1} & \cdots & a_{1n} \\ \vdots & \vdots & & \vdots & \vdots & & \vdots \\ a_{i-1,j} & a_{i-1,1} & \cdots & a_{i-1,j-1} & a_{i-1,j+1} & \cdots & a_{i-1,n} \\ a_{i+1,j} & a_{i+1,1} & \cdots & a_{i+1,j-1} & a_{i+1,j+1} & \cdots & a_{i+1,n} \\ \vdots & \vdots & & \vdots & \vdots & & \vdots \\ a_{nj} & a_{n1} & \cdots & a_{n,j-1} & a_{n,j+1} & \cdots & a_{nn} \end{vmatrix}.$$

显然, $D=(-1)^{(i-1)+(j-1)}D_1=(-1)^{i+j}D_1$, 而且元素 a_{ij} 在 D_1 中的余子式恰好就是 a_{ij} 在 D 中的余子式 M_{ij}. 于是利用第一部分的结论可得

$$D=(-1)^{i+j}D_1=a_{ij}(-1)^{i+j}M_{ij}=a_{ij}A_{ij}.$$

从而证明了引理. ■

定理 1.4.1　n 阶行列式

$$D=\begin{vmatrix} a_{11} & a_{12} & \cdots & a_{1n} \\ a_{21} & a_{22} & \cdots & a_{2n} \\ \vdots & \vdots & & \vdots \\ a_{n1} & a_{n2} & \cdots & a_{nn} \end{vmatrix}$$

等于它的任意一行 (列) 各个元素与其对应的代数余子式乘积的和, 即

$$\begin{aligned} D &= a_{i1}A_{i1}+a_{i2}A_{i2}+\cdots+a_{in}A_{in} \quad (i=1,2,\cdots,n) \\ &= a_{1j}A_{1j}+a_{2j}A_{2j}+\cdots+a_{nj}A_{nj} \quad (j=1,2,\cdots,n). \end{aligned}$$

证明 显然, 只需证明按行展开的情形, 按列展开的情形可类似证明. 事实上, 利用行列式的性质 1.3.6 和上面的引理可得

$$
\begin{aligned}
D &= \begin{vmatrix} a_{11} & a_{12} & \cdots & a_{1n} \\ \vdots & \vdots & & \vdots \\ a_{i1}+0+\cdots+0 & 0+a_{i2}+\cdots+0 & \cdots & 0+0+\cdots+a_{in} \\ \vdots & \vdots & & \vdots \\ a_{n1} & a_{n2} & \cdots & a_{nn} \end{vmatrix} \\
&= \begin{vmatrix} a_{11} & a_{12} & \cdots & a_{1n} \\ \vdots & \vdots & & \vdots \\ a_{i1} & 0 & \cdots & 0 \\ \vdots & \vdots & & \vdots \\ a_{n1} & a_{n2} & \cdots & a_{nn} \end{vmatrix} + \begin{vmatrix} a_{11} & a_{12} & \cdots & a_{1n} \\ \vdots & \vdots & & \vdots \\ 0 & a_{i2} & \cdots & 0 \\ \vdots & \vdots & & \vdots \\ a_{n1} & a_{n2} & \cdots & a_{nn} \end{vmatrix} + \cdots + \begin{vmatrix} a_{11} & a_{12} & \cdots & a_{1n} \\ \vdots & \vdots & & \vdots \\ 0 & 0 & \cdots & a_{in} \\ \vdots & \vdots & & \vdots \\ a_{n1} & a_{n2} & \cdots & a_{nn} \end{vmatrix} \\
&= a_{i1}A_{i1} + a_{i2}A_{i2} + \cdots + a_{in}A_{in},
\end{aligned}
$$

其中 $i = 1, 2 \cdots, n$. ■

例 1.4.1 计算 n 阶行列式

$$
D_n = \begin{vmatrix} a+b & ab & 0 & \cdots & 0 & 0 \\ 1 & a+b & ab & \cdots & 0 & 0 \\ 0 & 1 & a+b & \cdots & 0 & 0 \\ \vdots & \vdots & \vdots & & \vdots & \vdots \\ 0 & 0 & 0 & \cdots & 1 & a+b \end{vmatrix} \quad (a \neq b).
$$

解 按第 1 行展开得

$$
\begin{aligned}
D_n =& (a+b) \begin{vmatrix} a+b & ab & 0 & \cdots & 0 & 0 \\ 1 & a+b & ab & \cdots & 0 & 0 \\ 0 & 1 & a+b & \cdots & 0 & 0 \\ \vdots & \vdots & \vdots & & \vdots & \vdots \\ 0 & 0 & 0 & \cdots & 1 & a+b \end{vmatrix} \\
&+ ab(-1)^{1+2} \begin{vmatrix} 1 & ab & \cdots & 0 & 0 \\ 0 & a+b & \cdots & 0 & 0 \\ \vdots & \vdots & & \vdots & \vdots \\ 0 & 0 & \cdots & 1 & a+b \end{vmatrix}
\end{aligned}
$$

$$=(a+b)D_{n-1}-abD_{n-2}.$$

于是有

$$D_n-aD_{n-1}=b(D_{n-1}-aD_{n-2}).$$

由此递推便得

$$D_n-aD_{n-1}=b^2(D_{n-2}-aD_{n-3})=\cdots=b^n.$$

类似地, $D_n-bD_{n-1}=a^n$. 因此解方程得 $D_n=\dfrac{a^{n+1}-b^{n+1}}{a-b}$.

例1.4.2　证明范德蒙德 (Vandermonde) 行列式

$$D_n=\begin{vmatrix} 1 & 1 & \cdots & 1 \\ x_1 & x_2 & \cdots & x_n \\ x_1^2 & x_2^2 & \cdots & x_n^2 \\ \vdots & \vdots & & \vdots \\ x_1^{n-1} & x_2^{n-1} & \cdots & x_n^{n-1} \end{vmatrix}=\prod_{1\leqslant i<j\leqslant n}(x_j-x_i).$$

证明　对 n 进行归纳证明. 当 $n=2$ 时,

$$D_2=\begin{vmatrix} 1 & 1 \\ x_1 & x_2 \end{vmatrix}=x_2-x_1,$$

所以结论正确. 现在假设对 $n-1$ 结论正确, 下面证明对 n 结论也正确. 事实上, 如果将行列式的后一行减去前一行的 x_1 倍, 然后按第一列展开并提取公因子后得

$$D_n=(x_n-x_1)(x_{n-1}-x_1)\cdots(x_2-x_1)\begin{vmatrix} 1 & 1 & \cdots & 1 \\ x_2 & x_3 & \cdots & x_n \\ x_2^2 & x_3^2 & \cdots & x_n^2 \\ \vdots & \vdots & & \vdots \\ x_2^{n-2} & x_3^{n-2} & \cdots & x_n^{n-2} \end{vmatrix},$$

于是利用归纳假设有

$$\begin{aligned} D_n &= (x_n-x_1)(x_{n-1}-x_1)\cdots(x_2-x_1)\prod_{2\leqslant i<j\leqslant n}(x_j-x_i) \\ &= \prod_{1\leqslant i<j\leqslant n}(x_j-x_i). \end{aligned}$$

这证明了结论的正确性. ∎

显然, 在范德蒙德行列式中, 如果 x_i 两两互不相等, 则范德蒙德行列式不等于零, 这个性质以后将要用到.

行列式按行 (列) 展开定理指出, 一个行列式的某一行 (列) 元素与其对应的代数余子式乘积之和等于行列式. 现在考虑行列式的某一行 (列) 元素与另外一行 (列) 元素对应的代数余子式乘积之和等于什么.

设行列式

$$D = \begin{vmatrix} a_{11} & a_{12} & \cdots & a_{1n} \\ a_{21} & a_{22} & \cdots & a_{2n} \\ \vdots & \vdots & & \vdots \\ a_{n1} & a_{n2} & \cdots & a_{nn} \end{vmatrix},$$

D 的第 i 行元素为 $a_{i1}, a_{i2}, \cdots, a_{in}$, 第 j 行元素的代数余子式为 $A_{j1}, A_{j2}, \cdots, A_{jn}$, $i \neq j$. 构造行列式

$$D_1 = \begin{vmatrix} a_{11} & a_{12} & \cdots & a_{1n} \\ \vdots & \vdots & & \vdots \\ a_{i1} & a_{i2} & \cdots & a_{in} \\ \vdots & \vdots & & \vdots \\ a_{i1} & a_{i2} & \cdots & a_{in} \\ \vdots & \vdots & & \vdots \\ a_{n1} & a_{n2} & \cdots & a_{nn} \end{vmatrix} \begin{matrix} \\ \\ \leftarrow \text{第 } i \text{ 行} \\ \\ \leftarrow \text{第 } j \text{ 行} \\ \\ \\ \end{matrix}.$$

也即 D_1 是将 D 的第 j 行元素换成第 i 行元素而得到的. 显然, $D_1 = 0$. 同时也注意到, D_1 的第 j 行元素的代数余子式就是 D 的第 j 行元素的代数余子式 A_{j1}, $A_{j2}, \cdots, A_{jn}$. 因此,

$$a_{i1}A_{j1} + a_{i2}A_{j2} + \cdots + a_{in}A_{jn} = D_1 = 0.$$

于是有下面的推论.

推论 1.4.1 行列式的某一行 (列) 元素与另外一行 (列) 元素对应的代数余子式乘积之和等于零, 即

$$a_{i1}A_{j1} + a_{i2}A_{j2} + \cdots + a_{in}A_{jn} = 0 \quad (i \neq j),$$

$$a_{1i}A_{1j} + a_{2i}A_{2j} + \cdots + a_{ni}A_{nj} = 0 \quad (i \neq j).$$

一般地, 关于 n 阶行列式 D 有下列等式:

$$\sum_{k=1}^{n} a_{ik}A_{jk} = \begin{cases} D, & \text{当 } i = j \text{ 时}, \\ 0, & \text{当 } i \neq j \text{ 时}; \end{cases} \tag{1.3}$$

$$\sum_{k=1}^{n} a_{ki}A_{kj} = \begin{cases} D, & 当\ i=j\ 时, \\ 0, & 当\ i \neq j\ 时. \end{cases} \tag{1.4}$$

1.5　克拉默法则

现在我们用行列式来解决本章开头所提出的关于线性方程组 (1.1) 的解的问题. 在这里只讨论 $m=n$ 的情形, 也就是变量个数和方程个数相同的情况. 至于更一般的情形将在第 3 章和第 4 章中讨论.

定理 1.5.1 (克拉默法则)　若线性方程组

$$\begin{cases} a_{11}x_1 + a_{12}x_2 + \cdots + a_{1n}x_n = b_1, \\ a_{21}x_1 + a_{22}x_2 + \cdots + a_{2n}x_n = b_2, \\ \cdots\cdots \\ a_{n1}x_1 + a_{n2}x_2 + \cdots + a_{nn}x_n = b_n \end{cases} \tag{1.5}$$

的系数行列式

$$D = \begin{vmatrix} a_{11} & a_{12} & \cdots & a_{1n} \\ a_{21} & a_{22} & \cdots & a_{2n} \\ \vdots & \vdots & & \vdots \\ a_{n1} & a_{n2} & \cdots & a_{nn} \end{vmatrix} \neq 0,$$

则它有唯一解, 且 $x_j = \dfrac{D_j}{D}$, $j=1,2,\cdots,n$, 这里 D_j 是将行列式 D 的第 j 列元素用 $b_1, b_2, \cdots, b_n$ 替换后所得的 n 阶行列式.

证明　首先证明当 $D \neq 0$ 时, 方程组有解. 事实上, 只需验证 $\dfrac{D_1}{D}, \dfrac{D_2}{D}, \cdots, \dfrac{D_n}{D}$ 是方程组的解即可. 为此, 考察 $n+1$ 阶行列式

$$\overline{D} = \begin{vmatrix} b_j & a_{j1} & a_{j2} & \cdots & a_{jn} \\ b_1 & a_{11} & a_{12} & \cdots & a_{1n} \\ b_2 & a_{21} & a_{22} & \cdots & a_{2n} \\ \vdots & \vdots & \vdots & & \vdots \\ b_n & a_{n1} & a_{n2} & \cdots & a_{nn} \end{vmatrix}.$$

因为 $\overline{D}$ 有两行相等, 所以 $\overline{D}=0$; 另一方面, 注意到 $\overline{D}$ 的第一行元素 b_j 的代数余子式恰为 D, 而 a_{jk} $(k=1,2,\cdots,n)$ 的代数余子式为

$$(-1)^{1+k+1}\begin{vmatrix} b_1 & a_{11} & \cdots & a_{1,k-1} & a_{1,k+1} & \cdots & a_{1n} \\ \vdots & \vdots & & \vdots & \vdots & & \vdots \\ b_n & a_{n1} & \cdots & a_{n,k-1} & a_{n,k+1} & \cdots & a_{nn} \end{vmatrix}$$
$$= (-1)^{k+2}(-1)^{k-1}D_j = -D_j.$$

所以将 $\overline{D}$ 按第一行展开得

$$0 = b_j D - a_{j1}D_1 - a_{j2}D_2 - \cdots - a_{jn}D_n,$$

由此有

$$a_{j1}\frac{D_1}{D} + a_{j2}\frac{D_2}{D} + \cdots + a_{jn}\frac{D_n}{D} = b_j,$$

其中 $j = 1, 2, \cdots, n$, 这证明了方程组有解.

再证明解的唯一性. 设 $c_1, c_2, \cdots, c_n$ 是方程组的任一组解, 即

$$\begin{cases} a_{11}c_1 + a_{12}c_2 + \cdots + a_{1n}c_n = b_1, \\ a_{21}c_1 + a_{22}c_2 + \cdots + a_{2n}c_n = b_2, \\ \cdots\cdots \\ a_{n1}c_1 + a_{n2}c_2 + \cdots + a_{nn}c_n = b_n. \end{cases}$$

用 D 的第 j 列元素的代数余子式 $A_{1j}, A_{2j}, \cdots, A_{nj}$ 依次乘以上列各式, 然后各式两边相加得

$$A_{1j}\sum_{i=1}^{n} a_{1i}c_i + A_{2j}\sum_{i=1}^{n} a_{2i}c_i + \cdots + A_{nj}\sum_{i=1}^{n} a_{ni}c_i = \sum_{i=1}^{n} b_i A_{ij},$$

也即

$$\Big(\sum_{i=1}^{n} a_{i1}A_{ij}\Big)c_1 + \cdots + \Big(\sum_{i=1}^{n} a_{ij}A_{ij}\Big)c_j + \cdots + \Big(\sum_{i=1}^{n} a_{in}A_{ij}\Big)c_n = D_j.$$

那么由 (1.4) 式可得

$$Dc_j = D_j,$$

从而有 $c_j = \dfrac{D_j}{D}$, $j = 1, 2, \cdots, n$. 由此可知方程组的解唯一. ■

克拉默法则在理论上非常重要. 事实上, 一般情况下我们并不用克拉默法则中所给的公式去求线性方程组的解, 因为当 n 较大时, 这种方法的计算量是非常大的. 所以克拉默法则有时候也叙述为:

定理 1.5.2 若线性方程组 (1.5) 的系数行列式不为零, 则它有唯一解.

这个定理的等价叙述是:

定理1.5.3　若线性方程组 (1.5) 无解或者有多个解, 则它的系数行列式必为零.

若线性方程组 (1.5) 右端的常数 $b_1, b_2, \cdots, b_n$ 全为零, 则 (1.5) 变为

$$\begin{cases} a_{11}x_1 + a_{12}x_2 + \cdots + a_{1n}x_n = 0, \\ a_{21}x_1 + a_{22}x_2 + \cdots + a_{2n}x_n = 0, \\ \cdots\cdots \\ a_{n1}x_1 + a_{n2}x_2 + \cdots + a_{nn}x_n = 0. \end{cases} \tag{1.6}$$

方程组 (1.6) 通常叫做**齐次线性方程组**. 如果 $b_1, b_2, \cdots, b_n$ 不全为零, 则方程组 (1.5) 称为**非齐次线性方程组**.

显然, $x_1 = x_2 = \cdots = x_n = 0$ 是齐次线性方程组 (1.6) 的解, 这样的解叫做齐次线性方程组 (1.6) 的**零解**. 如果一组不全为零的数是方程组 (1.6) 的解, 则称这样的解为方程组 (1.6) 的**非零解**. 易见, 齐次线性方程组 (1.6) 一定有零解, 但未必有非零解.

定理 1.5.4　若齐次线性方程组 (1.6) 的系数行列式不等于零, 则 (1.6) 只有零解.

定理 1.5.5　若齐次线性方程组 (1.6) 有非零解, 则它的系数行列式一定为零.

在第 3 章中我们将证明, 定理 1.5.5 中的系数行列式等于零事实上还是方程组 (1.6) 有非零解的充分条件.

习　题　1

1. 计算下列行列式：

(1) $\begin{vmatrix} 1 & 1 & 1 \\ -1 & 0 & 1 \\ -1 & -1 & 0 \end{vmatrix}$;　(2) $\begin{vmatrix} 1 & 1 & 1 \\ 1 & 2 & 3 \\ 1 & 3 & 6 \end{vmatrix}$;　(3) $\begin{vmatrix} a & a & a \\ -a & a & x \\ -a & -a & x \end{vmatrix}$;

(4) $\begin{vmatrix} 1 & 1 & 1 \\ a & b & c \\ a^2 & b^2 & c^2 \end{vmatrix}$;　(5) $\begin{vmatrix} a & b & c \\ b & c & a \\ c & a & b \end{vmatrix}$.

2. 求下列各个排列的逆序数：

(1) 25341;　(2) 987654321;　(3) $135\cdots(2n-1)24\cdots(2n)$;

(4) $246\cdots(2n)13\cdots(2n-1)$.

3. 5 阶行列式中能否含有下列乘积项：

(1) $a_{13}a_{24}a_{23}a_{41}a_{55}$;　(2) $a_{21}a_{13}a_{34}a_{55}a_{42}$.

4. 确定 i 和 k 的值, 使得乘积项 $a_{1i}a_{31}a_{2k}a_{53}a_{42}$ 是 5 阶行列式中带有正号的一项.

5. 写出 4 阶行列式中含有 $a_{11}a_{23}$ 的所有乘积项.

6. 计算下列行列式：

(1) $\begin{vmatrix} -ab & ac & ae \\ bd & -cd & de \\ bf & cf & -ef \end{vmatrix}$;　(2) $\begin{vmatrix} -1 & 0 & -1 & -1 \\ 0 & -1 & -1 & 1 \\ a & b & c & d \\ -1 & -1 & 1 & 0 \end{vmatrix}$;

(3) $\begin{vmatrix} 2 & 1 & 1 & x \\ 1 & 2 & 1 & y \\ 1 & 1 & 2 & z \\ 1 & -1 & 1 & t \end{vmatrix}$;　(4) $\begin{vmatrix} 2 & 1 & 4 & 1 \\ 3 & -1 & 2 & 1 \\ 1 & 2 & 3 & 2 \\ 5 & 0 & 6 & 2 \end{vmatrix}$;

(5) $\begin{vmatrix} a_1 & 0 & 0 & b_1 \\ 0 & a_2 & b_2 & 0 \\ 0 & b_3 & a_3 & 0 \\ b_4 & 0 & 0 & a_4 \end{vmatrix}$;　(6) $\begin{vmatrix} a_1 & a_2 & a_3 & a_4 & a_5 \\ b_1 & b_2 & b_3 & b_4 & b_5 \\ x_1 & x_2 & 0 & 0 & 0 \\ y_1 & y_2 & 0 & 0 & 0 \\ z_1 & z_2 & 0 & 0 & 0 \end{vmatrix}$.

7. 证明下列等式：

(1) $\begin{vmatrix} b+c & c+a & a+b \\ b_1+c_1 & c_1+a_1 & a_1+b_1 \\ b_2+c_2 & c_2+a_2 & a_2+b_2 \end{vmatrix} = 2\begin{vmatrix} a & b & c \\ a_1 & b_1 & c_1 \\ a_2 & b_2 & c_2 \end{vmatrix}$;

(2) $\begin{vmatrix} a^2 & (a+1)^2 & (a+2)^2 & (a+3)^2 \\ b^2 & (b+1)^2 & (b+2)^2 & (b+3)^2 \\ c^2 & (c+1)^2 & (c+2)^2 & (c+3)^2 \\ d^2 & (d+1)^2 & (d+2)^2 & (d+3)^2 \end{vmatrix} = 0$;

(3) $\begin{vmatrix} x & -1 & 0 & \cdots & 0 & 0 \\ 0 & x & -1 & \cdots & 0 & 0 \\ \vdots & \vdots & \vdots & & \vdots & \vdots \\ 0 & 0 & 0 & \cdots & x & -1 \\ a_n & a_{n-1} & a_{n-2} & \cdots & a_2 & x+a_1 \end{vmatrix}$

$= x^n + a_1x^{n-1} + \cdots + a_{n-1}x + a_n$;

(4) $\begin{vmatrix} 1+a_1 & 1 & 1 & \cdots & 1 \\ 1 & 1+a_2 & 1 & \cdots & 1 \\ 1 & 1 & 1+a_3 & \cdots & 1 \\ \vdots & \vdots & \vdots & & \vdots \\ 1 & 1 & 1 & \cdots & 1+a_n \end{vmatrix}$

$= a_1a_2\cdots a_n\left(1+\dfrac{1}{a_1}+\dfrac{1}{a_2}+\cdots+\dfrac{1}{a_n}\right) \quad (a_1a_2\cdots a_n \neq 0)$.

8. 计算下列各阶行列式：

(1) $\begin{vmatrix} x & y & 0 & \cdots & 0 & 0 \\ 0 & x & y & \cdots & 0 & 0 \\ \vdots & \vdots & \vdots & & \vdots & \vdots \\ 0 & 0 & 0 & \cdots & x & y \\ y & 0 & 0 & \cdots & 0 & x \end{vmatrix}$；　(2) $\begin{vmatrix} a_1 & -a_2 & 0 & \cdots & 0 & 0 \\ 0 & a_2 & -a_3 & \cdots & 0 & 0 \\ \vdots & \vdots & \vdots & & \vdots & \vdots \\ 0 & 0 & 0 & \cdots & a_{n-1} & -a_n \\ 1 & 1 & 1 & \cdots & 1 & 1+a_n \end{vmatrix}$；

(3) $\begin{vmatrix} a_n & & & & & b_n \\ & \ddots & & & \cdot^{\cdot^{\cdot}} & \\ & & a_1 & b_1 & & \\ & & c_1 & d_1 & & \\ & \cdot^{\cdot^{\cdot}} & & & \ddots & \\ c_n & & & & & d_n \end{vmatrix}$；　(4) $\begin{vmatrix} 0 & 1 & 1 & \cdots & 1 & 1 \\ 1 & 0 & 1 & \cdots & 1 & 1 \\ \vdots & \vdots & \vdots & & \vdots & \vdots \\ 1 & 1 & 1 & \cdots & 0 & 1 \\ 1 & 1 & 1 & \cdots & 1 & 0 \end{vmatrix}$；

(5) $\begin{vmatrix} a^n & (a-1)^n & (a-2)^n & \cdots & (a-n)^n \\ a^{n-1} & (a-1)^{n-1} & (a-2)^{n-1} & \cdots & (a-n)^{n-1} \\ \vdots & \vdots & \vdots & & \vdots \\ a & a-1 & a-2 & \cdots & a-n \\ 1 & 1 & 1 & \cdots & 1 \end{vmatrix}$；

(6) $\begin{vmatrix} 2 & 1 & 0 & \cdots & 0 & 0 \\ 1 & 2 & 1 & \cdots & 0 & 0 \\ 0 & 1 & 2 & \cdots & 0 & 0 \\ \vdots & \vdots & \vdots & & \vdots & \vdots \\ 0 & 0 & 0 & \cdots & 1 & 2 \end{vmatrix}$；　(7) $\begin{vmatrix} x & a & a & \cdots & a \\ -a & x & a & \cdots & a \\ -a & -a & x & \cdots & a \\ \vdots & \vdots & \vdots & & \vdots \\ -a & -a & -a & \cdots & x \end{vmatrix}$；

(8) $\begin{vmatrix} a_{11} & a_{12} & \cdots & a_{1n} \\ a_{21} & a_{22} & \cdots & a_{2n} \\ \vdots & \vdots & & \vdots \\ a_{n1} & a_{n2} & \cdots & a_{nn} \end{vmatrix}$，　其中$a_{ij} = |i-j|$；

(9) $\begin{vmatrix} x & a_1 & a_2 & \cdots & a_n \\ a_1 & x & a_2 & \cdots & a_n \\ a_1 & a_2 & x & \cdots & a_n \\ \vdots & \vdots & \vdots & & \vdots \\ a_1 & a_2 & a_3 & \cdots & x \end{vmatrix}$.

9. 当 a, b, c 满足什么条件时, 线性方程组

$$\begin{cases} bx_1 + cx_2 = a, \\ ax_1 + cx_3 = b, \\ ax_2 + bx_3 = c \end{cases}$$

有唯一解? 并求其唯一解.

10. 用克拉默法则解下列方程组:

(1) $\begin{cases} x_1 - x_2 + x_3 = 2, \\ x_1 + 2x_2 = 1, \\ x_1 - x_3 = 4; \end{cases}$　　(2) $\begin{cases} x_1 + x_2 - x_3 = a, \\ -x_1 + x_2 + x_3 = b, \\ x_1 - x_2 + x_3 = c; \end{cases}$

(3) $\begin{cases} x_1 + x_2 + \cdots + x_n = 1, \\ a_1x_1 + a_2x_2 + \cdots + a_nx_n = b, \\ a_1^2x_1 + a_2^2x_2 + \cdots + a_n^2x_n = b^2, \\ \cdots\cdots \\ a_1^{n-1}x_1 + a_2^{n-1}x_2 + \cdots + a_n^{n-1}x_n = b^{n-1}. \end{cases}$

11. 设多项式 $f(x) = a_0 + a_1x + a_2x^2 + a_3x^3$, 且 $f(1) = 1$, $f(2) = -1$, $f(3) = 1$, $f(4) = -1$, 试求 $f(5)$.

12. 设 $a_1, a_2, \cdots, a_n$ 是互不相同的数, $b_1, b_2, \cdots, b_n$ 是任意给定的数, 试用克拉默法则证明: 存在唯一的多项式 $f(x) = c_0 + c_1x + c_2x^2 + \cdots + c_{n-1}x^{n-1}$, 使

$$f(a_i) = b_i,$$

其中 $i = 1, 2, \cdots, n$.

13. 某工厂生产甲、乙、丙三种钢制品, 而甲、乙两种产品必须配套生产, 且乙产品的总重量是甲产品总重量的 70%. 已知甲产品的钢材利用率为 60%, 乙产品的钢材利用率为 70%, 丙产品的钢材利用率为 80%. 如果该工厂年进货钢材总吨位为 100 吨, 年产品总吨位为 67 吨, 又生产甲、乙、丙三种产品每吨可获利润分别是 1 万元、1.5 万元、2 万元, 那么该工厂本年度可获利润多少万元?

第 2 章　矩阵及其运算

矩阵是从大量的实际问题中抽象出来的数学概念, 是线性代数中最重要的概念和研究对象之一, 它在数学与其他自然科学、工程技术、社会科学特别是经济学中有着广泛的应用. 著名的列昂节夫投入 — 产出模型就是利用矩阵这一数学工具建立起来的. 投入 — 产出模型在实践中已经得到了极大的成功, 成为研究大到世界经济、小到一个地区一个部门经济的有力工具. 因此掌握矩阵这一基本数学工具对于经济研究是必不可少的.

从大量的各种各样的问题中也都提出矩阵的概念, 并且对这些问题的研究常常反映为对有关矩阵方面的研究, 甚至于有些性质完全不同的、表面上完全没有联系的问题, 归结成矩阵问题后却是相同的. 这使得矩阵成为数学中一个极其重要且应用广泛的概念, 因而也就成为代数特别是线性代数的一个主要研究对象.

这一章的目的是引入矩阵的概念及其运算, 并讨论它们的基本性质.

2.1　矩阵的定义及运算

定义 2.1.1　由 $m \times n$ 个数 a_{ij} $(i=1,2,\cdots,m;j=1,2,\cdots,n)$ 排成的 m 行 n 列的数表称为**m 行 n 列矩阵**, 简称 **$m \times n$矩阵**. 为表示它是一个整体, 总加一个括号, 也即

$$\begin{pmatrix} a_{11} & a_{12} & \cdots & a_{1n} \\ a_{21} & a_{22} & \cdots & a_{2n} \\ \vdots & \vdots & & \vdots \\ a_{m1} & a_{m2} & \cdots & a_{mn} \end{pmatrix}.$$

上述矩阵中的 mn 个数称为矩阵的**元素**, a_{ij} 位于矩阵的第 i 行第 j 列, 所以叫做**第 i 行第 j 列元素**. 通常用大写英文字母 $\boldsymbol{A},\boldsymbol{B},\cdots$ 表示一个矩阵, 一个 $m \times n$ 矩阵 $\boldsymbol{A}$ 有时候也记为 $\boldsymbol{A}_{m\times n}$, 而以数 a_{ij} 为元素的矩阵有时候简记为 $(a_{ij})_{m\times n}$ 或者 (a_{ij}).

如果矩阵的元素都是实数, 则称它为**实矩阵**; 如果矩阵的元素都是复数, 则称它为**复矩阵**. 本书主要讨论实矩阵, 除非特别说明, 否则所给矩阵均指实矩阵.

行数和列数都等于 n 的矩阵称为**n 阶矩阵**或**n 阶方阵**. 只有一行的矩阵称为**行矩阵**, 而只有一列的矩阵称为**列矩阵**. 为了避免元素之间的混淆, 行矩阵 $\boldsymbol{A} =$

$(a_1\, a_2\, \cdots\, a_n)$ 也表示为

$$A = (a_1, a_2, \cdots, a_n).$$

特别地, 行数和列数都是 1 的矩阵, 即 1×1 矩阵通常和数等同起来.

如果两个矩阵的行数相等, 列数也相等, 则称它们为**同型矩阵**. 若同型矩阵 $\boldsymbol{A} = (a_{ij})$ 和 $\boldsymbol{B} = (b_{ij})$ 的对应元素相等, 也即

$$a_{ij} = b_{ij} \quad (i = 1, 2, \cdots, m; j = 1, 2, \cdots, n),$$

则称 $\boldsymbol{A}$ 和 $\boldsymbol{B}$ **相等**, 并表示为 $\boldsymbol{A} = \boldsymbol{B}$.

元素都为零的矩阵称为**零矩阵**, 通常记为 $\boldsymbol{O}$. 不是同型的零矩阵是不相等的.

若矩阵 $\boldsymbol{A} = (a_{ij})$, 则矩阵 $(-a_{ij})$ 称为 $\boldsymbol{A}$ 的**负矩阵**, 记为 $-\boldsymbol{A}$.

n 阶方阵 $\boldsymbol{A} = (a_{ij})$ 的元素 a_{ii} $(i = 1, 2, \cdots, n)$ 称为 $\boldsymbol{A}$ 的**对角线元素**. 对角线以外的元素都为零的 n 阶方阵称为**对角矩阵**(简称**对角阵**), 也即对角矩阵就是

$$\begin{pmatrix} a_1 & 0 & \cdots & 0 \\ 0 & a_2 & \cdots & 0 \\ \vdots & \vdots & & \vdots \\ 0 & 0 & \cdots & a_n \end{pmatrix}.$$

对角线元素为 $a_1, a_2, \cdots, a_n$ 的对角矩阵也表示为

$$\begin{pmatrix} a_1 & & & \\ & a_2 & & \\ & & \ddots & \\ & & & a_n \end{pmatrix},$$

或者更简单地表示为

$$\operatorname{diag}(a_1, a_2, \cdots, a_n).$$

特别地, 对角矩阵

$$\begin{pmatrix} 1 & 0 & \cdots & 0 \\ 0 & 1 & \cdots & 0 \\ \vdots & \vdots & & \vdots \\ 0 & 0 & \cdots & 1 \end{pmatrix}$$

称为**单位矩阵**(简称**单位阵**), 并用固定的字母 $\boldsymbol{E}$ 表示.

n 阶方阵

$$\begin{pmatrix} a_{11} & a_{12} & \cdots & a_{1n} \\ 0 & a_{22} & \cdots & a_{2n} \\ \vdots & \vdots & & \vdots \\ 0 & 0 & \cdots & a_{nn} \end{pmatrix} \text{ 和 } \begin{pmatrix} a_{11} & 0 & \cdots & 0 \\ a_{21} & a_{22} & \cdots & 0 \\ \vdots & \vdots & & \vdots \\ a_{n1} & a_{n2} & \cdots & a_{nn} \end{pmatrix}$$

分别称为**上三角矩阵**和**下三角矩阵**.

矩阵之所以有用, 并不在于把一些数排成数表本身, 而是对它们实施有意义的运算. 这些运算的建立都是有实际背景的, 它们反映了矩阵所刻画的那种客观量之间的某些关系. 现在定义矩阵的运算.

1. 矩阵的加法

定义 2.1.2　设 $\boldsymbol{A} = (a_{ij})$ 和 $\boldsymbol{B} = (b_{ij})$ 是同型矩阵, 定义矩阵 $\boldsymbol{A}$ 与 $\boldsymbol{B}$ 的**和**为 $(a_{ij} + b_{ij})$, 并记为 $\boldsymbol{A} + \boldsymbol{B}$, 即

$$\boldsymbol{A} + \boldsymbol{B} = \begin{pmatrix} a_{11}+b_{11} & a_{12}+b_{12} & \cdots & a_{1n}+b_{1n} \\ a_{21}+b_{21} & a_{22}+b_{22} & \cdots & a_{2n}+b_{2n} \\ \vdots & \vdots & & \vdots \\ a_{m1}+b_{m1} & a_{m2}+b_{m2} & \cdots & a_{mn}+b_{mn} \end{pmatrix}.$$

例如, 若 $\boldsymbol{A} = \begin{pmatrix} 1 & -2 & 0 \\ 3 & -2 & 1 \\ 5 & 0 & 3 \end{pmatrix}$, $\quad \boldsymbol{B} = \begin{pmatrix} 4 & 0 & 2 \\ 1 & 2 & -1 \\ 4 & 1 & 1 \end{pmatrix}$, 则

$$\boldsymbol{A} + \boldsymbol{B} = \begin{pmatrix} 5 & -2 & 2 \\ 4 & 0 & 0 \\ 9 & 1 & 4 \end{pmatrix}.$$

要注意的是, 不是同型的矩阵不能相加, 比如下面两个矩阵就不能相加：

$$\begin{pmatrix} 2 & 1 & -1 \\ 1 & 2 & 3 \\ -1 & 0 & 2 \end{pmatrix}, \quad \begin{pmatrix} 2 & 1 \\ -1 & 2 \end{pmatrix}.$$

显然, 矩阵的加法运算满足下列性质：

(1) $\boldsymbol{A} + \boldsymbol{B} = \boldsymbol{B} + \boldsymbol{A}$ (交换律);

(2) $(\boldsymbol{A} + \boldsymbol{B}) + \boldsymbol{C} = \boldsymbol{A} + (\boldsymbol{B} + \boldsymbol{C})$ (结合律);

(3) $\boldsymbol{A}+(-\boldsymbol{A})=\boldsymbol{O}$;

(4) $\boldsymbol{A}+\boldsymbol{O}=\boldsymbol{A}$.

用负矩阵还可以定义矩阵的减法：

$$\boldsymbol{A}-\boldsymbol{B}=\boldsymbol{A}+(-\boldsymbol{B}).$$

2. 数与矩阵的数乘运算

定义 2.1.3 定义数 k 与矩阵 $\boldsymbol{A}=(a_{ij})$ 的**数乘**为

$$k\boldsymbol{A}=\begin{pmatrix} ka_{11} & ka_{12} & \cdots & ka_{1n} \\ ka_{21} & ka_{22} & \cdots & ka_{2n} \\ \vdots & \vdots & & \vdots \\ ka_{m1} & ka_{m2} & \cdots & ka_{mn} \end{pmatrix}.$$

容易验证, 数乘矩阵的下列性质 (k, l 为任意常数)：

(1) $(kl)\boldsymbol{A}=k(l\boldsymbol{A})$;

(2) $(k+l)\boldsymbol{A}=k\boldsymbol{A}+l\boldsymbol{A}$;

(3) $k(\boldsymbol{A}+\boldsymbol{B})=k\boldsymbol{A}+k\boldsymbol{B}$;

(4) $-\boldsymbol{A}=(-1)\boldsymbol{A}$.

3. 矩阵与矩阵的乘积

定义 2.1.4 设矩阵

$$\boldsymbol{A}=(a_{ij})_{m\times k}, \quad \boldsymbol{B}=(b_{ij})_{k\times n},$$

那么矩阵

$$\boldsymbol{C}=(c_{ij})_{m\times n}$$

称为 $\boldsymbol{A}$ 与 $\boldsymbol{B}$ 的**乘积**, 其中

$$c_{ij}=a_{i1}b_{1j}+a_{i2}b_{2j}+\cdots+a_{ik}b_{kj}=\sum_{l=1}^{k}a_{il}b_{lj}$$

$$(i=1,2,\cdots,m;\ j=1,2,\cdots,n),$$

并记为

$$\boldsymbol{C}=\boldsymbol{AB}.$$

由矩阵乘法的定义看出, 矩阵 $\boldsymbol{A}$ 与 $\boldsymbol{B}$ 的乘积 $\boldsymbol{C}$ 的第 i 行第 j 列元素等于 $\boldsymbol{A}$ 的第 i 行元素与 $\boldsymbol{B}$ 的第 j 列对应元素乘积的和. 一定要注意的是, 在矩阵的乘积中, 第一个矩阵的列数要和第二个矩阵的行数相等.

例2.1.1　求矩阵

$$\boldsymbol{A}=\begin{pmatrix}1&4&-1\\0&2&1\end{pmatrix},\quad \boldsymbol{B}=\begin{pmatrix}1&4&-1&0\\0&2&1&-2\\-1&0&1&1\end{pmatrix}$$

的乘积 $\boldsymbol{AB}$.

解　$\boldsymbol{A}$ 是 2×3 矩阵, $\boldsymbol{B}$ 是 3×4 矩阵, 所以 $\boldsymbol{AB}$ 是 2×4 矩阵:

$$\boldsymbol{AB}=\begin{pmatrix}2&12&2&-9\\-1&4&3&-3\end{pmatrix}.$$

例2.1.2　设

$$\boldsymbol{A}=(a_1,a_2,\cdots,a_n),\quad \boldsymbol{B}=\begin{pmatrix}b_1\\b_2\\\vdots\\b_n\end{pmatrix},$$

求 $\boldsymbol{AB}$ 及 $\boldsymbol{BA}$.

解　$\boldsymbol{A}$ 是 $1\times n$ 矩阵, $\boldsymbol{B}$ 是 $n\times 1$ 矩阵, 所以 $\boldsymbol{AB}$ 是 1×1 矩阵, $\boldsymbol{BA}$ 是 $n\times n$ 矩阵, 即

$$\boldsymbol{AB}=a_1b_1+a_2b_2+\cdots+a_nb_n,$$

$$\boldsymbol{BA}=\begin{pmatrix}a_1b_1&a_2b_1&\cdots&a_nb_1\\a_1b_2&a_2b_2&\cdots&a_nb_2\\\vdots&\vdots&&\vdots\\a_1b_n&a_2b_n&\cdots&a_nb_n\end{pmatrix}.$$

例 2.1.1 中, 显然 $\boldsymbol{BA}$ 是没有意义的. 由此可知, 在矩阵乘积中必须要注意相乘的顺序. $\boldsymbol{AB}$ 通常叫做 $\boldsymbol{A}$ **左乘** $\boldsymbol{B}$, 也说成 $\boldsymbol{B}$ **右乘** $\boldsymbol{A}$. $\boldsymbol{AB}$ 有意义时, $\boldsymbol{BA}$ 可以没有意义. 一般地, 若 $\boldsymbol{A}$ 是 $m\times n$ 矩阵, $\boldsymbol{B}$ 是 $n\times m$ 矩阵, 则 $\boldsymbol{AB}$ 与 $\boldsymbol{BA}$ 都有意义, 但 $\boldsymbol{AB}$ 是 m 阶方阵, 而 $\boldsymbol{BA}$ 是 n 阶方阵, 当 $m\neq n$ 时 $\boldsymbol{AB}\neq\boldsymbol{BA}$. 事实上, 即使 $m=n$ 也未必有 $\boldsymbol{AB}=\boldsymbol{BA}$.

例2.1.3　设矩阵

$$\boldsymbol{A}=\begin{pmatrix}1&2\\-1&-2\end{pmatrix},\quad \boldsymbol{B}=\begin{pmatrix}-2&2\\1&-1\end{pmatrix},\quad \boldsymbol{C}=\begin{pmatrix}2&0\\-1&0\end{pmatrix},$$

计算 $\boldsymbol{AB}$, $\boldsymbol{BA}$ 以及 $\boldsymbol{AC}$.

解

$$AB = \begin{pmatrix} 0 & 0 \\ 0 & 0 \end{pmatrix} = AC, \quad BA = \begin{pmatrix} -4 & -8 \\ 2 & 4 \end{pmatrix}.$$

上例中, $\boldsymbol{A}, \boldsymbol{B}, \boldsymbol{AB}, \boldsymbol{BA}$ 都是二阶方阵, 但 $\boldsymbol{AB} \neq \boldsymbol{BA}$. 所以矩阵的乘法一般不满足交换律. 这个例子还表明, 两个不为零的矩阵的乘积也可以是零矩阵, 这是矩阵乘积运算的一个特点. 因此, 特别要注意的是：若两个矩阵 $\boldsymbol{A}$ 和 $\boldsymbol{B}$ 满足 $\boldsymbol{AB} = \boldsymbol{O}$, 不能得出 $\boldsymbol{A} = \boldsymbol{O}$ 或者 $\boldsymbol{B} = \boldsymbol{O}$ 的结论; 其次, 由 $\boldsymbol{AB} = \boldsymbol{AC}$ 且 $\boldsymbol{A} \neq \boldsymbol{O}$, 也不能得出 $\boldsymbol{B} = \boldsymbol{C}$, 也即矩阵的乘法一般不满足消去律.

设

$$\boldsymbol{A} = \begin{pmatrix} a_{11} & a_{12} & \cdots & a_{1n} \\ a_{21} & a_{22} & \cdots & a_{2n} \\ \vdots & \vdots & & \vdots \\ a_{m1} & a_{m2} & \cdots & a_{mn} \end{pmatrix}, \quad \boldsymbol{X} = \begin{pmatrix} x_1 \\ x_2 \\ \vdots \\ x_n \end{pmatrix}, \quad \boldsymbol{B} = \begin{pmatrix} b_1 \\ b_2 \\ \vdots \\ b_m \end{pmatrix},$$

那么利用矩阵的乘法和矩阵相等的定义, 线性方程组

$$\begin{cases} a_{11}x_1 + a_{12}x_2 + \cdots + a_{1n}x_n = b_1, \\ a_{21}x_1 + a_{22}x_2 + \cdots + a_{2n}x_n = b_2, \\ \cdots\cdots \\ a_{m1}x_1 + a_{m2}x_2 + \cdots + a_{mn}x_n = b_m \end{cases} \tag{2.1}$$

可写为

$$\boldsymbol{AX} = \boldsymbol{B}. \tag{2.2}$$

矩阵 $\boldsymbol{A}$ 通常叫做线性方程组的**系数矩阵**. 这个事实表明, 任意一个线性方程组都可以写成矩阵方程 (2.2) 的形式. 将方程组 (2.1) 写成 (2.2) 的形式不仅节约了篇幅, 更重要的是它使我们可以用矩阵的方法来处理方程组, 这一点在第 3 章和第 4 章中可以看到.

矩阵的乘法满足结合律：

$$(\boldsymbol{AB})\boldsymbol{C} = \boldsymbol{A}(\boldsymbol{BC}).$$

事实上, 设 $\boldsymbol{A} = (a_{ij})_{m\times p}, \boldsymbol{B} = (b_{jk})_{p\times q}, \boldsymbol{C} = (c_{kl})_{q\times n}$, 并令

$$\boldsymbol{U} = \boldsymbol{AB} = (u_{ik})_{m\times q}, \quad \boldsymbol{V} = \boldsymbol{BC} = (v_{jl})_{p\times n},$$

则

$$u_{ik} = \sum_{j=1}^{p} a_{ij}b_{jk} \quad (i = 1, 2, \cdots, m; k = 1, 2, \cdots, q),$$

$$v_{jl}=\sum_{k=1}^{q}b_{jk}c_{kl}\quad(j=1,2,\cdots,p;l=1,2,\cdots,n).$$

注意到, $(\boldsymbol{AB})\boldsymbol{C}=\boldsymbol{UC}$ 的第 i 行第 l 列元素是

$$\sum_{k=1}^{q}u_{ik}c_{kl}=\sum_{k=1}^{q}\Big(\sum_{j=1}^{p}a_{ij}b_{jk}\Big)c_{kl}=\sum_{k=1}^{q}\sum_{j=1}^{p}a_{ij}b_{jk}c_{kl},$$

而 $\boldsymbol{A}(\boldsymbol{BC})=\boldsymbol{AV}$ 的第 i 行第 l 列元素是

$$\sum_{j=1}^{p}a_{ij}v_{jl}=\sum_{j=1}^{p}a_{ij}\Big(\sum_{k=1}^{q}b_{jk}c_{kl}\Big)=\sum_{j=1}^{p}\sum_{k=1}^{q}a_{ij}b_{jk}c_{kl}.$$

由于双重连加可以交换次序, 所以上两式的结果是相同的, 从而 $(\boldsymbol{AB})\boldsymbol{C}=\boldsymbol{A}(\boldsymbol{BC})$.

有了矩阵的乘法, 就可以定义矩阵的方幂. 设 $\boldsymbol{A}$ 是 n 阶方阵, 定义

$$\boldsymbol{A}^1=\boldsymbol{A},\ \boldsymbol{A}^2=\boldsymbol{AA},\ \boldsymbol{A}^3=\boldsymbol{A}^2\boldsymbol{A},\ \cdots,\boldsymbol{A}^{k+1}=\boldsymbol{A}^k\boldsymbol{A},$$

其中 k 为正整数. 这就是说, $\boldsymbol{A}^k$ 是 k 个 $\boldsymbol{A}$ 连乘, 所以也叫做 $\boldsymbol{A}$ 的 k 次幂. 显然, 只有方阵才可以定义方幂. 由矩阵乘法的结合律可知,

$$\boldsymbol{A}^k\boldsymbol{A}^l=\boldsymbol{A}^{k+l},\quad(\boldsymbol{A}^k)^l=\boldsymbol{A}^{kl},$$

这里, k,l 是正整数. 由于矩阵乘法不满足交换律, 所以一般来说, $(\boldsymbol{AB})^k\neq\boldsymbol{A}^k\boldsymbol{B}^k$.

设 $\boldsymbol{A}$ 是 $m\times n$ 矩阵, 则对于单位矩阵 $\boldsymbol{E}$, 容易验证

$$\boldsymbol{E}_m\boldsymbol{A}=\boldsymbol{A}=\boldsymbol{AE}_n.$$

此外, 矩阵的乘法和矩阵加法、数乘之间还满足以下的运算规则:

(1) $\boldsymbol{A}(\boldsymbol{B}+\boldsymbol{C})=\boldsymbol{AB}+\boldsymbol{AC},\quad(\boldsymbol{B}+\boldsymbol{C})\boldsymbol{A}=\boldsymbol{BA}+\boldsymbol{CA}$;

(2) $k(\boldsymbol{AB})=(k\boldsymbol{A})\boldsymbol{B}=\boldsymbol{A}(k\boldsymbol{B})$.

以上性质作为练习读者自己去验证.

4. 矩阵的转置

定义 2.1.5 设

$$\boldsymbol{A}=\begin{pmatrix}a_{11}&a_{12}&\cdots&a_{1n}\\a_{21}&a_{22}&\cdots&a_{2n}\\\vdots&\vdots&&\vdots\\a_{m1}&a_{m2}&\cdots&a_{mn}\end{pmatrix},$$

则称矩阵

$$\begin{pmatrix} a_{11} & a_{21} & \cdots & a_{m1} \\ a_{12} & a_{22} & \cdots & a_{m2} \\ \vdots & \vdots & & \vdots \\ a_{1n} & a_{2n} & \cdots & a_{mn} \end{pmatrix}$$

为矩阵 $\boldsymbol{A}$ 的**转置矩阵**, 并记为 $\boldsymbol{A}'$ 或 $\boldsymbol{A}^{\mathrm{T}}$.

显然, 把矩阵 $\boldsymbol{A}$ 的行列互换就得到了它的转置矩阵 $\boldsymbol{A}'$, 因此转置矩阵 $\boldsymbol{A}'$ 的第 i 行第 j 列元素恰好是 $\boldsymbol{A}$ 的第 j 行第 i 列元素. 例如, 矩阵

$$\boldsymbol{A} = \begin{pmatrix} 1 & 0 & -2 \\ 3 & -1 & 0 \end{pmatrix}$$

的转置矩阵为

$$\boldsymbol{A}' = \begin{pmatrix} 1 & 3 \\ 0 & -1 \\ -2 & 0 \end{pmatrix}.$$

行矩阵的转置矩阵是列矩阵, 而列矩阵的转置矩阵是行矩阵.

矩阵转置满足下列性质:

(1) $(\boldsymbol{A}')' = \boldsymbol{A}$;

(2) $(\boldsymbol{A}+\boldsymbol{B})' = \boldsymbol{A}' + \boldsymbol{B}'$;

(3) $(k\boldsymbol{A})' = k\boldsymbol{A}'$;

(4) $(\boldsymbol{A}\boldsymbol{B})' = \boldsymbol{B}'\boldsymbol{A}'$.

性质 (1) 是说一个矩阵经过转置后再转置就恢复为自身, 这由转置的定义是不难看出的. 性质 (2) 和 (3) 也可根据转置的定义直接验证. 现在来证明性质 (4).

设 $\boldsymbol{A} = (a_{ij})_{m\times k}$, $\boldsymbol{B} = (b_{ij})_{k\times n}$, 为了证明 $(\boldsymbol{A}\boldsymbol{B})' = \boldsymbol{B}'\boldsymbol{A}'$, 只需验证 $(\boldsymbol{A}\boldsymbol{B})'$ 的第 i 行第 j 列元素和 $\boldsymbol{B}'\boldsymbol{A}'$ 的第 i 行第 j 列元素相等即可. 事实上, $(\boldsymbol{A}\boldsymbol{B})'$ 的第 i 行第 j 列元素就是 $\boldsymbol{A}\boldsymbol{B}$ 的第 j 行第 i 列元素

$$c_{ij} = \sum_{s=1}^{k} a_{js}b_{si} = a_{j1}b_{1i} + a_{j2}b_{2i} + \cdots + a_{jk}b_{ki}.$$

又 $\boldsymbol{B}'$ 的第 i 行元素为 $b_{1i}, b_{2i}, \cdots, b_{ki}$, 而 $\boldsymbol{A}'$ 的第 j 列元素为 $a_{j1}, a_{j2}, \cdots, a_{jk}$, 因此 $\boldsymbol{B}'\boldsymbol{A}'$ 的第 i 行第 j 列元素就为

$$d_{ij} = \sum_{s=1}^{k} b_{si}a_{js} = b_{1i}a_{j1} + b_{2i}a_{j2} + \cdots + b_{ki}a_{jk}.$$

显然, $c_{ij} = d_{ij}$, 故 $(\boldsymbol{AB})' = \boldsymbol{B}'\boldsymbol{A}'$.

性质 (4) 可以推广到有限个矩阵乘积的情形, 即有

$$(\boldsymbol{A}_1\boldsymbol{A}_2\cdots\boldsymbol{A}_k)' = \boldsymbol{A}_k'\boldsymbol{A}_{k-1}'\cdots\boldsymbol{A}_2'\boldsymbol{A}_1'.$$

我们注意到, 矩阵的转置和行列式的转置是类似的, 但不同的是矩阵的转置矩阵一般与原矩阵是不同的, 即使对方阵也是如此. 有一类方阵, 它们转置后仍和原矩阵相等, 即 $\boldsymbol{A}' = \boldsymbol{A}$, 这类矩阵称为**对称矩阵**(简称**对称阵**). 易见, n 阶方阵 $\boldsymbol{A} = (a_{ij})$ 是对称矩阵等价于 $a_{ij} = a_{ji}\ (i, j = 1, 2, \cdots, n)$, 也即它的元素以主对角线为对称轴对应相等. 在第 6 章中我们将专门研究实对称矩阵.

5. 方阵的行列式

定义 2.1.6　设 n 阶矩阵

$$\boldsymbol{A} = \begin{pmatrix} a_{11} & a_{12} & \cdots & a_{1n} \\ a_{21} & a_{22} & \cdots & a_{2n} \\ \vdots & \vdots & & \vdots \\ a_{n1} & a_{n2} & \cdots & a_{nn} \end{pmatrix},$$

则称行列式

$$\begin{vmatrix} a_{11} & a_{12} & \cdots & a_{1n} \\ a_{21} & a_{22} & \cdots & a_{2n} \\ \vdots & \vdots & & \vdots \\ a_{n1} & a_{n2} & \cdots & a_{nn} \end{vmatrix}$$

为**方阵 $\boldsymbol{A}$ 的行列式**, 并记为 $|\boldsymbol{A}|$.

方阵的行列式满足下列性质:

(1) $|\boldsymbol{A}'| = |\boldsymbol{A}|$;

(2) $|k\boldsymbol{A}| = k^n|\boldsymbol{A}|$ (k 为常数, n 为 $\boldsymbol{A}$ 的阶数);

(3) $|\boldsymbol{AB}| = |\boldsymbol{A}||\boldsymbol{B}|$.

这里的性质 (1) 和 (2) 是显然的, 下面证明 (3). 为此, 设

$$\boldsymbol{A} = \begin{pmatrix} a_{11} & a_{12} & \cdots & a_{1n} \\ a_{21} & a_{22} & \cdots & a_{2n} \\ \vdots & \vdots & & \vdots \\ a_{n1} & a_{n2} & \cdots & a_{nn} \end{pmatrix}, \quad \boldsymbol{B} = \begin{pmatrix} b_{11} & b_{12} & \cdots & b_{1n} \\ b_{21} & b_{22} & \cdots & b_{2n} \\ \vdots & \vdots & & \vdots \\ b_{n1} & b_{n2} & \cdots & b_{nn} \end{pmatrix},$$

并记 $2n$ 阶行列式

$$D=\begin{vmatrix} a_{11} & a_{12} & \cdots & a_{1n} & 0 & 0 & \cdots & 0 \\ a_{21} & a_{22} & \cdots & a_{2n} & 0 & 0 & \cdots & 0 \\ \vdots & \vdots & & \vdots & \vdots & \vdots & & \vdots \\ a_{n1} & a_{n2} & \cdots & a_{nn} & 0 & 0 & \cdots & 0 \\ -1 & 0 & \cdots & 0 & b_{11} & b_{12} & \cdots & b_{1n} \\ 0 & -1 & \cdots & 0 & b_{21} & b_{22} & \cdots & b_{2n} \\ \vdots & \vdots & & \vdots & \vdots & \vdots & & \vdots \\ 0 & 0 & \cdots & -1 & b_{n1} & b_{n2} & \cdots & b_{nn} \end{vmatrix}=\begin{vmatrix} \boldsymbol{A} & \boldsymbol{O} \\ -\boldsymbol{E} & \boldsymbol{B} \end{vmatrix}.$$

由例 1.3.4 可知

$$D=\begin{vmatrix} a_{11} & a_{12} & \cdots & a_{1n} \\ a_{21} & a_{22} & \cdots & a_{2n} \\ \vdots & \vdots & & \vdots \\ a_{n1} & a_{n2} & \cdots & a_{nn} \end{vmatrix}\begin{vmatrix} b_{11} & b_{12} & \cdots & b_{1n} \\ b_{21} & b_{22} & \cdots & b_{2n} \\ \vdots & \vdots & & \vdots \\ b_{n1} & b_{n2} & \cdots & b_{nn} \end{vmatrix}=|\boldsymbol{A}||\boldsymbol{B}|.$$

另一方面, 将 D 的第 1 列的 b_{1j} 倍加到 D 的第 $n+j$ 列 $(j=1,2,\cdots,n)$, 第 2 列的 b_{2j} 倍加到第 $n+j$ 列 $(j=1,2,\cdots,n)$, ……, 第 n 列的 b_{nj} 倍加到第 $n+j$ 列 $(j=1,2,\cdots,n)$, 那么

$$D=\begin{vmatrix} \boldsymbol{A} & \boldsymbol{C} \\ -\boldsymbol{E} & \boldsymbol{O} \end{vmatrix},$$

其中 $\boldsymbol{C}=(c_{ij})$, 而

$$c_{ij}=\sum_{k=1}^{n} a_{ik}b_{kj} \quad (i,j=1,2,\cdots n).$$

显然, $\boldsymbol{C}=\boldsymbol{AB}$. 最后, 再将 D 的第 i $(i=1,2,\cdots,n)$ 行和第 $n+i$ 行对换, 则又有

$$D=(-1)^n\begin{vmatrix} -\boldsymbol{E} & \boldsymbol{O} \\ \boldsymbol{A} & \boldsymbol{C} \end{vmatrix}.$$

再一次利用例 1.3.4 可得

$$D=(-1)^n(-1)^n|\boldsymbol{C}|=|\boldsymbol{AB}|,$$

由此有 $|\boldsymbol{AB}|=|\boldsymbol{A}||\boldsymbol{B}|$.

设矩阵

$$A = \begin{pmatrix} a_{11} & a_{12} & \cdots & a_{1n} \\ a_{21} & a_{22} & \cdots & a_{2n} \\ \vdots & \vdots & & \vdots \\ a_{n1} & a_{n2} & \cdots & a_{nn} \end{pmatrix}$$

的行列式 $|\boldsymbol{A}|$ 的元素 a_{ij} 的代数余子式为 A_{ij}, 则称矩阵

$$\boldsymbol{A}^* = \begin{pmatrix} A_{11} & A_{21} & \cdots & A_{n1} \\ A_{12} & A_{22} & \cdots & A_{n2} \\ \vdots & \vdots & & \vdots \\ A_{1n} & A_{2n} & \cdots & A_{nn} \end{pmatrix}$$

为矩阵 $\boldsymbol{A}$ 的**伴随矩阵**. 由 (1.4) 式不难验证

$$\boldsymbol{A}\boldsymbol{A}^* = \boldsymbol{A}^*\boldsymbol{A} = |\boldsymbol{A}|\boldsymbol{E}. \tag{2.3}$$

矩阵与其伴随矩阵之间的这种关系在下一节我们将要用到.

例2.1.4 求矩阵

$$\boldsymbol{A} = \begin{pmatrix} 1 & -1 & 3 \\ 2 & -1 & 4 \\ -1 & 2 & -4 \end{pmatrix}$$

的伴随矩阵.

解 计算知,

$$A_{11} = (-1)^{1+1}\begin{vmatrix} -1 & 4 \\ 2 & -4 \end{vmatrix} = -4,$$

$$A_{12} = (-1)^{1+2}\begin{vmatrix} 2 & 4 \\ -1 & -4 \end{vmatrix} = 4,$$

$$A_{13} = (-1)^{1+3}\begin{vmatrix} 2 & -1 \\ -1 & 2 \end{vmatrix} = 3,$$

$$A_{21} = (-1)^{2+1}\begin{vmatrix} -1 & 3 \\ 2 & -4 \end{vmatrix} = 2,$$

$$A_{22} = (-1)^{2+2}\begin{vmatrix} 1 & 3 \\ -1 & -4 \end{vmatrix} = -1,$$

$$A_{23}=(-1)^{2+3}\begin{vmatrix}1 & -1\\ -1 & 2\end{vmatrix}=-1,$$

$$A_{31}=(-1)^{3+1}\begin{vmatrix}-1 & 3\\ -1 & 4\end{vmatrix}=-1,$$

$$A_{32}=(-1)^{3+2}\begin{vmatrix}1 & 3\\ 2 & 4\end{vmatrix}=2,$$

$$A_{33}=(-1)^{3+3}\begin{vmatrix}1 & -1\\ 2 & -1\end{vmatrix}=1,$$

因此, $\boldsymbol{A}$ 的伴随矩阵

$$\boldsymbol{A}^*=\begin{pmatrix}A_{11} & A_{21} & A_{31}\\ A_{12} & A_{22} & A_{32}\\ A_{13} & A_{23} & A_{33}\end{pmatrix}=\begin{pmatrix}-4 & 2 & -1\\ 4 & -1 & 2\\ 3 & -1 & 1\end{pmatrix}.$$

6. 矩阵的共轭

定义 2.1.7 设矩阵 $\boldsymbol{A}=(a_{ij})_{m\times n}$ 是复矩阵, 则称矩阵 $\overline{\boldsymbol{A}}=(\overline{a}_{ij})_{m\times n}$ 为 $\boldsymbol{A}$ 的**共轭矩阵**, 这里 $\overline{a}_{ij}$ 表示复数 a_{ij} 的共轭.

不难验证, 矩阵的共轭满足下列性质:

(1) $\overline{(\overline{\boldsymbol{A}})}=\boldsymbol{A}$;

(2) $\overline{(\boldsymbol{A}+\boldsymbol{B})}=\overline{\boldsymbol{A}}+\overline{\boldsymbol{B}}$;

(3) $\overline{k\boldsymbol{A}}=\overline{k}\,\overline{\boldsymbol{A}}$;

(4) $\overline{\boldsymbol{A}\boldsymbol{B}}=\overline{\boldsymbol{A}}\,\overline{\boldsymbol{B}}$;

(5) $\overline{\boldsymbol{A}'}=(\overline{\boldsymbol{A}})'$.

2.2 逆 矩 阵

上一节主要讨论了矩阵的加、减、数乘以及乘法等运算, 读者也许会想, 矩阵有没有 “除法” 运算? 这一节我们就讨论这个问题. 矩阵是远比数复杂的一个代数体系, 所以矩阵的 “除法” 也远比数的除法要复杂. 本书只讨论方阵的 “除法” 问题, 因此这一节提到的矩阵若无特别说明都是指方阵.

我们首先来考察数的除法. 设 a,b 是两个数且 $b\neq 0$, 则

$$a\div b=\frac{a}{b}=ab^{-1},$$

这里 b 的倒数 $b^{-1}=\dfrac{1}{b}$ 也称为 b 的逆元, 且显然有 $bb^{-1}=b^{-1}b=1$. 正是有了这个逆元, 所以通常将数的除法归结为乘法. 基于这种思想, 为了也用矩阵的乘法定义矩阵的除法, 我们先引入方阵的逆矩阵的概念.

定义 2.2.1 设 $\boldsymbol{A}$ 为 n 阶方阵, 若存在 n 阶方阵 $\boldsymbol{B}$ 使得

$$\boldsymbol{AB}=\boldsymbol{BA}=\boldsymbol{E},$$

则称 $\boldsymbol{B}$ 是 $\boldsymbol{A}$ 的**逆矩阵**. 这时也称 $\boldsymbol{A}$ 是**可逆矩阵**, 简称**可逆阵**.

设 $\boldsymbol{A}=\begin{pmatrix}1&0\\0&0\end{pmatrix}$. 如果假设 $\boldsymbol{B}=\begin{pmatrix}a&b\\c&d\end{pmatrix}$ 满足 $\boldsymbol{AB}=\boldsymbol{BA}=\boldsymbol{E}$, 那么

$$\begin{pmatrix}a&b\\0&0\end{pmatrix}=\begin{pmatrix}a&0\\c&0\end{pmatrix}=\begin{pmatrix}1&0\\0&1\end{pmatrix}.$$

但显然这是不可能的, 因此 $\boldsymbol{A}$ 没有逆矩阵.

容易验证, 对角矩阵

$$\boldsymbol{A}=\begin{pmatrix}a_1&0&\cdots&0\\0&a_2&\cdots&0\\\vdots&\vdots&&\vdots\\0&0&\cdots&a_n\end{pmatrix}\quad(a_1a_2\cdots a_n\neq 0)$$

的逆矩阵是

$$\begin{pmatrix}a_1^{-1}&0&\cdots&0\\0&a_2^{-1}&\cdots&0\\\vdots&\vdots&&\vdots\\0&0&\cdots&a_n^{-1}\end{pmatrix}.$$

以上两个例子表明, 有的矩阵有逆矩阵, 有的矩阵没有逆矩阵. 那么什么样的矩阵有逆矩阵? 一个矩阵如果有逆矩阵, 那怎样来求它的逆矩阵? 矩阵的逆矩阵是否也像数的逆元那样是唯一的呢? 下面一一解决这些问题.

定理 2.2.1 若 n 阶方阵 $\boldsymbol{A}$ 可逆, 则 $\boldsymbol{A}$ 的逆矩阵唯一.

证明 事实上, 假设 $\boldsymbol{B},\boldsymbol{C}$ 都是 $\boldsymbol{A}$ 的逆矩阵, 则 $\boldsymbol{AB}=\boldsymbol{BA}=\boldsymbol{E}=\boldsymbol{AC}=\boldsymbol{CA}$, 进而

$$\boldsymbol{B}=\boldsymbol{EB}=(\boldsymbol{CA})\boldsymbol{B}=\boldsymbol{C}(\boldsymbol{AB})=\boldsymbol{CE}=\boldsymbol{C}.$$

这就证明了唯一性. ∎

因为可逆矩阵的逆矩阵是唯一的, 所以今后总用 $\boldsymbol{A}^{-1}$ 表示矩阵 $\boldsymbol{A}$ 的逆矩阵, 即若 $\boldsymbol{AB}=\boldsymbol{BA}=\boldsymbol{E}$, 则 $\boldsymbol{B}=\boldsymbol{A}^{-1}$.

定理2.2.2 n 阶方阵 $\boldsymbol{A}$ 可逆的充分必要条件是 $|\boldsymbol{A}|\neq 0$, 这时,

$$\boldsymbol{A}^{-1}=\frac{1}{|\boldsymbol{A}|}\boldsymbol{A}^*,$$

其中 $\boldsymbol{A}^*$ 是 $\boldsymbol{A}$ 的伴随矩阵.

证明 设 $\boldsymbol{A}$ 可逆, 则存在 n 阶方阵 $\boldsymbol{B}$ 使得 $\boldsymbol{AB}=\boldsymbol{BA}=\boldsymbol{E}$, 由此有 $|\boldsymbol{A}||\boldsymbol{B}|=|\boldsymbol{AB}|=|\boldsymbol{E}|=1$, 故 $|\boldsymbol{A}|\neq 0$. 反之, 若 $|\boldsymbol{A}|\neq 0$, 则可令

$$\boldsymbol{B}=\frac{1}{|\boldsymbol{A}|}\boldsymbol{A}^*,$$

于是由 (2.3) 式即得 $\boldsymbol{AB}=\boldsymbol{BA}=\boldsymbol{E}$, 故而 $\boldsymbol{A}$ 可逆, 且 $\boldsymbol{A}^{-1}=\dfrac{1}{|\boldsymbol{A}|}\boldsymbol{A}^*$. ∎

定理 2.2.2 说明, 行列式不等于零而且只有行列式不等于零的矩阵才可逆, 同时也给出了求逆矩阵的方法, 也即矩阵 $\boldsymbol{A}$ 的逆矩阵就是

$$\boldsymbol{A}^{-1}=\frac{1}{|\boldsymbol{A}|}\boldsymbol{A}^*. \tag{2.4}$$

例2.2.1 求矩阵

$$\boldsymbol{A}=\begin{pmatrix}1&1&-1\\1&2&-3\\0&1&1\end{pmatrix}$$

的逆矩阵.

解 可以计算, $|\boldsymbol{A}|=3\neq 0$, 所以 $\boldsymbol{A}$ 可逆. 又计算知, $A_{11}=5$, $A_{12}=-1$, $A_{13}=1$, $A_{21}=-2$, $A_{22}=1$, $A_{23}=-1$, $A_{31}=-1$, $A_{32}=2$, $A_{33}=1$, 因此, $\boldsymbol{A}$ 的伴随矩阵

$$\boldsymbol{A}^*=\begin{pmatrix}5&-2&-1\\-1&1&2\\1&-1&1\end{pmatrix}.$$

进而

$$\boldsymbol{A}^{-1}=\begin{pmatrix}\frac{5}{3}&-\frac{2}{3}&-\frac{1}{3}\\-\frac{1}{3}&\frac{1}{3}&\frac{2}{3}\\\frac{1}{3}&-\frac{1}{3}&\frac{1}{3}\end{pmatrix}.$$

由定理 2.2.2 可得下列推论.

推论 2.2.1 若 n 阶方阵 $\boldsymbol{A}$ 和 $\boldsymbol{B}$ 满足 $\boldsymbol{AB}=\boldsymbol{E}$ 或者 $\boldsymbol{BA}=\boldsymbol{E}$, 则 $\boldsymbol{B}=\boldsymbol{A}^{-1}$.

证明 设 $\boldsymbol{AB}=\boldsymbol{E}$, 则 $|\boldsymbol{A}||\boldsymbol{B}|=|\boldsymbol{AB}|=1$, 因此 $|\boldsymbol{A}|\neq 0$, 所以 $\boldsymbol{A}$ 可逆. 于是,

$$\boldsymbol{B}=\boldsymbol{EB}=(\boldsymbol{A}^{-1}\boldsymbol{A})\boldsymbol{B}=\boldsymbol{A}^{-1}(\boldsymbol{AB})=\boldsymbol{A}^{-1}\boldsymbol{E}=\boldsymbol{A}^{-1}.$$

$\boldsymbol{BA}=\boldsymbol{E}$ 的情形可类似证明. ∎

这个推论表明, 在验证矩阵 $\boldsymbol{B}$ 是另一个矩阵 $\boldsymbol{A}$ 的逆矩阵时, 只需验证 $\boldsymbol{AB}=\boldsymbol{E}$ 或者 $\boldsymbol{BA}=\boldsymbol{E}$ 就可以了, 而不必同时验证 $\boldsymbol{AB}=\boldsymbol{E}$ 和 $\boldsymbol{BA}=\boldsymbol{E}$.

矩阵的逆矩阵满足下列性质:

(1) 若 $\boldsymbol{A}$ 可逆, 则 $\boldsymbol{A}^{-1}$ 也可逆, 且 $(\boldsymbol{A}^{-1})^{-1}=\boldsymbol{A}$;

(2) 若 $\boldsymbol{A},\boldsymbol{B}$ 是同阶可逆矩阵, 则 $\boldsymbol{AB}$ 也可逆, 且 $(\boldsymbol{AB})^{-1}=\boldsymbol{B}^{-1}\boldsymbol{A}^{-1}$;

(3) 若 $\boldsymbol{A}$ 可逆, 而数 $k\neq 0$, 则 $k\boldsymbol{A}$ 也可逆, 且 $(k\boldsymbol{A})^{-1}=\dfrac{1}{k}\boldsymbol{A}^{-1}$;

(4) 若 $\boldsymbol{A}$ 可逆, 则 $\boldsymbol{A}'$ 也可逆, 且 $(\boldsymbol{A}')^{-1}=(\boldsymbol{A}^{-1})'$.

以上性质根据推论 2.2.1 直接验证即可, 比如性质 (2): 因为

$$(\boldsymbol{AB})(\boldsymbol{B}^{-1}\boldsymbol{A}^{-1})=\boldsymbol{A}(\boldsymbol{BB}^{-1})\boldsymbol{A}^{-1}=\boldsymbol{AEA}^{-1}=\boldsymbol{AA}^{-1}=\boldsymbol{E},$$

因此 $(\boldsymbol{AB})^{-1}=\boldsymbol{B}^{-1}\boldsymbol{A}^{-1}$.

性质 (2) 还可以推广:

若 $\boldsymbol{A}_1,\ \boldsymbol{A}_2,\ \cdots,\ \boldsymbol{A}_k$ 是 k 个同阶可逆矩阵, 则 $\boldsymbol{A}_1\boldsymbol{A}_2\cdots\boldsymbol{A}_k$ 也可逆, 且

$$(\boldsymbol{A}_1\boldsymbol{A}_2\cdots\boldsymbol{A}_k)^{-1}=\boldsymbol{A}_k^{-1}\boldsymbol{A}_{k-1}^{-1}\cdots\boldsymbol{A}_2^{-1}\boldsymbol{A}_1^{-1}.$$

如果 $|\boldsymbol{A}|\neq 0$, 那么还可以定义

$$\boldsymbol{A}^0=\boldsymbol{E},\quad \boldsymbol{A}^{-k}=(\boldsymbol{A}^{-1})^k,$$

其中 k 为正整数. 这样, 对任意整数 m,n 就有

$$\boldsymbol{A}^m\boldsymbol{A}^n=\boldsymbol{A}^{m+n},\quad (\boldsymbol{A}^m)^n=\boldsymbol{A}^{mn}.$$

现在我们回到本节开头提出的问题, 即所谓矩阵的 "除法" 问题. 利用逆矩阵, 我们可以定义以一个可逆矩阵 $\boldsymbol{A}$"右除" 一个矩阵 $\boldsymbol{B}$ 就等于用 $\boldsymbol{A}^{-1}$ 右乘 $\boldsymbol{B}$, 即 $\boldsymbol{BA}^{-1}$. 同样也可以定义以一个可逆矩阵 $\boldsymbol{A}$"左除" 一个矩阵 $\boldsymbol{B}$ 就等于用 $\boldsymbol{A}^{-1}$ 左乘 $\boldsymbol{B}$, 即 $\boldsymbol{A}^{-1}\boldsymbol{B}$. 由于矩阵乘法不满足交换律, 因此一般来说 $\boldsymbol{A}^{-1}\boldsymbol{B}\neq\boldsymbol{BA}^{-1}$. 由于矩阵 "除法" 实际上可看成乘法与求逆运算的合成, 因此在矩阵运算中一般不讨论矩阵的除法, 而用求逆及乘法来代替它.

例2.2.2 设 $\boldsymbol{A}$ 是可逆矩阵, 且 $\boldsymbol{AB}=\boldsymbol{AC}$, 证明 $\boldsymbol{B}=\boldsymbol{C}$.

证明 因为 $\boldsymbol{A}$ 可逆, 所以有逆矩阵 $\boldsymbol{A}^{-1}$. 于是在等式 $\boldsymbol{AB}=\boldsymbol{AC}$ 的两边左乘 $\boldsymbol{A}^{-1}$ 得

$$\boldsymbol{A}^{-1}\boldsymbol{AB}=\boldsymbol{A}^{-1}\boldsymbol{AC},$$

故 $\boldsymbol{B}=\boldsymbol{C}$. ■

完全类似可以证明, 当 $\boldsymbol{A}$ 可逆, 且 $\boldsymbol{BA}=\boldsymbol{CA}$ 时, 也有 $\boldsymbol{B}=\boldsymbol{C}$. 和前一节的例 2.1.3 比较读者不难发现, 这个例子中条件 "矩阵 $\boldsymbol{A}$ 可逆" 起到关键作用, 它实际上是矩阵满足消去律的条件.

逆矩阵的应用十分广泛, 这一点我们在以后将看到.

例2.2.3 设

$$\boldsymbol{A}=\begin{pmatrix}1&2&3\\2&2&1\\3&4&3\end{pmatrix},\quad \boldsymbol{B}=\begin{pmatrix}2&1\\5&3\end{pmatrix},\quad \boldsymbol{C}=\begin{pmatrix}1&3\\2&0\\3&1\end{pmatrix},$$

求矩阵 $\boldsymbol{X}$ 使其满足 $\boldsymbol{AXB}=\boldsymbol{C}$.

解 求得 $|\boldsymbol{A}|=2$, $|\boldsymbol{B}|=1$, 所以 $\boldsymbol{A},\boldsymbol{B}$ 均可逆, 并且

$$\boldsymbol{A}^{-1}=\begin{pmatrix}1&3&-2\\-\dfrac{3}{2}&-3&\dfrac{5}{2}\\1&1&-1\end{pmatrix},\quad \boldsymbol{B}^{-1}=\begin{pmatrix}3&-1\\-5&2\end{pmatrix}.$$

于是在等式 $\boldsymbol{AXB}=\boldsymbol{C}$ 的两边左乘 $\boldsymbol{A}^{-1}$ 同时右乘 $\boldsymbol{B}^{-1}$ 即得

$$\boldsymbol{X}=\boldsymbol{A}^{-1}\boldsymbol{C}\boldsymbol{B}^{-1}=\begin{pmatrix}-2&1\\10&-4\\-10&4\end{pmatrix}.$$

利用逆矩阵可以给出克拉默法则的另一种证明. 我们知道 (见 2.1 节), 线性方程组

$$\begin{cases}a_{11}x_1+a_{12}x_2+\cdots+a_{1n}x_n=b_1,\\a_{21}x_1+a_{22}x_2+\cdots+a_{2n}x_n=b_2,\\\cdots\cdots\\a_{n1}x_1+a_{n2}x_2+\cdots+a_{nn}x_n=b_n\end{cases}$$

可以写为

$$\boldsymbol{AX}=\boldsymbol{B},$$

其中

$$\boldsymbol{A}=\begin{pmatrix} a_{11} & a_{12} & \cdots & a_{1n} \\ a_{21} & a_{22} & \cdots & a_{2n} \\ \vdots & \vdots & & \vdots \\ a_{n1} & a_{n2} & \cdots & a_{nn} \end{pmatrix},\quad \boldsymbol{X}=\begin{pmatrix} x_1 \\ x_2 \\ \vdots \\ x_n \end{pmatrix},\quad \boldsymbol{B}=\begin{pmatrix} b_1 \\ b_2 \\ \vdots \\ b_n \end{pmatrix}.$$

现在设 $|\boldsymbol{A}| \neq 0$, 即方程组的系数行列式不等于零, 那么 $\boldsymbol{A}$ 可逆. 显然,

$$\boldsymbol{X}=\boldsymbol{A}^{-1}\boldsymbol{B}$$

就是方程组的解. 再利用求 $\boldsymbol{A}^{-1}$ 的公式 (2.4) 以及 $\boldsymbol{A}^*$ 的定义具体将 $\boldsymbol{A}^{-1}\boldsymbol{B}$ 计算出来恰好就是克拉默法则 (定理 1.5.1) 中给出的解.

其次, 如果假设 $\boldsymbol{X}=\boldsymbol{C}$ 也是方程组的解, 则 $\boldsymbol{AC}=\boldsymbol{B}$, 于是有 $\boldsymbol{C}=\boldsymbol{A}^{-1}\boldsymbol{B}$. 这就是说, $\boldsymbol{X}=\boldsymbol{A}^{-1}\boldsymbol{B}$ 是方程组的唯一解.

例 2.2.4　求线性方程组

$$\begin{cases} x_1+x_2-x_3=1, \\ x_1+2x_2-3x_3=0, \\ \qquad x_2+x_3=-1 \end{cases}$$

的解.

解　注意到方程组的系数矩阵 $\boldsymbol{A}$ 就是例 2.2.1 中的矩阵, 因此方程组的解为

$$\begin{pmatrix} x_1 \\ x_2 \\ x_3 \end{pmatrix}=\boldsymbol{A}^{-1}\boldsymbol{B}=\begin{pmatrix} \frac{5}{3} & -\frac{2}{3} & -\frac{1}{3} \\ -\frac{1}{3} & \frac{1}{3} & \frac{2}{3} \\ \frac{1}{3} & -\frac{1}{3} & \frac{1}{3} \end{pmatrix}\begin{pmatrix} 1 \\ 0 \\ -1 \end{pmatrix}=\begin{pmatrix} 2 \\ -1 \\ 0 \end{pmatrix},$$

这就是

$$\begin{cases} x_1=2, \\ x_2=-1, \\ x_3=0. \end{cases}$$

2.3　分块矩阵

我们看到, 矩阵的运算是一种比较复杂的运算, 为了简化这种运算, 我们引入分块矩阵及其运算的概念. 分块矩阵法在处理较高阶数的矩阵运算时是一种非常行

之有效的方法. 这种方法就是在处理高阶矩阵时, 将一个大矩阵看成由一些小矩阵构成, 犹如大矩阵是由数组成的一样, 在运算时, 把这些小矩阵看作数来处理, 这就是所谓矩阵的分块运算法. 这种运算除了能获得运算的方便外, 同时也显示了矩阵结构的某些特征.

首先看一个例子. 矩阵

$$\boldsymbol{A}=\left(\begin{array}{c|ccc|cc} 1 & 2 & 3 & 0 & -1 & 2 \\ 0 & 1 & 1 & -2 & 1 & 1 \\ 0 & 0 & 3 & 1 & 0 & -1 \\ \hline 1 & 0 & -2 & 0 & 1 & 0 \end{array}\right)$$

就可以看作是分块矩阵. 如果令

$$\boldsymbol{A}_{11}=\begin{pmatrix} 1 \\ 0 \\ 0 \end{pmatrix}, \quad \boldsymbol{A}_{12}=\begin{pmatrix} 2 & 3 & 0 \\ 1 & 1 & -2 \\ 0 & 3 & 1 \end{pmatrix}, \quad \boldsymbol{A}_{13}=\begin{pmatrix} -1 & 2 \\ 1 & 1 \\ 0 & -1 \end{pmatrix},$$

$$\boldsymbol{A}_{21}=(1), \quad \boldsymbol{A}_{22}=(0,-2,0), \quad \boldsymbol{A}_{23}=(1,0),$$

那么 $\boldsymbol{A}$ 可表示为

$$\boldsymbol{A}=\begin{pmatrix} \boldsymbol{A}_{11} & \boldsymbol{A}_{12} & \boldsymbol{A}_{13} \\ \boldsymbol{A}_{21} & \boldsymbol{A}_{22} & \boldsymbol{A}_{23} \end{pmatrix}.$$

一般地, 我们有下面的定义.

定义 2.3.1 对 $m \times n$ 阶矩阵 $\boldsymbol{A}=(a_{ij})$ 先用若干条横线将它分为 r 块, 再用若干条竖线将它分为 s 块, 则就得到了一个有 $r \times s$ 块的**分块矩阵**, 并记为

$$\boldsymbol{A}=\begin{pmatrix} \boldsymbol{A}_{11} & \boldsymbol{A}_{12} & \cdots & \boldsymbol{A}_{1s} \\ \boldsymbol{A}_{21} & \boldsymbol{A}_{22} & \cdots & \boldsymbol{A}_{2s} \\ \vdots & \vdots & & \vdots \\ \boldsymbol{A}_{r1} & \boldsymbol{A}_{r2} & \cdots & \boldsymbol{A}_{rs} \end{pmatrix},$$

这里 $\boldsymbol{A}_{ij}$ 代表一个矩阵, 而不是一个数. $\boldsymbol{A}_{ij}$ 通常称为 $\boldsymbol{A}$ 的**块**.

一个矩阵有各种各样的分块方法, 究竟怎样分比较好, 一般要看具体需要而定. 比如矩阵

$$\boldsymbol{A}=\left(\begin{array}{cc|cc|c} 1 & 1 & 0 & 0 & 0 \\ -1 & 1 & 0 & 0 & 0 \\ \hline 0 & 0 & 1 & 0 & 0 \\ 0 & 0 & 1 & 1 & 0 \\ \hline 0 & 0 & 0 & 0 & 1 \end{array}\right)$$

是分了块的矩阵. 若记

$$A_1 = \begin{pmatrix} 1 & 1 \\ -1 & 1 \end{pmatrix}, \quad A_2 = \begin{pmatrix} 1 & 0 \\ 1 & 1 \end{pmatrix}, \quad A_3 = (1),$$

则 $\boldsymbol{A}$ 就表示为

$$\boldsymbol{A} = \begin{pmatrix} \boldsymbol{A}_1 & \boldsymbol{O} & \boldsymbol{O} \\ \boldsymbol{O} & \boldsymbol{A}_2 & \boldsymbol{O} \\ \boldsymbol{O} & \boldsymbol{O} & \boldsymbol{A}_3 \end{pmatrix}.$$

注意到, $\boldsymbol{A}$ 作为分块矩阵来看, 除主对角线的块外其余的块都为零矩阵. 以后我们会看到, 这种分块成对角形状的矩阵在运算上是非常便捷的.

一般地, 称下列形状 (即主对角线以外的块都为零) 的分块矩阵

$$\boldsymbol{A} = \begin{pmatrix} \boldsymbol{A}_1 & & & \boldsymbol{O} \\ & \boldsymbol{A}_2 & & \\ & & \ddots & \\ \boldsymbol{O} & & & \boldsymbol{A}_k \end{pmatrix}$$

为**准对角阵**或**分块对角阵**.

两个分块矩阵 $\boldsymbol{A} = (\boldsymbol{A}_{ij})_{r\times s}$ 和 $\boldsymbol{B} = (\boldsymbol{B}_{ij})_{p\times q}$ 称为相等, 如果 $r = p$, $s = q$, 且 $\boldsymbol{A}_{ij} = \boldsymbol{B}_{ij}$, 其中 $i = 1, 2, \cdots, r; j = 1, 2, \cdots, s$. 因此两个分块矩阵相等, 不仅要求它们的分块方式相同, 还要求它们分成的每一块也对应相等. 显然两个矩阵作为分块矩阵相等, 则它们作为普通矩阵也相等.

上面说过, 矩阵分块的目的就是为了简化矩阵运算, 现在来介绍分块矩阵的运算.

设 $m \times n$ 矩阵 $\boldsymbol{A}$ 和 $\boldsymbol{B}$ 有相同的分块, 即

$$\boldsymbol{A} = (\boldsymbol{A}_{ij})_{r\times s} = \begin{pmatrix} \boldsymbol{A}_{11} & \boldsymbol{A}_{12} & \cdots & \boldsymbol{A}_{1s} \\ \boldsymbol{A}_{21} & \boldsymbol{A}_{22} & \cdots & \boldsymbol{A}_{2s} \\ \vdots & \vdots & & \vdots \\ \boldsymbol{A}_{r1} & \boldsymbol{A}_{r2} & \cdots & \boldsymbol{A}_{rs} \end{pmatrix},$$

$$\boldsymbol{B} = (\boldsymbol{B}_{ij})_{r\times s} = \begin{pmatrix} \boldsymbol{B}_{11} & \boldsymbol{B}_{12} & \cdots & \boldsymbol{B}_{1s} \\ \boldsymbol{B}_{21} & \boldsymbol{B}_{22} & \cdots & \boldsymbol{B}_{2s} \\ \vdots & \vdots & & \vdots \\ \boldsymbol{B}_{r1} & \boldsymbol{B}_{r2} & \cdots & \boldsymbol{B}_{rs} \end{pmatrix},$$

且对任意的 $i, j(i=1,2,\cdots,r;\ j=1,2,\cdots,s)$, $\boldsymbol{A}_{ij}$ 与 $\boldsymbol{B}_{ij}$ 作为矩阵的块有相同的行数和相同的列数. 于是直接计算可知,

$$\boldsymbol{A}+\boldsymbol{B}=(\boldsymbol{A}_{ij}+\boldsymbol{B}_{ij})_{r\times s},$$

$$k\boldsymbol{A}=(k\boldsymbol{A}_{ij})_{r\times s},$$

$$\boldsymbol{A}'=(\boldsymbol{A}'_{ij})_{r\times s}=\begin{pmatrix}\boldsymbol{A}'_{11} & \boldsymbol{A}'_{21} & \cdots & \boldsymbol{A}'_{r1}\\ \boldsymbol{A}'_{12} & \boldsymbol{A}'_{22} & \cdots & \boldsymbol{A}'_{r2}\\ \vdots & \vdots & & \vdots\\ \boldsymbol{A}'_{1s} & \boldsymbol{A}'_{2s} & \cdots & \boldsymbol{A}'_{rs}\end{pmatrix}.$$

关于分块矩阵的乘法也有相同的事实. 事实上, 设 $\boldsymbol{A}$ 是 $m\times k$ 矩阵, $\boldsymbol{B}$ 是 $k\times n$ 矩阵, 且 $\boldsymbol{A}$ 和 $\boldsymbol{B}$ 分别有如下分块:

$$\boldsymbol{A}=(\boldsymbol{A}_{ij})_{r\times t}=\begin{array}{c} \begin{array}{cccc} k_1 & k_2 & \cdots & k_t\\ \downarrow & \downarrow & & \downarrow \end{array}\\ \begin{pmatrix}\boldsymbol{A}_{11} & \boldsymbol{A}_{12} & \cdots & \boldsymbol{A}_{1t}\\ \boldsymbol{A}_{21} & \boldsymbol{A}_{22} & \cdots & \boldsymbol{A}_{2t}\\ \vdots & \vdots & & \vdots\\ \boldsymbol{A}_{r1} & \boldsymbol{A}_{r2} & \cdots & \boldsymbol{A}_{rt}\end{pmatrix}\end{array}\begin{array}{l}\\ \leftarrow m_1\\ \leftarrow m_2\\ \quad\vdots\\ \leftarrow m_r\end{array},$$

$$\boldsymbol{B}=(\boldsymbol{B}_{ij})_{t\times s}=\begin{array}{c} \begin{array}{cccc} n_1 & n_2 & \cdots & n_s\\ \downarrow & \downarrow & & \downarrow \end{array}\\ \begin{pmatrix}\boldsymbol{B}_{11} & \boldsymbol{B}_{12} & \cdots & \boldsymbol{B}_{1s}\\ \boldsymbol{B}_{21} & \boldsymbol{B}_{22} & \cdots & \boldsymbol{B}_{2s}\\ \vdots & \vdots & & \vdots\\ \boldsymbol{B}_{t1} & \boldsymbol{B}_{t2} & \cdots & \boldsymbol{B}_{ts}\end{pmatrix}\end{array}\begin{array}{l}\\ \leftarrow k_1\\ \leftarrow k_2\\ \quad\vdots\\ \leftarrow k_t\end{array},$$

其中每个 $\boldsymbol{A}_{ij}$ 是 $m_i\times k_j$ 矩阵, 每个 $\boldsymbol{B}_{ij}$ 是 $k_i\times n_j$ 矩阵. 也就是说, $\boldsymbol{A}$ 的列的分法和 $\boldsymbol{B}$ 的行的分法完全一样 (至于 $\boldsymbol{A}$ 的行和 $\boldsymbol{B}$ 的列可以任意分块). 这样的分块保证了 $\boldsymbol{A}_{il}$ 的列数与 $\boldsymbol{B}_{lj}$ 的行数相等 (都等于 k_l), 因此由矩阵乘积的定义直接计算可知, 必有

$$\boldsymbol{AB}=\boldsymbol{C}=(\boldsymbol{C}_{ij})_{r\times s}=\begin{array}{c} \begin{array}{cccc} n_1 & n_2 & \cdots & n_s\\ \downarrow & \downarrow & & \downarrow \end{array}\\ \begin{pmatrix}\boldsymbol{C}_{11} & \boldsymbol{C}_{12} & \cdots & \boldsymbol{C}_{1s}\\ \boldsymbol{C}_{21} & \boldsymbol{C}_{22} & \cdots & \boldsymbol{C}_{2s}\\ \vdots & \vdots & & \vdots\\ \boldsymbol{C}_{r1} & \boldsymbol{C}_{r2} & \cdots & \boldsymbol{C}_{rs}\end{pmatrix}\end{array}\begin{array}{l}\\ \leftarrow m_1\\ \leftarrow m_2\\ \quad\vdots\\ \leftarrow m_r\end{array},$$

其中

$$C_{ij}=A_{i1}B_{1j}+A_{i2}B_{2j}+\cdots+A_{it}B_{tj}\quad(i=1,2,\cdots,r;\ j=1,2,\cdots,s).$$

例2.3.1　设

$$A=\begin{pmatrix}1&0&2&-1&0\\0&1&1&-2&1\\0&0&3&1&0\\1&0&-2&0&1\end{pmatrix},\quad B=\begin{pmatrix}1&0&2\\0&1&0\\-1&1&3\\0&1&-1\\2&0&1\end{pmatrix},$$

计算 AB.

解　记

$$A_{11}=\begin{pmatrix}1&0\\0&1\end{pmatrix}=E_2,\ A_{12}=\begin{pmatrix}2\\1\end{pmatrix},\ A_{13}=\begin{pmatrix}-1&0\\-2&1\end{pmatrix},$$

$$A_{21}=\begin{pmatrix}0&0\\1&0\end{pmatrix},\ A_{22}=\begin{pmatrix}3\\-2\end{pmatrix},\ A_{23}=\begin{pmatrix}1&0\\0&1\end{pmatrix}=E_2,$$

$$B_{11}=\begin{pmatrix}1&0\\0&1\end{pmatrix}=E_2,\ B_{12}=\begin{pmatrix}2\\0\end{pmatrix},\ B_{21}=(-1,1),$$

$$B_{22}=(3),\ B_{31}=\begin{pmatrix}0&1\\2&0\end{pmatrix},\ B_{32}=\begin{pmatrix}-1\\1\end{pmatrix},$$

则

$$A=\begin{pmatrix}A_{11}&A_{12}&A_{13}\\A_{21}&A_{22}&A_{23}\end{pmatrix},\quad B=\begin{pmatrix}B_{11}&B_{12}\\B_{21}&B_{22}\\B_{31}&B_{32}\end{pmatrix}.$$

注意到 A 的列的分法和 B 的行的分法一样, 于是

$$AB=\begin{pmatrix}A_{11}B_{11}+A_{12}B_{21}+A_{13}B_{31}&A_{11}B_{12}+A_{12}B_{22}+A_{13}B_{32}\\A_{21}B_{11}+A_{22}B_{21}+A_{23}B_{31}&A_{21}B_{12}+A_{22}B_{22}+A_{23}B_{32}\end{pmatrix}$$

$$=\left(\begin{array}{cc|c}-1&1&9\\1&0&6\\\hline -3&4&8\\5&-2&-3\end{array}\right).$$

如果直接用矩阵乘法可计算出相同的结果.

例 2.3.2 求矩阵

$$M=\begin{pmatrix} a_{11} & \cdots & a_{1n} & 0 & \cdots & 0 \\ \vdots & & \vdots & \vdots & & \vdots \\ a_{n1} & \cdots & a_{nn} & 0 & \cdots & 0 \\ c_{11} & \cdots & c_{1n} & b_{11} & \cdots & b_{1m} \\ \vdots & & \vdots & \vdots & & \vdots \\ c_{m1} & \cdots & c_{mn} & b_{m1} & \cdots & b_{mm} \end{pmatrix}=\begin{pmatrix} \boldsymbol{A} & \boldsymbol{O} \\ \boldsymbol{C} & \boldsymbol{B} \end{pmatrix}$$

的逆矩阵, 其中 $\boldsymbol{A}$ 和 $\boldsymbol{B}$ 分别是 n 阶和 m 阶可逆矩阵, $\boldsymbol{C}$ 是 $m\times n$ 矩阵, $\boldsymbol{O}$ 当然是 $n\times m$ 零矩阵.

解 首先, 因为 $\boldsymbol{A}$ 和 $\boldsymbol{B}$ 均可逆, 因此 $|\boldsymbol{A}|\neq 0$, $|\boldsymbol{B}|\neq 0$, 进而 $|\boldsymbol{M}|=|\boldsymbol{A}||\boldsymbol{B}|\neq 0$, 即 $\boldsymbol{M}$ 也可逆. 设

$$\boldsymbol{M}^{-1}=\begin{pmatrix} \boldsymbol{X} & \boldsymbol{W} \\ \boldsymbol{Z} & \boldsymbol{Y} \end{pmatrix},$$

于是

$$\begin{pmatrix} \boldsymbol{A} & \boldsymbol{O} \\ \boldsymbol{C} & \boldsymbol{B} \end{pmatrix}\begin{pmatrix} \boldsymbol{X} & \boldsymbol{W} \\ \boldsymbol{Z} & \boldsymbol{Y} \end{pmatrix}=\begin{pmatrix} \boldsymbol{E}_n & \boldsymbol{O} \\ \boldsymbol{O} & \boldsymbol{E}_m \end{pmatrix}.$$

具体计算出上式左边部分并比较可得

$$\begin{cases} \boldsymbol{AX}=\boldsymbol{E}_n, \\ \boldsymbol{AW}=\boldsymbol{O}, \\ \boldsymbol{CX}+\boldsymbol{BZ}=\boldsymbol{O}, \\ \boldsymbol{CW}+\boldsymbol{BY}=\boldsymbol{E}_m. \end{cases}$$

由第一、第二式可得

$$\boldsymbol{X}=\boldsymbol{A}^{-1}, \quad \boldsymbol{W}=\boldsymbol{A}^{-1}\boldsymbol{O}=\boldsymbol{O},$$

进而将 $\boldsymbol{X}$ 和 $\boldsymbol{W}$ 代入第三、第四式得

$$\boldsymbol{Z}=-\boldsymbol{B}^{-1}\boldsymbol{C}\boldsymbol{A}^{-1}, \quad \boldsymbol{Y}=\boldsymbol{B}^{-1}.$$

故

$$\boldsymbol{M}^{-1}=\begin{pmatrix} \boldsymbol{A}^{-1} & \boldsymbol{O} \\ -\boldsymbol{B}^{-1}\boldsymbol{C}\boldsymbol{A}^{-1} & \boldsymbol{B}^{-1} \end{pmatrix}.$$

特别地, 当 $\boldsymbol{C}=\boldsymbol{O}$ 时, 有

$$\begin{pmatrix} \boldsymbol{A} & \boldsymbol{O} \\ \boldsymbol{O} & \boldsymbol{B} \end{pmatrix}^{-1} = \begin{pmatrix} \boldsymbol{A}^{-1} & \boldsymbol{O} \\ \boldsymbol{O} & \boldsymbol{B}^{-1} \end{pmatrix}.$$

一般地, 若 $\boldsymbol{A}_1, \boldsymbol{A}_2, \cdots, \boldsymbol{A}_k$ 都是可逆矩阵, 则有

$$\begin{pmatrix} \boldsymbol{A}_1 & & & \boldsymbol{O} \\ & \boldsymbol{A}_2 & & \\ & & \ddots & \\ \boldsymbol{O} & & & \boldsymbol{A}_k \end{pmatrix}^{-1} = \begin{pmatrix} \boldsymbol{A}_1^{-1} & & & \boldsymbol{O} \\ & \boldsymbol{A}_2^{-1} & & \\ & & \ddots & \\ \boldsymbol{O} & & & \boldsymbol{A}_k^{-1} \end{pmatrix}.$$

如果两个分块对角阵

$$\boldsymbol{A} = \begin{pmatrix} \boldsymbol{A}_1 & & & \boldsymbol{O} \\ & \boldsymbol{A}_2 & & \\ & & \ddots & \\ \boldsymbol{O} & & & \boldsymbol{A}_k \end{pmatrix}, \quad \boldsymbol{B} = \begin{pmatrix} \boldsymbol{B}_1 & & & \boldsymbol{O} \\ & \boldsymbol{B}_2 & & \\ & & \ddots & \\ \boldsymbol{O} & & & \boldsymbol{B}_k \end{pmatrix}$$

的相应分块是同阶的, 那么显然有

$$\boldsymbol{A}+\boldsymbol{B} = \begin{pmatrix} \boldsymbol{A}_1+\boldsymbol{B}_1 & & & \boldsymbol{O} \\ & \boldsymbol{A}_2+\boldsymbol{B}_2 & & \\ & & \ddots & \\ \boldsymbol{O} & & & \boldsymbol{A}_k+\boldsymbol{B}_k \end{pmatrix},$$

$$\boldsymbol{A}\boldsymbol{B} = \begin{pmatrix} \boldsymbol{A}_1\boldsymbol{B}_1 & & & \boldsymbol{O} \\ & \boldsymbol{A}_2\boldsymbol{B}_2 & & \\ & & \ddots & \\ \boldsymbol{O} & & & \boldsymbol{A}_k\boldsymbol{B}_k \end{pmatrix}.$$

2.4　初等变换与初等矩阵

矩阵的初等变换是矩阵的一种十分重要的运算, 它在解线性方程组、求逆矩阵以及矩阵理论的探讨中起到很重要的作用. 在引入矩阵的初等变换之前, 先来看一个例子.

例 2.4.1 用消元法求解线性方程组

$$\begin{cases} 2x_1 - x_2 + 3x_3 = 1, \\ 4x_1 + 2x_2 + 5x_3 = 4, \\ 2x_1 + x_2 + 2x_3 = 5. \end{cases}$$

解 第二个方程减去第一个方程的 2 倍, 同时第三个方程减去第一个方程, 此时方程组变为

$$\begin{cases} 2x_1 - x_2 + 3x_3 = 1, \\ \qquad 4x_2 - x_3 = 2, \\ \qquad 2x_2 - x_3 = 4. \end{cases}$$

再用第二个方程减去第三个方程的 2 倍, 然后对换第二和第三两个方程的次序, 即得

$$\begin{cases} 2x_1 - x_2 + 3x_3 = 1, \\ \qquad 2x_2 - x_3 = 4, \\ \qquad\qquad x_3 = -6. \end{cases}$$

这样, 我们就得到了方程组的解

$$\begin{cases} x_1 = 9, \\ x_2 = -1, \\ x_3 = -6. \end{cases}$$

不难看出, 用消元法解线性方程组实际上就是反复对方程组进行变换, 而所作的变换也只由以下三种基本变换构成:

(1) 对换两个方程的次序;

(2) 用非零数乘以某个方程;

(3) 把一个方程的若干倍加到另一个方程.

注意到, 这三种变换都是可逆的, 所以变换前的方程组和变换后的方程组是同解的, 也就是说这三种变换并不改变方程组的解.

例 2.4.1 中线性方程组的求解过程也可以用矩阵的相应的变换来代替. 如果记矩阵

$$\widetilde{\boldsymbol{A}} = \begin{pmatrix} 2 & -1 & 3 & 1 \\ 4 & 2 & 5 & 4 \\ 2 & 1 & 2 & 5 \end{pmatrix},$$

那么用矩阵描述其消元法的求解过程为:

$\widetilde{\boldsymbol{A}}$ 的第二行减去第一行的 2 倍, 同时第三行减去第一行, 此时矩阵变为

$$\begin{pmatrix} 2 & -1 & 3 & 1 \\ 0 & 4 & -1 & 2 \\ 0 & 2 & -1 & 4 \end{pmatrix}.$$

再将上面矩阵的第二行减去第三行的 2 倍, 然后对换第二和第三两行, 即得

$$\begin{pmatrix} 2 & -1 & 3 & 1 \\ 0 & 2 & -1 & 4 \\ 0 & 0 & 1 & -6 \end{pmatrix},$$

这样就得到了方程组的解.

一般地, 上述用矩阵相应的变换代替解线性方程组消元法的三种基本变换也可以推广到一般的线性方程组

$$\begin{cases} a_{11}x_1 + a_{12}x_2 + \cdots + a_{1n}x_n = b_1, \\ a_{21}x_1 + a_{22}x_2 + \cdots + a_{2n}x_n = b_2, \\ \cdots\cdots \\ a_{m1}x_1 + a_{m2}x_2 + \cdots + a_{mn}x_n = b_m \end{cases}$$

上. 这是因为对一个线性方程组, 只要知道了它的全部系数和常数项, 那么这个线性方程组就被完全确定了. 确切地说, 线性方程组可以用矩阵

$$\widetilde{\boldsymbol{A}} = \begin{pmatrix} a_{11} & a_{12} & \cdots & a_{1n} & b_1 \\ a_{21} & a_{22} & \cdots & a_{2n} & b_2 \\ \vdots & \vdots & & \vdots & \vdots \\ a_{m1} & a_{m2} & \cdots & a_{mn} & b_m \end{pmatrix}$$

来表示. 这种把线性方程组的求解归结为矩阵变换的方法不仅可以简化解方程组的手续, 更重要的是它为彻底弄清一般线性方程组解的理论提供了重要的工具.

和求解线性方程组消元法的三种基本变换相对应, 将上面对矩阵作的变换归结起来就得到矩阵的初等变换.

定义 2.4.1　关于矩阵的下述三种变化称为**初等行变换**:

(1) 对换矩阵的两行;

(2) 用非零数乘以某行;

(3) 把某行的 k 倍加到另一行.

如果将初等行变换定义中的 "行" 改为 "列", 即得矩阵的**初等列变换**的定义.

矩阵的初等行变换与初等列变换统称为**初等变换**. 易见, 矩阵的初等变换是可逆的. 也就是说, 若 $\boldsymbol{A}$ 可经过初等变换变成 $\boldsymbol{B}$, 则 $\boldsymbol{B}$ 可经过初等变换变成 $\boldsymbol{A}$. 一般来说, 矩阵经过初等变换后就变为另一个矩阵. 当矩阵 $\boldsymbol{A}$ 经过初等变换变成 $\boldsymbol{B}$ 时, 通常表示为

$$\boldsymbol{A} \to \boldsymbol{B}.$$

要注意的是, 线性方程组的三种基本变换只和矩阵的初等行变换相对应.

定义 2.4.2 若将矩阵 $\boldsymbol{A}$ 经过有限次初等变换变成 $\boldsymbol{B}$, 则称 $\boldsymbol{A}$ 和 $\boldsymbol{B}$ 等价, 并记为 $\boldsymbol{A} \sim \boldsymbol{B}$.

由矩阵初等变换的可逆性容易得到矩阵等价的下列性质:

(1) $\boldsymbol{A} \sim \boldsymbol{A}$ (反身性);

(2) 若 $\boldsymbol{A} \sim \boldsymbol{B}$, 则 $\boldsymbol{B} \sim \boldsymbol{A}$ (对称性);

(3) 若 $\boldsymbol{A} \sim \boldsymbol{B}$, $\boldsymbol{B} \sim \boldsymbol{C}$, 则 $\boldsymbol{A} \sim \boldsymbol{C}$ (传递性).

定理 2.4.1 任何矩阵可经过有限次初等变换变成下列形式:

$$\begin{pmatrix} \boldsymbol{E}_r & \boldsymbol{O} \\ \boldsymbol{O} & \boldsymbol{O} \end{pmatrix}, \tag{2.5}$$

其中 $\boldsymbol{E}_r$ 表示 r 阶单位阵.

证明 设 $\boldsymbol{A} = (a_{ij})_{m\times n}$. 若 $\boldsymbol{A} = \boldsymbol{O}$, 则结论已经成立. 所以下面假设 $\boldsymbol{A} \neq \boldsymbol{O}$, 即 $\boldsymbol{A}$ 至少有一个元素不为零, 不妨设 $a_{11} \neq 0$ (否则, 可将不为零的那个元素经过对换行和列使其位于第一行第一列). 将第一行的 $-a_{11}^{-1}a_{i1}$ 倍加到第 i 行上 ($i = 1, 2, \cdots, m$), 于是第一列元素除 a_{11} 外都变为零; 再将第一列的 $-a_{11}^{-1}a_{1j}$ 倍加到第 j 列上 ($j = 1, 2, \cdots, n$), 于是第一行元素除 a_{11} 外也都变为零; 然后再以 a_{11}^{-1} 乘第一行 (或列), 此时 $\boldsymbol{A}$ 变为以下形式

$$\begin{pmatrix} 1 & 0 & \cdots & 0 \\ 0 & b_{22} & \cdots & b_{2n} \\ \vdots & \vdots & & \vdots \\ 0 & b_{m2} & \cdots & b_{mn} \end{pmatrix} = \begin{pmatrix} 1 & \boldsymbol{O} \\ \boldsymbol{O} & \boldsymbol{A}_1 \end{pmatrix}, \tag{2.6}$$

其中

$$\boldsymbol{A}_1 = \begin{pmatrix} b_{22} & \cdots & b_{2n} \\ \vdots & & \vdots \\ b_{m2} & \cdots & b_{mn} \end{pmatrix}.$$

若 $\boldsymbol{A}_1 = \boldsymbol{O}$, 则目的已经达到. 若 $\boldsymbol{A}_1 \neq \boldsymbol{O}$, 则对 $\boldsymbol{A}_1$ 实施类似于 $\boldsymbol{A}$ 的初等变换使其变为

$$\boldsymbol{A}_1 = \begin{pmatrix} 1 & \boldsymbol{O} \\ \boldsymbol{O} & \boldsymbol{A}_2 \end{pmatrix}.$$

注意到 (2.6) 式矩阵的特殊性, 于是以施于 $\boldsymbol{A}_1$ 的初等变换施于 (2.6) 式矩阵, 则 (2.6) 式矩阵就变为

$$\begin{pmatrix} 1 & 0 & 0 \\ 0 & 1 & 0 \\ 0 & 0 & \boldsymbol{A}_2 \end{pmatrix}. \tag{2.7}$$

这时, 若 $\boldsymbol{A}_2 = \boldsymbol{O}$, 则目的已经达到. 若 $\boldsymbol{A}_2 \neq \boldsymbol{O}$, 则对 (2.7) 式矩阵实施初等变换, 直至变成定理所要求的形式. ∎

(2.5) 式所表示的矩阵称为矩阵 $\boldsymbol{A}$ 的**标准形**. 定理 2.4.1 说明, 任何矩阵都和它的标准形等价.

例2.4.2　求矩阵

$$\boldsymbol{A} = \begin{pmatrix} 2 & 0 & -1 & 3 & 1 \\ 1 & 2 & -2 & 4 & 2 \\ 0 & 4 & -3 & 5 & 3 \end{pmatrix}$$

的标准形.

解　首先对换第一行和第二行得矩阵 $\boldsymbol{B}$. 将 $\boldsymbol{B}$ 的第一行的 -2 倍加到第二行, 然后再将第一列的 -2, 2, -4 和 -2 倍分别加到第二列, 第三列, 第四列和第五列, 则 $\boldsymbol{B}$ 就化为

$$\boldsymbol{C} = \begin{pmatrix} 1 & 0 & 0 & 0 & 0 \\ 0 & -4 & 3 & -5 & -3 \\ 0 & 4 & -3 & 5 & 3 \end{pmatrix}.$$

现在, 将 $\boldsymbol{C}$ 的第二行加到第三行, 再将第二列乘 $-1/4$, 然后再将第二列的 -3, 5, 3 倍分别加到第三列, 第四列和第五列, 则 $\boldsymbol{C}$ 就化为

$$\begin{pmatrix} 1 & 0 & 0 & 0 & 0 \\ 0 & 1 & 0 & 0 & 0 \\ 0 & 0 & 0 & 0 & 0 \end{pmatrix} = \begin{pmatrix} \boldsymbol{E}_2 & \boldsymbol{O} \\ \boldsymbol{O} & \boldsymbol{O} \end{pmatrix}.$$

这就是需要的形式. 具体过程如下：

$$\boldsymbol{A} \longrightarrow \begin{pmatrix} 1 & 2 & -2 & 4 & 2 \\ 2 & 0 & -1 & 3 & 1 \\ 0 & 4 & -3 & 5 & 3 \end{pmatrix} \longrightarrow \begin{pmatrix} 1 & 2 & -2 & 4 & 2 \\ 0 & -4 & 3 & -5 & -3 \\ 0 & 4 & -3 & 5 & 3 \end{pmatrix}$$

$$\longrightarrow \begin{pmatrix} 1 & 0 & 0 & 0 & 0 \\ 0 & -4 & 3 & -5 & -3 \\ 0 & 4 & -3 & 5 & 3 \end{pmatrix} \longrightarrow \begin{pmatrix} 1 & 0 & 0 & 0 & 0 \\ 0 & 1 & 3 & -5 & -3 \\ 0 & 0 & 0 & 0 & 0 \end{pmatrix}$$

$$\longrightarrow \begin{pmatrix} 1 & 0 & 0 & 0 & 0 \\ 0 & 1 & 0 & 0 & 0 \\ 0 & 0 & 0 & 0 & 0 \end{pmatrix}.$$

现在我们再来讨论和矩阵初等变换密切相关的另一个概念 —— 初等矩阵.

定义 2.4.3 单位矩阵经过一次初等变换所得的矩阵称为**初等矩阵**, 也称为**初等方阵**.

显然, 初等矩阵都是方阵, 每个初等变换都对应一种初等矩阵, 因此只有下列三种形式的初等矩阵.

(1) 对调第 i 行和第 j 行 (或第 i 列和第 j 列)

$$\boldsymbol{E}(i,j) = \begin{pmatrix} 1 & & & & & & & & \\ & \ddots & & & & & & & \\ & & 1 & & & & & & \\ & & & 0 & \cdots & 1 & & & \\ & & & & 1 & & & & \\ & & & \vdots & \ddots & \vdots & & & \\ & & & & & 1 & & & \\ & & & 1 & \cdots & 0 & & & \\ & & & & & & 1 & & \\ & & & & & & & \ddots & \\ & & & & & & & & 1 \end{pmatrix} \begin{matrix} \\ \\ \\ \longleftarrow \text{第 } i \text{ 行} \\ \\ \\ \\ \longleftarrow \text{第 } j \text{ 行} \\ \\ \\ \\ \end{matrix}.$$

(2) 以数 $c \neq 0$ 乘第 i 行 (或列)

$$\boldsymbol{E}(i(c)) = \begin{pmatrix} 1 & & & & & & \\ & \ddots & & & & & \\ & & 1 & & & & \\ & & & c & & & \\ & & & & 1 & & \\ & & & & & \ddots & \\ & & & & & & 1 \end{pmatrix} \begin{matrix} \\ \\ \\ \longleftarrow \text{第 } i \text{ 行}. \\ \\ \\ \\ \end{matrix}$$

(3) 第 j 行的 c 倍加到第 i 行 (或第 i 列的 c 倍加到第 j 列)

$$\boldsymbol{E}(i,j(c)) = \begin{pmatrix} 1 & & & & & \\ & \ddots & & & & \\ & & 1 & \cdots & c & \\ & & & \ddots & \vdots & \\ & & & & 1 & \\ & & & & & \ddots \\ & & & & & & 1 \end{pmatrix} \begin{matrix} \\ \\ \longleftarrow \text{第 } i \text{ 行} \\ \\ \longleftarrow \text{第 } j \text{ 行} \\ \\ \\ \end{matrix}.$$

不难看出, 初等矩阵都是可逆矩阵, 且它们的逆矩阵还是初等矩阵. 事实上,

$$\boldsymbol{E}(i,j)^{-1} = \boldsymbol{E}(i,j),$$

$$\boldsymbol{E}(i(c))^{-1} = \boldsymbol{E}(i(c^{-1})),$$

$$\boldsymbol{E}(i,j(c))^{-1} = \boldsymbol{E}(i,j(-c)).$$

下面的定理揭示了初等变换和初等矩阵之间的密切关系.

定理 2.4.2 设 $\boldsymbol{A}$ 为 $m \times n$ 矩阵, 则将 $\boldsymbol{A}$ 实施一次初等行变换后所得到的矩阵等于用 m 阶相应的初等矩阵左乘 $\boldsymbol{A}$ 后所得的积, 而将 $\boldsymbol{A}$ 实施一次初等列变换后所得到的矩阵等于用 n 阶相应的初等矩阵右乘 $\boldsymbol{A}$ 后所得的积.

证明 我们仅证明行变换的情形, 列变换的情形可类似证明. 将矩阵 $\boldsymbol{A}$ 的每一行看作块矩阵, 则 $\boldsymbol{A}$ 可写成分块矩阵的形式

$$\boldsymbol{A} = \begin{pmatrix} \boldsymbol{A}_1 \\ \boldsymbol{A}_2 \\ \vdots \\ \boldsymbol{A}_m \end{pmatrix}.$$

于是

$$\boldsymbol{E}(i,j)\boldsymbol{A} = \boldsymbol{E}(i,j) \begin{pmatrix} \boldsymbol{A}_1 \\ \vdots \\ \boldsymbol{A}_i \\ \vdots \\ \boldsymbol{A}_j \\ \vdots \\ \boldsymbol{A}_m \end{pmatrix} = \begin{pmatrix} \boldsymbol{A}_1 \\ \vdots \\ \boldsymbol{A}_j \\ \vdots \\ \boldsymbol{A}_i \\ \vdots \\ \boldsymbol{A}_m \end{pmatrix},$$

这相当于把 $\boldsymbol{A}$ 的第 i 行和第 j 行对换;

$$\boldsymbol{E}(i(c))\boldsymbol{A}=\boldsymbol{E}(i(c))\begin{pmatrix}\boldsymbol{A}_1\\ \vdots\\ \boldsymbol{A}_i\\ \vdots\\ \boldsymbol{A}_m\end{pmatrix}=\begin{pmatrix}\boldsymbol{A}_1\\ \vdots\\ c\boldsymbol{A}_i\\ \vdots\\ \boldsymbol{A}_m\end{pmatrix},$$

这相当于用 c 乘 $\boldsymbol{A}$ 的第 i 行;

$$\boldsymbol{E}(i,j(c))\boldsymbol{A}=\boldsymbol{E}(i,j(c))\begin{pmatrix}\boldsymbol{A}_1\\ \vdots\\ \boldsymbol{A}_i\\ \vdots\\ \boldsymbol{A}_j\\ \vdots\\ \boldsymbol{A}_m\end{pmatrix}=\begin{pmatrix}\boldsymbol{A}_1\\ \vdots\\ \boldsymbol{A}_i+c\boldsymbol{A}_j\\ \vdots\\ \boldsymbol{A}_j\\ \vdots\\ \boldsymbol{A}_m\end{pmatrix},$$

这相当于把 $\boldsymbol{A}$ 的第 j 行的 c 倍加到 $\boldsymbol{A}$ 的第 i 行上. ■

我们知道, 可逆矩阵的乘积是可逆的, 而可逆矩阵与不可逆矩阵的乘积一定不可逆 (这是因为当 $\boldsymbol{A}$ 可逆, $\boldsymbol{B}$ 不可逆时, 则 $|\boldsymbol{B}|=0$, 由此 $|\boldsymbol{AB}|=|\boldsymbol{A}||\boldsymbol{B}|=0$, 故 $\boldsymbol{AB}$ 不可逆). 于是由定理 2.4.2 就有下面的推论.

推论 2.4.1 初等变换不改变方阵的可逆性.

推论 2.4.1 是说, 可逆矩阵经过若干次初等变换后所得到的矩阵仍然可逆; 不可逆矩阵经过若干次初等变换后所得到的矩阵仍然不可逆.

推论 2.4.2 n 阶方阵可逆的充分必要条件是它等价于单位矩阵.

由于矩阵的等价具有对称性, 因此又有下面的推论.

推论 2.4.3 n 阶方阵可逆的充分必要条件是它可表示为一些初等矩阵的乘积.

推论 2.4.4 $m\times n$ 阶矩阵 $\boldsymbol{A}$ 和 $\boldsymbol{B}$ 等价的充分必要条件是存在 m 阶可逆矩阵 $\boldsymbol{P}$ 和 n 阶可逆矩阵 $\boldsymbol{Q}$ 使得

$$\boldsymbol{PAQ}=\boldsymbol{B}.$$

作为初等变换的应用, 现在给出用初等变换求逆矩阵的方法. 设 $\boldsymbol{A}$ 可逆, 则 $\boldsymbol{A}^{-1}$ 也可逆, 因此由推论 2.4.3 知, 存在初等矩阵 $\boldsymbol{P}_1,\boldsymbol{P}_2,\cdots,\boldsymbol{P}_s$ 使得

$$\boldsymbol{A}^{-1}=\boldsymbol{P}_1\boldsymbol{P}_2\cdots\boldsymbol{P}_s=\boldsymbol{P}_1\boldsymbol{P}_2\cdots\boldsymbol{P}_s\boldsymbol{E}. \tag{2.8}$$

显然, 上式又可写为

$$P_1P_2\cdots P_sA=E. \tag{2.9}$$

(2.9) 式表明, 可逆矩阵总可以经过一系列初等行变换化为单位矩阵.

(2.8) 式和 (2.9) 式还说明, 如果用一系列初等行变换把矩阵 $\boldsymbol{A}$ 化为单位矩阵, 那么同样用这一系列初等行变换就可将单位矩阵化为 $\boldsymbol{A}$ 的逆矩阵 $\boldsymbol{A}^{-1}$. 构造 $n\times 2n$ 矩阵 $(\boldsymbol{A}\ \ \boldsymbol{E})$, 按照矩阵分块乘法, (2.8) 式和 (2.9) 式显然可以合写为

$$P_1P_2\cdots P_s(A\ \ E)=(P_1P_2\cdots P_sA\ \ P_1P_2\cdots P_sE)=(E\ \ A^{-1}). \tag{2.10}$$

(2.10) 式提供了用初等变换求矩阵逆矩阵的具体方法：将矩阵 $(\boldsymbol{A}\ \ \boldsymbol{E})$ 作初等行变换, 当 $\boldsymbol{A}$ 所在的位置变成单位矩阵时, $\boldsymbol{E}$ 所在的位置就是 $\boldsymbol{A}$ 的逆矩阵. 下面举例来说明这种方法.

例2.4.3　设

$$\boldsymbol{A}=\begin{pmatrix}1&2&3\\2&1&2\\1&3&4\end{pmatrix},$$

求 $\boldsymbol{A}^{-1}$.

解

$$(\boldsymbol{A}\ \ \boldsymbol{E})=\begin{pmatrix}1&2&3&1&0&0\\2&1&2&0&1&0\\1&3&4&0&0&1\end{pmatrix}\longrightarrow\begin{pmatrix}1&2&3&1&0&0\\0&-3&-4&-2&1&0\\0&1&1&-1&0&1\end{pmatrix}$$

$$\longrightarrow\begin{pmatrix}1&2&3&1&0&0\\0&1&1&-1&0&1\\0&-3&-4&-2&1&0\end{pmatrix}\longrightarrow\begin{pmatrix}1&2&3&1&0&0\\0&1&1&-1&0&1\\0&0&-1&-5&1&3\end{pmatrix}$$

$$\longrightarrow\begin{pmatrix}1&2&0&-14&3&9\\0&1&0&-6&1&4\\0&0&-1&-5&1&3\end{pmatrix}\longrightarrow\begin{pmatrix}1&0&0&-2&1&1\\0&1&0&-6&1&4\\0&0&-1&-5&1&3\end{pmatrix}$$

$$\longrightarrow\begin{pmatrix}1&0&0&-2&1&1\\0&1&0&-6&1&4\\0&0&1&5&-1&-3\end{pmatrix},$$

于是

$$A^{-1}=\begin{pmatrix}-2 & 1 & 1\\ -6 & 1 & 4\\ 5 & -1 & -3\end{pmatrix}.$$

当然, 同样可以证明, 只用初等列变换也可将可逆矩阵化为单位矩阵, 这就给出了用初等列变换求逆矩阵的方法.

2.5 矩阵的秩

我们知道, 任何矩阵都可经过有限次初等变换将其化为标准形

$$\begin{pmatrix}\boldsymbol{E}_r & \boldsymbol{O}\\ \boldsymbol{O} & \boldsymbol{O}\end{pmatrix}.$$

这一节将会看到, 这里的数 r 实际上是由矩阵 $\boldsymbol{A}$ 唯一确定的. 为了说明这一点, 我们引入矩阵秩的概念.

定义 2.5.1 在 $m\times n$ 矩阵 $\boldsymbol{A}$ 中, 任取 k 行和 k 列 ($k\leqslant\min\{m,n\}$), 位于这些行和列交叉处的 k^2 个元素构成的 k 阶行列式称为矩阵 $\boldsymbol{A}$ 的一个 k **阶子式**.

显然, 一个 $m\times n$ 矩阵共有 $\mathrm{C}_m^k\mathrm{C}_n^k$ 个 k 阶子式. 例如, 矩阵

$$\begin{pmatrix}1 & 0 & 3 & 2\\ 0 & -1 & 2 & 1\\ -1 & 1 & 0 & 1\end{pmatrix}$$

共有 $\mathrm{C}_3^2\mathrm{C}_4^2=18$ 个二阶子式和 $\mathrm{C}_3^3\mathrm{C}_4^3=4$ 个三阶子式, 而

$$\begin{vmatrix}0 & 2\\ 1 & 1\end{vmatrix} \quad 和 \quad \begin{vmatrix}1 & 3 & 2\\ 0 & 2 & 1\\ -1 & 0 & 1\end{vmatrix}$$

分别是它的一个二阶子式和三阶子式, 这个矩阵没有四阶及其以上阶数的子式.

定义 2.5.2 矩阵 $\boldsymbol{A}$ 的不为零的子式的最高阶数称为 $\boldsymbol{A}$ 的**秩**, 并表示为 $R(\boldsymbol{A})$.

由秩的定义可看出, 如果矩阵 $\boldsymbol{A}$ 的秩 $R(\boldsymbol{A})=r$, 那么矩阵 $\boldsymbol{A}$ 至少有一个不为零的 r 阶子式, 但所有高于 r 阶的子式 (如果有的话) 全为零. 而由行列式性质还可知, $\boldsymbol{A}$ 一定有不等于零的 $r-1$ 阶子式.

显然, 对 $m\times n$ 矩阵 $\boldsymbol{A}$, 总有 $0\leqslant R(\boldsymbol{A})\leqslant\min\{m,n\}$ 以及 $R(\boldsymbol{A})=R(\boldsymbol{A}')$.

对 n 阶方阵 $\boldsymbol{A}$, $\boldsymbol{A}$ 的 n 阶子式只有一个, 那就是 $|\boldsymbol{A}|$. 因此, 当 $|\boldsymbol{A}| \neq 0$ 时 $R(\boldsymbol{A}) = n$. 可见, 当矩阵 $\boldsymbol{A}$ 可逆时它的秩等于它的阶数. 所以可逆矩阵又称为**满秩矩阵**, 而不可逆矩阵又称为**降秩矩阵**.

例 2.5.1　求矩阵

$$\boldsymbol{A} = \begin{pmatrix} 1 & 1 & -1 \\ -1 & 2 & 1 \\ 1 & 4 & -1 \end{pmatrix}$$

的秩.

解　显然,

$$\begin{vmatrix} 1 & 1 \\ -1 & 2 \end{vmatrix} = 3$$

是 $\boldsymbol{A}$ 的不为零的二阶子式, 而 $\boldsymbol{A}$ 的三阶子式只有一个 $|\boldsymbol{A}|$, 经计算知 $|\boldsymbol{A}| = 0$, 所以 $R(\boldsymbol{A}) = 2$.

用矩阵秩的定义计算矩阵的秩显然是非常麻烦的. 然而当一个矩阵的零元素较多时, 这时很容易看出它的秩. 事实上, 矩阵的初等变换能将矩阵化为零元素较多的矩阵, 那么矩阵的初等变换和矩阵的秩有什么关系呢?

定理 2.5.1　矩阵的初等变换不改变矩阵的秩.

证明　首先来证明: 若矩阵 $\boldsymbol{A}$ 经过一次初等行变换变为 $\boldsymbol{B}$, 则 $R(\boldsymbol{B}) \geqslant R(\boldsymbol{A})$.

设 $R(\boldsymbol{A}) = r$, 且 $D \neq 0$ 是 $\boldsymbol{A}$ 的一个 r 阶子式.

若 $\boldsymbol{B}$ 是对换 $\boldsymbol{A}$ 的某两行而得到的. 显然, 这时在 $\boldsymbol{B}$ 中一定能找到一个和 D 对应的 r 阶子式 D_1, 且 $D_1 = D$ 或者 $D_1 = -D$, 因此 $R(\boldsymbol{B}) \geqslant r = R(\boldsymbol{A})$.

若 $\boldsymbol{B}$ 是将 $\boldsymbol{A}$ 的某行乘常数 c 而得到的. 和上面一样, 也显然在 $\boldsymbol{B}$ 中一定能找到一个和 D 对应的 r 阶子式 D_1, 且 $D_1 = D$ 或者 $D_1 = cD$, 因此 $R(\boldsymbol{B}) \geqslant r = R(\boldsymbol{A})$.

若 $\boldsymbol{B}$ 是将 $\boldsymbol{A}$ 的第 i 行乘常数 c 加到第 j 行而得到的. 当 D 不包含 $\boldsymbol{A}$ 的第 i 行和第 j 行时, 则显然, 此时的 D 也是 $\boldsymbol{B}$ 的非零 r 阶子式, 所以 $R(\boldsymbol{B}) \geqslant r = R(\boldsymbol{A})$; 而当 D 包含 $\boldsymbol{A}$ 的第 j 行时, 此时把 $\boldsymbol{B}$ 中与 D 对应 r 阶子式 D_1 记为

$$D_1 = \begin{vmatrix} \vdots \\ A_j + cA_i \\ \vdots \end{vmatrix},$$

则由行列式的性质知

$$D_1 = \begin{vmatrix} \vdots \\ A_j \\ \vdots \end{vmatrix} + c \begin{vmatrix} \vdots \\ A_i \\ \vdots \end{vmatrix} = D + cD_2.$$

如果 D 同时也包含 $\boldsymbol{A}$ 的第 i 行, 那么 D_2 有两行相同, 因此 $D_1 = D \neq 0$; 如果 D 不包含 $\boldsymbol{A}$ 的第 i 行, 那么 D_2 也是 $\boldsymbol{B}$ 的 r 阶子式, 注意到 D_1 和 D_2 不同时为零 (因为 $0 \neq D = D_1 - cD_2$), 因此 $\boldsymbol{B}$ 中也有不为零的 r 阶子式. 总之, $\boldsymbol{B}$ 的不为零的 r 阶子式是 D_1 或者 D_2, 故 $R(\boldsymbol{B}) \geqslant r = R(\boldsymbol{A})$.

以上证明了若经过一次初等行变换将 $\boldsymbol{A}$ 变为 $\boldsymbol{B}$, 则 $R(\boldsymbol{B}) \geqslant R(\boldsymbol{A})$. 由于经过一次初等行变换也能将 $\boldsymbol{B}$ 变为 $\boldsymbol{A}$, 因此又有 $R(\boldsymbol{A}) \geqslant R(\boldsymbol{B})$. 这样就证明了经过一次初等行变换不改变矩阵的秩.

完全类似可证, 经过一次初等列变换也不改变矩阵的秩, 进而, 经过一次初等变换不改变矩阵的秩. 由此知, 经过有限次初等变换也不改变矩阵的秩. 总之, 矩阵的初等变换不改变矩阵的秩. ■

定理 2.5.1 表明, 等价的矩阵有相同的秩. 这样, 一个矩阵的标准形中的数 r 不是别的, 它恰好就是矩阵的秩, 所以它被矩阵唯一确定, 因为矩阵的秩是被矩阵唯一确定的.

定理 2.5.1 同时给出了求矩阵秩的方法：用初等变换将矩阵进行变换, 使其中的零元素较多, 直到能看出其秩为止. 当然, 若直接求出其标准形, 则其秩也就更加清楚了.

由定理 2.4.2, 推论 2.4.3 和定理 2.5.1 容易得到下面的推论.

推论 2.5.1 若 $\boldsymbol{P}, \boldsymbol{Q}$ 是可逆矩阵, $\boldsymbol{A}$ 是任意矩阵, 则 $R(\boldsymbol{PAQ}) = R(\boldsymbol{A})$.

习 题 2

1. 设 $\boldsymbol{A} = \begin{pmatrix} 1 & 1 & 1 \\ 1 & 1 & -1 \\ 1 & -1 & 1 \end{pmatrix}$, $\boldsymbol{B} = \begin{pmatrix} 1 & 2 & 3 \\ -1 & -2 & -4 \\ 0 & 5 & 1 \end{pmatrix}$, 求 $3\boldsymbol{AB} - 2\boldsymbol{A}$ 以及 $\boldsymbol{A}'\boldsymbol{B}$.

2. 计算矩阵的下列乘积:

(1) $\begin{pmatrix} 4 & 3 & 1 \\ 1 & -2 & 3 \\ 5 & 7 & 0 \end{pmatrix}\begin{pmatrix} 7 \\ 2 \\ 1 \end{pmatrix}$;　　(2) $\begin{pmatrix} 2 \\ 1 \\ 3 \end{pmatrix}\begin{pmatrix} 1, & 2, & 3 \end{pmatrix}$;

(3) $\begin{pmatrix} 1, & 2, & 3 \end{pmatrix}\begin{pmatrix} 2 & -1 \\ 4 & 0 \\ 1 & 1 \end{pmatrix}$;　　(4) $\begin{pmatrix} 2 & 1 & 4 & 0 \\ 1 & -1 & 3 & 4 \end{pmatrix}\begin{pmatrix} 1 & 3 & 1 \\ 0 & -1 & 2 \\ 1 & -3 & 1 \\ 4 & 0 & 2 \end{pmatrix}$;

(5) $\begin{pmatrix} 1 & 2 & 1 \\ 0 & 1 & 2 \\ 3 & 1 & 1 \end{pmatrix}\begin{pmatrix} 2 & 3 & 1 \\ -1 & 1 & 0 \\ 1 & 2 & -1 \end{pmatrix}\begin{pmatrix} 1 & 2 & 1 \\ 0 & 1 & 2 \\ 3 & 1 & 1 \end{pmatrix}$;

(6) $\begin{pmatrix} 0 & a & b & c \\ -a & 0 & d & e \\ -b & -d & 0 & f \\ -c & -e & -f & 0 \end{pmatrix} \begin{pmatrix} 0 & -f & e & -d \\ f & 0 & -c & b \\ -e & c & 0 & -a \\ d & -b & a & 0 \end{pmatrix}$;

(7) $\begin{pmatrix} x_1, & x_2, & x_3 \end{pmatrix} \begin{pmatrix} a_{11} & a_{12} & a_{13} \\ a_{12} & a_{22} & a_{23} \\ a_{13} & a_{23} & a_{33} \end{pmatrix} \begin{pmatrix} x_1 \\ x_2 \\ x_3 \end{pmatrix}$;

(8) $\begin{pmatrix} 1 & 1 \\ 0 & 1 \end{pmatrix}^n$.

3. 验证下列等式成立：

(1) $(x_1, x_2, \cdots, x_m) \begin{pmatrix} a_{11} & a_{12} & \cdots & a_{1n} \\ a_{21} & a_{22} & \cdots & a_{2n} \\ \vdots & \vdots & & \vdots \\ a_{m1} & a_{m2} & \cdots & a_{mn} \end{pmatrix}$

$= x_1(a_{11}, a_{12}, \cdots, a_{1n}) + x_2(a_{21}, a_{22}, \cdots, a_{2n}) + \cdots + x_m(a_{m1}, a_{m2}, \cdots, a_{mn})$;

(2) $\begin{pmatrix} a_{11} & a_{12} & \cdots & a_{1n} \\ a_{21} & a_{22} & \cdots & a_{2n} \\ \vdots & \vdots & & \vdots \\ a_{m1} & a_{m2} & \cdots & a_{mn} \end{pmatrix} \begin{pmatrix} x_1 \\ x_2 \\ \vdots \\ x_n \end{pmatrix}$

$= x_1 \begin{pmatrix} a_{11} \\ a_{21} \\ \vdots \\ a_{m1} \end{pmatrix} + x_2 \begin{pmatrix} a_{12} \\ a_{22} \\ \vdots \\ a_{m2} \end{pmatrix} + \cdots + x_n \begin{pmatrix} a_{1n} \\ a_{2n} \\ \vdots \\ a_{mn} \end{pmatrix}$.

4. 设 $\boldsymbol{A} = \begin{pmatrix} 1 & 2 \\ 1 & 3 \end{pmatrix}$, $\boldsymbol{B} = \begin{pmatrix} 1 & 0 \\ 1 & 2 \end{pmatrix}$, 验证下列等式是否成立：

(1) $\boldsymbol{AB} = \boldsymbol{BA}$;

(2) $(\boldsymbol{A}+\boldsymbol{B})^2 = \boldsymbol{A}^2 + 2\boldsymbol{AB} + \boldsymbol{B}^2$;

(3) $(\boldsymbol{A}+\boldsymbol{B})(\boldsymbol{A}-\boldsymbol{B}) = \boldsymbol{A}^2 - \boldsymbol{B}^2$.

5. 证明：若 $\boldsymbol{A}$, $\boldsymbol{B}$ 为 n 阶方阵, 且 $\boldsymbol{AB} = \boldsymbol{BA}$, 则

(1) $(\boldsymbol{A}+\boldsymbol{B})^2 = \boldsymbol{A}^2 + 2\boldsymbol{AB} + \boldsymbol{B}^2$;

(2) $\boldsymbol{A}^2 - \boldsymbol{B}^2 = (\boldsymbol{A}+\boldsymbol{B})(\boldsymbol{A}-\boldsymbol{B})$;

(3) $(\boldsymbol{A}+\boldsymbol{B})^n = \boldsymbol{A}^n + \mathrm{C}_n^1 \boldsymbol{A}^{n-1}\boldsymbol{B} + \mathrm{C}_n^2 \boldsymbol{A}^{n-2}\boldsymbol{B}^2 + \cdots + \boldsymbol{B}^n$.

6. 求与矩阵 $\boldsymbol{A} = \begin{pmatrix} 1 & 2 \\ -1 & 1 \end{pmatrix}$ 可交换的所有矩阵.

7. 举例说明关于矩阵的下列命题是错误的：

(1) 若 $\boldsymbol{A}^2=\boldsymbol{O}$, 则 $\boldsymbol{A}=\boldsymbol{O}$;

(2) 若 $\boldsymbol{AB}=\boldsymbol{O}$, 则 $\boldsymbol{A}=\boldsymbol{O}$ 或 $\boldsymbol{B}=\boldsymbol{O}$;

(3) 若 $\boldsymbol{A}^2=\boldsymbol{A}$, 则 $\boldsymbol{A}=\boldsymbol{O}$ 或 $\boldsymbol{A}=\boldsymbol{E}$;

(4) 若 $\boldsymbol{AX}=\boldsymbol{AY}$, 且 $\boldsymbol{A}\neq\boldsymbol{O}$, 则 $\boldsymbol{X}=\boldsymbol{Y}$.

8. 设 $\boldsymbol{A}$, $\boldsymbol{B}$ 为 n 阶方阵, 且 $\boldsymbol{A}$ 为对称矩阵, 证明 $\boldsymbol{B}'\boldsymbol{AB}$ 也是对称矩阵.

9. 设 $\boldsymbol{A}$, $\boldsymbol{B}$ 均为 n 阶对称矩阵, 证明 $\boldsymbol{AB}$ 是对称矩阵的充要条件是 $\boldsymbol{AB}=\boldsymbol{BA}$.

10. 设 $\boldsymbol{A}$ 为 n 阶实矩阵, 且 $\boldsymbol{AA}'=\boldsymbol{O}$, 证明 $\boldsymbol{A}=\boldsymbol{O}$.

11. 矩阵 $\boldsymbol{A}$ 称为反对称的, 如果 $\boldsymbol{A}'=-\boldsymbol{A}$. 证明：任意 n 阶实矩阵可表示为一个对称矩阵与一个反对称矩阵的和.

12. 求下列矩阵的逆矩阵：

(1) $\begin{pmatrix}1&2\\2&5\end{pmatrix}$; (2) $\begin{pmatrix}1&2&-3\\0&1&2\\0&0&1\end{pmatrix}$; (3) $\begin{pmatrix}5&2&0&0\\2&1&0&0\\0&0&8&3\\0&0&5&2\end{pmatrix}$;

(4) $\begin{pmatrix}&&&b_1\\\boldsymbol{O}&&b_2&\\&\cdot^{\cdot^{\cdot}}&&\boldsymbol{O}\\b_n&&&\end{pmatrix}$, 其中 $b_1b_2\cdots b_n\neq 0$.

13. 求满足下列等式的矩阵 X：

(1) $\begin{pmatrix}2&5\\1&3\end{pmatrix}\boldsymbol{X}=\begin{pmatrix}4&-6\\2&1\end{pmatrix}$;

(2) $\boldsymbol{X}\begin{pmatrix}1&1&-1\\2&1&0\\1&-1&1\end{pmatrix}=\begin{pmatrix}1&-1&3\\4&3&2\end{pmatrix}$;

(3) $\begin{pmatrix}2&1\\3&2\end{pmatrix}\boldsymbol{X}\begin{pmatrix}-3&2\\5&-3\end{pmatrix}=\begin{pmatrix}-2&4\\3&-1\end{pmatrix}$;

(4) $\begin{pmatrix}0&1&0\\1&0&0\\0&0&1\end{pmatrix}\boldsymbol{X}\begin{pmatrix}2&-1\\-1&1\end{pmatrix}=\begin{pmatrix}1&-4\\2&0\\1&-2\end{pmatrix}$.

14. 设 $\boldsymbol{A}$ 为 n 阶方阵, 且 $\boldsymbol{A}^k=\boldsymbol{O}$, 证明：

$$(\boldsymbol{E}-\boldsymbol{A})^{-1}=\boldsymbol{E}+\boldsymbol{A}+\boldsymbol{A}^2+\cdots+\boldsymbol{A}^{k-1}.$$

15. 设 n 阶方阵 $\boldsymbol{A}$ 满足 $\boldsymbol{A}^2+\boldsymbol{A}-4\boldsymbol{E}=\boldsymbol{O}$, 证明矩阵 $\boldsymbol{A}$, $\boldsymbol{A}+\boldsymbol{E}$ 和 $\boldsymbol{A}-\boldsymbol{E}$ 均可逆, 并求 $\boldsymbol{A}^{-1}$, $(\boldsymbol{E}+\boldsymbol{A})^{-1}$ 和 $(\boldsymbol{A}-\boldsymbol{E})^{-1}$.

16. 设 $\boldsymbol{A}$, $\boldsymbol{B}$, $\boldsymbol{A}+\boldsymbol{B}$ 均为 n 阶可逆矩阵, 证明 $\boldsymbol{A}^{-1}+\boldsymbol{B}^{-1}$ 也可逆, 并求 $(\boldsymbol{A}^{-1}+\boldsymbol{B}^{-1})^{-1}$.

17. 设 $\boldsymbol{B}$ 是 $n\times 1$ 非零矩阵, $\boldsymbol{A}$ 是 n 阶方阵, 且 $\boldsymbol{A}=\boldsymbol{E}-\boldsymbol{BB}'$, 证明：

(1) $\boldsymbol{A}^2=\boldsymbol{A}$ 的充分必要条件是 $\boldsymbol{B}'\boldsymbol{B}=1$;

(2) 当 $\boldsymbol{B}'\boldsymbol{B}=1$ 时, $\boldsymbol{A}$ 不可逆.

18. 设 $\boldsymbol{A}=\begin{pmatrix}0&3&3\\1&1&0\\-1&2&3\end{pmatrix}$, 且 $\boldsymbol{AB}=\boldsymbol{A}+2\boldsymbol{B}$, 求矩阵 $\boldsymbol{B}$.

19. 设三阶矩阵 $\boldsymbol{A}$ 和 $\boldsymbol{B}$ 满足 $\boldsymbol{A}^{-1}\boldsymbol{BA}=6\boldsymbol{A}+\boldsymbol{BA}$, 且 $\boldsymbol{A}=\begin{pmatrix}\frac{1}{3}&0&0\\0&\frac{1}{4}&0\\0&0&\frac{1}{7}\end{pmatrix}$, 求 $\boldsymbol{B}$.

20. 设矩阵

$$\boldsymbol{A}=\begin{pmatrix}2&1\\-1&2\end{pmatrix},$$

矩阵 $\boldsymbol{B}$ 满足 $\boldsymbol{BA}=\boldsymbol{B}+2\boldsymbol{E}$, 求 $|\boldsymbol{B}|$.

21. 设矩阵

$$\boldsymbol{A}=\begin{pmatrix}2&1&0\\1&2&0\\0&0&1\end{pmatrix},$$

矩阵 $\boldsymbol{B}$ 满足 $\boldsymbol{ABA}^*=2\boldsymbol{BA}^*+\boldsymbol{E}$, 求 $|\boldsymbol{B}|$.

22. 设 $\boldsymbol{A}$ 为 n 阶方阵, 满足 $\boldsymbol{AA}'=\boldsymbol{E}$, $|\boldsymbol{A}|<0$, 求 $|\boldsymbol{A}+\boldsymbol{E}|$.

23. 设 $\boldsymbol{P}=\begin{pmatrix}-1&-4\\1&1\end{pmatrix}$, $\boldsymbol{\Lambda}=\begin{pmatrix}-1&0\\0&2\end{pmatrix}$, 且 $\boldsymbol{P}^{-1}\boldsymbol{AP}=\boldsymbol{\Lambda}$, 求矩阵 $\boldsymbol{A}$ 以及 $\boldsymbol{A}^n$.

24. 设 $\boldsymbol{A}$ 是 n 阶方阵, $f(\lambda)=a_k\lambda^k+a_{k-1}\lambda^{k-1}+\cdots+a_1\lambda+a_0$ 是 k 阶多项式, 定义矩阵 $\boldsymbol{A}$ 的 k 次多项式为

$$f(\boldsymbol{A})=a_k\boldsymbol{A}^k+a_{k-1}\boldsymbol{A}^{k-1}+\cdots+a_1\boldsymbol{A}+a_0\boldsymbol{E}.$$

(1) 若 $\boldsymbol{P}$ 是 n 阶可逆矩阵, 证明: $f(\boldsymbol{P}^{-1}\boldsymbol{AP})=\boldsymbol{P}^{-1}f(\boldsymbol{A})\boldsymbol{P}$;

(2) 若 $\boldsymbol{\Lambda}=\begin{pmatrix}\lambda_1&&&\\&\lambda_2&&\boldsymbol{O}\\\boldsymbol{O}&&\ddots&\\&&&\lambda_n\end{pmatrix}$, 证明: $f(\boldsymbol{\Lambda})=\begin{pmatrix}f(\lambda_1)&&&\\&f(\lambda_2)&&\boldsymbol{O}\\\boldsymbol{O}&&\ddots&\\&&&f(\lambda_n)\end{pmatrix}$.

25. 设矩阵 $\boldsymbol{A}=\begin{pmatrix}1&0&1\\0&2&0\\1&0&1\end{pmatrix}$, $n\geqslant 2$ 是正整数, 求 $\boldsymbol{A}^n-2\boldsymbol{A}^{n-1}$.

26. 设 $\boldsymbol{A}=\begin{pmatrix}0&-1&0\\1&0&0\\0&0&-1\end{pmatrix}$, $\boldsymbol{P}$ 为三阶可逆阵, 且 $\boldsymbol{B}=\boldsymbol{P}^{-1}\boldsymbol{AP}$, 求 $\boldsymbol{B}^{2008}-2\boldsymbol{A}^2$.

27. 设 $\boldsymbol{A}$ 为 n 阶非零矩阵, 且 $\boldsymbol{A}^*=\boldsymbol{A}'$, 证明 $|\boldsymbol{A}|\neq 0$.

28. 设 $\boldsymbol{A}$ 是 n 阶方阵, $\boldsymbol{A}^*$ 是 $\boldsymbol{A}$ 的伴随矩阵, 证明:

(1) 若 $|\boldsymbol{A}|=0$, 则 $|\boldsymbol{A}^*|=0$;

(2) $|\boldsymbol{A}^*|=|\boldsymbol{A}|^{n-1}$.

29. 设 $\boldsymbol{A},\boldsymbol{B}$ 均为 n 阶矩阵, 且 $|\boldsymbol{A}|=2$, $|\boldsymbol{B}|=-3$, 试求行列式 $|2\boldsymbol{A}^*\boldsymbol{B}|$.

30. 设矩阵 $\boldsymbol{A}$ 的伴随矩阵

$$\boldsymbol{A}^*=\begin{pmatrix}1&0&0&0\\0&1&0&0\\1&0&1&0\\0&-3&0&8\end{pmatrix},$$

且 $\boldsymbol{ABA}^{-1}=\boldsymbol{BA}^{-1}+3\boldsymbol{E}$, 求矩阵 $\boldsymbol{B}$.

31. 设 $\boldsymbol{A}$ 是 n 阶方阵, $\boldsymbol{A}^{**}$ 是 $\boldsymbol{A}$ 的伴随矩阵 $\boldsymbol{A}^*$ 的伴随矩阵, 证明

$$|\boldsymbol{A}^{**}|=|\boldsymbol{A}|^{(n-1)^2}.$$

32. 设 $\boldsymbol{A}$ 和 $\boldsymbol{B}$ 都是 n 阶方阵, 且 $\boldsymbol{A}$ 可逆, 证明: $\boldsymbol{AB}=\boldsymbol{BA}$ 当且仅当 $\boldsymbol{A}^{-1}\boldsymbol{B}=\boldsymbol{BA}^{-1}$.

33. 设 m 阶方阵 $\boldsymbol{A}$ 和 n 阶方阵 $\boldsymbol{B}$ 都可逆, 试求 $\begin{pmatrix}\boldsymbol{O}&\boldsymbol{A}\\\boldsymbol{B}&\boldsymbol{O}\end{pmatrix}^{-1}$.

34. 设 m 阶方阵 $\boldsymbol{A}$ 和 n 阶方阵 $\boldsymbol{B}$ 都可逆, 试求分块矩阵 $\boldsymbol{C}=\begin{pmatrix}\boldsymbol{A}&\boldsymbol{O}\\\boldsymbol{O}&\boldsymbol{B}\end{pmatrix}$ 的伴随矩阵 $\boldsymbol{C}^*$.

35. 求矩阵

$$\boldsymbol{X}=\begin{pmatrix}0&a_1&0&\cdots&0&0\\0&0&a_2&\cdots&0&0\\\vdots&\vdots&\vdots&&\vdots&\vdots\\0&0&0&\cdots&0&a_{n-1}\\a_n&0&0&\cdots&0&0\end{pmatrix}$$

的逆矩阵 $\boldsymbol{X}^{-1}$, 其中 $a_i\neq 0\ (i=1,2,\cdots,n)$.

36. 解矩阵方程组

$$\begin{cases}\begin{pmatrix}2&1\\1&1\end{pmatrix}\boldsymbol{X}+\begin{pmatrix}3&1\\2&1\end{pmatrix}\boldsymbol{Y}=\begin{pmatrix}2&8\\0&5\end{pmatrix},\\[2mm]\begin{pmatrix}3&-1\\-1&1\end{pmatrix}\boldsymbol{X}+\begin{pmatrix}2&1\\-1&-1\end{pmatrix}\boldsymbol{Y}=\begin{pmatrix}4&9\\-1&-4\end{pmatrix}.\end{cases}$$

37. 设 m 阶方阵 $\boldsymbol{A}$ 和 n 阶方阵 $\boldsymbol{B}$ 都可逆, 试求 $\begin{pmatrix}\boldsymbol{A}&\boldsymbol{C}\\\boldsymbol{O}&\boldsymbol{B}\end{pmatrix}^{-1}$, 其中 $\boldsymbol{C}$ 是 $m\times n$ 矩阵.

38. n 阶方阵的对角线元素的和称为矩阵的迹. 设 $\boldsymbol{A}$, $\boldsymbol{B}$ 为 n 阶方阵, 证明 $\boldsymbol{AB}$ 与 $\boldsymbol{BA}$ 的迹相等.

39. 设 $\boldsymbol{A}, \boldsymbol{B}$ 为 n 阶方阵, 证明: $\boldsymbol{AB}-\boldsymbol{BA}=\boldsymbol{E}$ 不可能成立.

40. 设矩阵 $\boldsymbol{A}, \boldsymbol{B}$ 满足 $\boldsymbol{A}+\boldsymbol{B}=\boldsymbol{AB}$, 证明 $\boldsymbol{AB}=\boldsymbol{BA}$.

41. 证明: 两个上 (下) 三角矩阵的乘积也是上 (下) 三角矩阵.

42. 证明: 可逆的上 (下) 三角矩阵的逆矩阵也是上 (下) 三角矩阵.

43. 计算 n 阶行列式

$$\begin{vmatrix} \dfrac{1-a_1^nb_1^n}{1-a_1b_1} & \dfrac{1-a_1^nb_2^n}{1-a_1b_2} & \cdots & \dfrac{1-a_1^nb_n^n}{1-a_1b_n} \\ \dfrac{1-a_2^nb_1^n}{1-a_2b_1} & \dfrac{1-a_2^nb_2^n}{1-a_2b_2} & \cdots & \dfrac{1-a_2^nb_n^n}{1-a_2b_n} \\ \vdots & \vdots & & \vdots \\ \dfrac{1-a_n^nb_1^n}{1-a_nb_1} & \dfrac{1-a_n^nb_2^n}{1-a_nb_2} & \cdots & \dfrac{1-a_n^nb_n^n}{1-a_nb_n} \end{vmatrix}.$$

第 3 章　向量组的线性相关性

在中学代数中, 我们把平面上的点和二元有序数组 (x,y) 之间建立了一一对应, 从而将平面几何的问题归结为代数问题去解决. 而在空间, 一点的位置需要用三个数来确定, 也就是由三元数组来刻画. 当然有很多问题只用二元或三元有序数组来刻画是不够的, 比如 n 元方程

$$a_1x_1+a_2x_2+\cdots+a_nx_n=b$$

需要用 $n+1$ 元有序数组

$$(a_1,a_2,\cdots,a_n,b)$$

来代表. 这样, n 元方程组之间的关系实际上变成了代表它们的 $n+1$ 元有序数组之间的关系. 因此, 这一章我们就讨论一般的多元有序数组.

3.1　n 维向量及其运算

定义 3.1.1　n 个数 $a_1,a_2,\cdots,a_n$ 构成的有序数组

$$(a_1,a_2,\cdots,a_n)$$

称为n **维向量**, 其中的 a_i 称为向量的第 i 个**分量**.

分量为实数的向量称为**实向量**, 分量为复数的向量称为**复向量**. 本书主要讨论实向量.

显然, 平面几何和空间几何中的向量分别是 $n=2$ 和 $n=3$ 时的特殊情形. 当 $n>3$ 时, n 维向量就没有直观的几何意义. 我们仍然称其为向量, 一方面是由于它包含通常的向量作为其特例, 另一方面是由于它与通常向量一样也可以定义加法、数乘等运算.

本书用小写希腊字母 $\boldsymbol{\alpha},\boldsymbol{\beta},\boldsymbol{\gamma},\cdots$ 表示向量.

需要指出的是, 由于向量是有序数组, 所以向量中各个分量的次序是不可任意调换的. 事实上, 若有两个 n 维向量 $\boldsymbol{\alpha}=(a_1,a_2,\cdots,a_n)$, $\boldsymbol{\beta}=(b_1,b_2,\cdots,b_n)$, 那么 $\boldsymbol{\alpha}=\boldsymbol{\beta}$ 当且仅当 $a_1=b_1$, $a_2=b_2$, $\cdots$, $a_n=b_n$. 其次, 按定义, n 维向量是 n 个数 $a_1,a_2,\cdots,a_n$ 构成的有序数组, 这个有序数组在定义中写成

$$(a_1,a_2,\cdots,a_n),$$

但我们有时也写成

$$\begin{pmatrix} a_1 \\ a_2 \\ \vdots \\ a_n \end{pmatrix}.$$

为了区别, 前者称为**行向量**, 后者称为**列向量**.

n 维向量还可以从另外一个角度来定义, 即用矩阵的方法进行定义. 一个 n 维行向量直接定义为一个 $1 \times n$ 矩阵, 即行矩阵

$$\boldsymbol{\alpha} = (a_1, a_2, \cdots, a_n),$$

而一个 n 维列向量直接定义为一个 $n \times 1$ 矩阵, 即列矩阵

$$\boldsymbol{\alpha} = \begin{pmatrix} a_1 \\ a_2 \\ \vdots \\ a_n \end{pmatrix}.$$

这样, 若 $\boldsymbol{\alpha}$ 是行向量, 则 $\boldsymbol{\alpha}$ 的转置 $\boldsymbol{\alpha}'$ 是列向量; 若 $\boldsymbol{\alpha}$ 是列向量, 则 $\boldsymbol{\alpha}$ 的转置 $\boldsymbol{\alpha}'$ 就是行向量.

显然, 用矩阵方法定义的向量和定义 3.1.1 定义的向量是完全一致的.

设有矩阵

$$\boldsymbol{A} = \begin{pmatrix} a_{11} & a_{12} & \cdots & a_{1n} \\ a_{21} & a_{22} & \cdots & a_{2n} \\ \vdots & \vdots & & \vdots \\ a_{m1} & a_{m2} & \cdots & a_{mn} \end{pmatrix},$$

则可将 $\boldsymbol{A}$ 的每一行看成一个 n 维行向量, 而将 $\boldsymbol{A}$ 的每一列看成一个 m 维列向量. 有时候称 $\boldsymbol{A}$ 的第 i 行为它的第 i 个行向量, 称 $\boldsymbol{A}$ 的第 j 列为它的第 j 个列向量.

由于向量就是行矩阵或列矩阵, 所以在向量之间可以定义加法和数乘运算. 事实上, 向量的加法和数乘与矩阵相应的运算完全一样.

定义 3.1.2　设有行向量

$$\boldsymbol{\alpha} = (a_1, a_2, \cdots, a_n), \quad \boldsymbol{\beta} = (b_1, b_2, \cdots, b_n),$$

则称向量

$$\boldsymbol{\gamma} = (a_1 + b_1, a_2 + b_2, \cdots, a_n + b_n)$$

为 $\boldsymbol{\alpha}$ 与 $\boldsymbol{\beta}$ 的**和**, 并表示为

$$\boldsymbol{\gamma}=\boldsymbol{\alpha}+\boldsymbol{\beta}.$$

称向量

$$\boldsymbol{\delta}=(ka_1,ka_2,\cdots,ka_n)$$

为数 k 与向量 $\boldsymbol{\alpha}$ 的**数乘**, 并表示为

$$\boldsymbol{\delta}=k\boldsymbol{\alpha}.$$

对列向量可完全类似地定义加法和数乘运算. 要注意的是, m 维向量和 n 维向量在 $m\neq n$ 时不能相加, 即它们做加法没有意义; 其次, 行向量和列向量之间也不能相加. 其实这些都和矩阵相加时的要求完全一致, 只有 "同型" 向量之间可以相加.

由于行向量和列向量的许多性质相同, 所以以后不再特别说明行向量或列向量, 一概称向量.

如果一个 n 维向量的所有分量都为零, 则称它为 n 维**零向量**, 通常表示为 $\mathbf{0}$. 向量 $(-a_1,-a_2,\cdots,-a_n)$ 称为 $\boldsymbol{\alpha}=(a_1,a_2,\cdots,a_n)$ 的**负向量**, 并记为 $-\boldsymbol{\alpha}$. 显然, $-\boldsymbol{\alpha}=(-1)\boldsymbol{\alpha}$. 用负向量可以定义两个向量的减法:

$$\boldsymbol{\alpha}-\boldsymbol{\beta}=\boldsymbol{\alpha}+(-\boldsymbol{\beta}).$$

我们知道, 矩阵的加法和数乘满足许多运算性质, 向量及其上述运算作为矩阵的特例当然也满足矩阵中的那些运算性质 (下面设 $\boldsymbol{\alpha},\boldsymbol{\beta},\boldsymbol{\gamma}$ 是 n 维向量, k,l 为数):

(1) $\boldsymbol{\alpha}+\boldsymbol{\beta}=\boldsymbol{\beta}+\boldsymbol{\alpha}$;

(2) $(\boldsymbol{\alpha}+\boldsymbol{\beta})+\boldsymbol{\gamma}=\boldsymbol{\alpha}+(\boldsymbol{\beta}+\boldsymbol{\gamma})$;

(3) $\boldsymbol{\alpha}+\mathbf{0}=\boldsymbol{\alpha}$;

(4) $\boldsymbol{\alpha}+(-\boldsymbol{\alpha})=\mathbf{0}$;

(5) $1\boldsymbol{\alpha}=\boldsymbol{\alpha}$;

(6) $(kl)\boldsymbol{\alpha}=k(l\boldsymbol{\alpha})$;

(7) $k(\boldsymbol{\alpha}+\boldsymbol{\beta})=k\boldsymbol{\alpha}+k\boldsymbol{\beta}$;

(8) $(k+l)\boldsymbol{\alpha}=k\boldsymbol{\alpha}+l\boldsymbol{\alpha}$.

3.2 向量组的线性相关性及判别

这一节主要讨论向量组的线性相关性和线性无关性. 所谓**向量组**就是若干个同维数同形状 (即要么都是列向量, 要么都是行向量) 的向量构成的集合.

矩阵

$$\boldsymbol{A}=\begin{pmatrix} a_{11} & a_{12} & \cdots & a_{1n} \\ a_{21} & a_{22} & \cdots & a_{2n} \\ \vdots & \vdots & & \vdots \\ a_{m1} & a_{m2} & \cdots & a_{mn} \end{pmatrix}$$

的所有行向量

$$\boldsymbol{\beta}_i=(a_{i1},a_{i2},\cdots,a_{in}) \quad (i=1,2,\cdots,m)$$

构成一个含有 m 个 n 维向量的行向量组, 而所有列向量

$$\boldsymbol{\alpha}_j=\begin{pmatrix} a_{1j} \\ a_{2j} \\ \vdots \\ a_{mj} \end{pmatrix} \quad (j=1,2,\cdots,n)$$

构成一个含有 n 个 m 维向量的列向量组. 反之, 一个含有有限个向量的向量组总可以构造一个矩阵. 比如, $\boldsymbol{A}$ 的行向量组和列向量组构成的矩阵都是 $\boldsymbol{A}$:

$$\boldsymbol{A}=\begin{pmatrix} \boldsymbol{\beta}_1 \\ \boldsymbol{\beta}_2 \\ \vdots \\ \boldsymbol{\beta}_m \end{pmatrix}=(\boldsymbol{\alpha}_1,\boldsymbol{\alpha}_2,\cdots,\boldsymbol{\alpha}_n).$$

这时, $\boldsymbol{A}$ 可看作为分块矩阵.

定义 3.2.1　设 $\boldsymbol{\alpha}_1,\boldsymbol{\alpha}_2,\cdots,\boldsymbol{\alpha}_s$ 是一组向量, $k_1,k_2,\cdots,k_s$ 是一组数, 那么向量

$$\boldsymbol{\alpha}=k_1\boldsymbol{\alpha}_1+k_2\boldsymbol{\alpha}_2+\cdots+k_s\boldsymbol{\alpha}_s$$

称为向量组 $\boldsymbol{\alpha}_1,\boldsymbol{\alpha}_2,\cdots,\boldsymbol{\alpha}_s$ 的**线性组合**. 有时也说向量 $\boldsymbol{\alpha}$ 可以用向量组 $\boldsymbol{\alpha}_1,\boldsymbol{\alpha}_2,\cdots,\boldsymbol{\alpha}_s$ **线性表出**.

例如, 设向量 $\boldsymbol{\alpha}_1=(1,0,2,-1)$, $\boldsymbol{\alpha}_2=(3,0,4,1)$, $\boldsymbol{\beta}=(-1,0,0,-3)$, 则 $\boldsymbol{\beta}=2\boldsymbol{\alpha}_1-\boldsymbol{\alpha}_2$, 因此 $\boldsymbol{\beta}$ 是 $\boldsymbol{\alpha}_1$, $\boldsymbol{\alpha}_2$ 的线性组合. 又如, 任意 n 维向量 $\boldsymbol{\alpha}=(a_1,a_2,\cdots,a_n)$ 都可由向量组

$$\begin{aligned} \boldsymbol{\varepsilon}_1&=(1,0,\cdots,0,0), \\ \boldsymbol{\varepsilon}_2&=(0,1,\cdots,0,0), \\ &\cdots\cdots \\ \boldsymbol{\varepsilon}_n&=(0,0,\cdots,0,1) \end{aligned}$$

线性表出, 事实上,

$$\boldsymbol{\alpha}=a_1\boldsymbol{\varepsilon}_1+a_2\boldsymbol{\varepsilon}_2+\cdots+a_n\boldsymbol{\varepsilon}_n.$$

向量组 $\boldsymbol{\varepsilon}_1, \boldsymbol{\varepsilon}_2, \cdots, \boldsymbol{\varepsilon}_n$ 中的每个向量称为 n 维**单位向量**.

例 3.2.1 证明：向量 $\boldsymbol{\beta}=(-1,2,5)$ 是向量组 $\boldsymbol{\alpha}_1=(1,2,3)$, $\boldsymbol{\alpha}_2=(0,1,4)$, $\boldsymbol{\alpha}_3=(2,3,6)$ 的线性组合.

证明 假定存在数 k_1,k_2,k_3 使得 $\boldsymbol{\beta}=k_1\boldsymbol{\alpha}_1+k_2\boldsymbol{\alpha}_2+k_3\boldsymbol{\alpha}_3$, 则

$$\begin{aligned}(-1,2,5)&=k_1(1,2,3)+k_2(0,1,4)+k_3(2,3,6)\\&=(k_1,2k_1,3k_1)+(0,k_2,4k_2)+(2k_3,3k_3,6k_3)\\&=(k_1+2k_3,2k_1+k_2+3k_3,3k_1+4k_2+6k_3).\end{aligned}$$

由此即得

$$\begin{cases}k_1+2k_3=-1,\\2k_1+k_2+3k_3=2,\\3k_1+4k_2+6k_3=5.\end{cases}$$

解这个线性方程组得

$$\begin{cases}k_1=3,\\k_2=2,\\k_3=-2.\end{cases}$$

于是 $\boldsymbol{\beta}$ 可表示为 $\boldsymbol{\alpha}_1, \boldsymbol{\alpha}_2, \boldsymbol{\alpha}_3$ 的线性组合, 且

$$\boldsymbol{\beta}=3\boldsymbol{\alpha}_1+2\boldsymbol{\alpha}_2-2\boldsymbol{\alpha}_3.$$ ■

从这个例子可以看出, 线性表出的问题最终归结为求解线性方程组解的问题. 反过来, 判断一个线性方程组是否有解的问题也可以归结为向量的线性组合问题. 事实上, 如果记

$$\boldsymbol{\alpha}_1=\begin{pmatrix}a_{11}\\a_{21}\\\vdots\\a_{m1}\end{pmatrix},\ \boldsymbol{\alpha}_2=\begin{pmatrix}a_{12}\\a_{22}\\\vdots\\a_{m2}\end{pmatrix},\ \cdots,\ \boldsymbol{\alpha}_n=\begin{pmatrix}a_{1n}\\a_{2n}\\\vdots\\a_{mn}\end{pmatrix},\ \boldsymbol{\beta}=\begin{pmatrix}b_1\\b_2\\\vdots\\b_m\end{pmatrix},$$

那么线性方程组

$$\begin{cases}a_{11}x_1+a_{12}x_2+\cdots+a_{1n}x_n=b_1,\\a_{21}x_1+a_{22}x_2+\cdots+a_{2n}x_n=b_2,\\\cdots\cdots\\a_{m1}x_1+a_{m2}x_2+\cdots+a_{mn}x_n=b_m\end{cases}\tag{3.1}$$

可等价地写为

$$x_1\boldsymbol{\alpha}_1 + x_2\boldsymbol{\alpha}_2 + \cdots + x_n\boldsymbol{\alpha}_n = \boldsymbol{\beta}. \tag{3.2}$$

特别地, 如果 $b_1 = b_2 = \cdots = b_m = 0$, 即 (3.1) 变为齐次线性方程组时, 它可等价地写为

$$x_1\boldsymbol{\alpha}_1 + x_2\boldsymbol{\alpha}_2 + \cdots + x_n\boldsymbol{\alpha}_n = \mathbf{0}. \tag{3.3}$$

不难看出, 如果线性方程组 (3.1) 有解, 那么 $\boldsymbol{\beta}$ 就能够由线性方程组 (3.1) 的系数矩阵的列向量组 $\boldsymbol{\alpha}_1, \boldsymbol{\alpha}_2, \cdots, \boldsymbol{\alpha}_n$ 线性表出; 反之, 如果 $\boldsymbol{\beta}$ 能被线性方程组 (3.1) 的系数矩阵的列向量组 $\boldsymbol{\alpha}_1, \boldsymbol{\alpha}_2, \cdots, \boldsymbol{\alpha}_n$ 线性表出, 那么线性方程组 (3.1) 就有解.

以上说明了线性方程组是否有解的问题和向量的线性表出之间的密切关系.

读者要注意的是, 一个向量被一组向量线性表出的方式并不一定唯一 (也就是表出系数不唯一). 比如, 若 $\boldsymbol{\alpha}_1 = (1, 2, 3)$, $\boldsymbol{\alpha}_2 = (0, 1, 1)$,$\boldsymbol{\alpha}_3 = (2, 4, 6)$, $\boldsymbol{\beta} = (3, 7, 10)$, 则就有两种表示

$$\boldsymbol{\beta} = \boldsymbol{\alpha}_1 + \boldsymbol{\alpha}_2 + \boldsymbol{\alpha}_3 = 5\boldsymbol{\alpha}_1 + \boldsymbol{\alpha}_2 - \boldsymbol{\alpha}_3.$$

当然, 也不是每一个向量都可以被某个向量组线性表出, 比如, 向量 $(1, 0, 0)$ 就不能表示为向量 $(0, 1, 0)$ 和 $(0, 0, 1)$ 的线性组合.

为了更深入地讨论向量之间的线性关系, 现在引入下面的重要概念.

定义 3.2.2 向量组 $\boldsymbol{\alpha}_1, \boldsymbol{\alpha}_2, \cdots, \boldsymbol{\alpha}_s$ 称为**线性相关**, 如果

(1) 当 $s = 1$ 时, $\boldsymbol{\alpha}_1 = \mathbf{0}$ 为零向量;

(2) 当 $s > 1$ 时, $\boldsymbol{\alpha}_1, \boldsymbol{\alpha}_2, \cdots, \boldsymbol{\alpha}_s$ 中有一个向量能被其余的向量线性表出.

这个定义是说, 如果向量组只含一个向量, 那么只有它为零向量时才线性相关; 而当向量组中向量的个数多于一个时, 那么线性相关就是指其中至少有一个向量是其余向量的线性组合. 例如, 向量组

$$\boldsymbol{\alpha}_1 = \begin{pmatrix} 1 \\ 0 \\ 1 \end{pmatrix}, \quad \boldsymbol{\alpha}_2 = \begin{pmatrix} -1 \\ 2 \\ 2 \end{pmatrix}, \quad \boldsymbol{\alpha}_3 = \begin{pmatrix} 1 \\ 2 \\ 4 \end{pmatrix}$$

就是线性相关的, 因为不难验证, $\boldsymbol{\alpha}_3 = 2\boldsymbol{\alpha}_1 + \boldsymbol{\alpha}_2$.

由线性相关的定义即知, 含有零向量的向量组一定线性相关. 其次, 只含有两个向量的向量组 $\boldsymbol{\alpha}_1, \boldsymbol{\alpha}_2$ 线性相关就一定有 $\boldsymbol{\alpha}_1 = k_1\boldsymbol{\alpha}_2$ 或者 $\boldsymbol{\alpha}_2 = k_2\boldsymbol{\alpha}_1$ (但注意, 这两个式子未必同时成立, 这一点读者不难理解), 也就是 $\boldsymbol{\alpha}_1$ 和 $\boldsymbol{\alpha}_2$ 的分量对应成比例. 在空间解析几何中我们知道, 两个三维向量线性相关的几何意义是它们共线, 三个三维向量线性相关的几何意义是它们共面.

定理 3.2.1 向量组 $\boldsymbol{\alpha}_1,\boldsymbol{\alpha}_2,\cdots,\boldsymbol{\alpha}_s$ 线性相关的充分必要条件是存在一组不全为零的数 $k_1,k_2,\cdots,k_s$ 使得

$$k_1\boldsymbol{\alpha}_1+k_2\boldsymbol{\alpha}_2+\cdots+k_s\boldsymbol{\alpha}_s=\mathbf{0}.$$

证明 必要性 设向量组 $\boldsymbol{\alpha}_1,\boldsymbol{\alpha}_2,\cdots,\boldsymbol{\alpha}_s$ 线性相关. 若 $s=1$, 则由线性相关的定义知 $\boldsymbol{\alpha}_1=\mathbf{0}$, 因此对任意非零数 k_1 都有 $k_1\boldsymbol{\alpha}_1=\mathbf{0}$.

若 $s>1$, 则 $\boldsymbol{\alpha}_1,\boldsymbol{\alpha}_2,\cdots,\boldsymbol{\alpha}_s$ 中必有一个向量 $\boldsymbol{\alpha}_i$ 是其余向量的线性组合, 即存在一组数 $k_1,k_2,\cdots,k_{i-1},k_{i+1},\cdots,k_s$ 使得

$$\boldsymbol{\alpha}_i=k_1\boldsymbol{\alpha}_1+k_2\boldsymbol{\alpha}_2+\cdots+k_{i-1}\boldsymbol{\alpha}_{i-1}+k_{i+1}\boldsymbol{\alpha}_{i+1}+\cdots+k_s\boldsymbol{\alpha}_s.$$

由此有

$$k_1\boldsymbol{\alpha}_1+k_2\boldsymbol{\alpha}_2+\cdots+k_{i-1}\boldsymbol{\alpha}_{i-1}+(-1)\boldsymbol{\alpha}_i+k_{i+1}\boldsymbol{\alpha}_{i+1}+\cdots+k_s\boldsymbol{\alpha}_s=\mathbf{0}.$$

令 $k_i=-1$, 则 $k_1,k_2,\cdots,k_s$ 不全为零, 且

$$k_1\boldsymbol{\alpha}_1+k_2\boldsymbol{\alpha}_2+\cdots+k_s\boldsymbol{\alpha}_s=\mathbf{0}.$$

充分性 设存在一组不全为零的数 $k_1,k_2,\cdots,k_s$ 使得

$$k_1\boldsymbol{\alpha}_1+k_2\boldsymbol{\alpha}_2+\cdots+k_s\boldsymbol{\alpha}_s=\mathbf{0}.$$

若 $s=1$, 则上式变为 $k_1\boldsymbol{\alpha}_1=\mathbf{0}$, 且 $k_1\neq 0$, 进而由数乘的性质即知 $\boldsymbol{\alpha}_1=\mathbf{0}$, 故向量组线性相关.

下面设 $s>1$. 由于 $k_1,k_2,\cdots,k_s$ 不全为零, 因此其中必有某个 $k_j\neq 0$, 于是由上式可得

$$\boldsymbol{\alpha}_j=-\frac{k_1}{k_j}\boldsymbol{\alpha}_1-\frac{k_2}{k_j}\boldsymbol{\alpha}_2-\cdots-\frac{k_{j-1}}{k_j}\boldsymbol{\alpha}_{j-1}-\frac{k_{j+1}}{k_j}\boldsymbol{\alpha}_{j+1}-\cdots-\frac{k_s}{k_j}\boldsymbol{\alpha}_s,$$

这就是说 $\boldsymbol{\alpha}_j$ 能被 $\boldsymbol{\alpha}_1,\cdots,\boldsymbol{\alpha}_{j-1},\boldsymbol{\alpha}_{j+1},\cdots,\boldsymbol{\alpha}_s$ 线性表出, 所以 $\boldsymbol{\alpha}_1,\boldsymbol{\alpha}_2,\cdots,\boldsymbol{\alpha}_s$ 线性相关. ∎

定理 3.2.1 给出了线性相关的另外一种等价定义. 事实上, 有的书上就是直接把定理 3.2.1 的表述来作为线性相关的定义.

根据定理 3.2.1, 并联系到前面线性方程组是否有解和向量的线性表出之间的关系, 我们有下面的定理.

定理 3.2.2 列向量组

$$\boldsymbol{\alpha}_1=\begin{pmatrix}a_{11}\\a_{21}\\\vdots\\a_{n1}\end{pmatrix},\quad \boldsymbol{\alpha}_2=\begin{pmatrix}a_{12}\\a_{22}\\\vdots\\a_{n2}\end{pmatrix},\quad\cdots,\quad \boldsymbol{\alpha}_s=\begin{pmatrix}a_{1s}\\a_{2s}\\\vdots\\a_{ns}\end{pmatrix} \tag{3.4}$$

线性相关的充分必要条件是齐次线性方程组

$$\begin{cases} a_{11}x_1 + a_{12}x_2 + \cdots + a_{1s}x_s = 0, \\ a_{21}x_1 + a_{22}x_2 + \cdots + a_{2s}x_s = 0, \\ \cdots\cdots \\ a_{n1}x_1 + a_{n2}x_2 + \cdots + a_{ns}x_s = 0 \end{cases} \tag{3.5}$$

有非零解.

读者可以思考如何类似写出行向量组线性相关的充分必要条件.

不难看出, n 维单位向量 $\boldsymbol{\varepsilon}_1, \boldsymbol{\varepsilon}_2, \cdots, \boldsymbol{\varepsilon}_n$ 构成的向量组不是线性相关的. 事实上, 假设

$$k_1\boldsymbol{\varepsilon}_1 + k_2\boldsymbol{\varepsilon}_2 + \cdots + k_n\boldsymbol{\varepsilon}_n = \mathbf{0},$$

则容易计算

$$(k_1, k_2, \cdots, k_n) = (0, 0, \cdots, 0),$$

由此有

$$k_1 = k_2 = \cdots = k_n = 0,$$

也即向量组 $\boldsymbol{\varepsilon}_1, \boldsymbol{\varepsilon}_2, \cdots, \boldsymbol{\varepsilon}_n$ 不是线性相关的. 这表明, 并不是任意一个向量组都是线性相关的.

定义 3.2.3　不是线性相关的向量组称为**线性无关**. 换句话说, 向量组 $\alpha_1, \alpha_2, \cdots, \alpha_s$ 称为线性无关, 如果

$$k_1\boldsymbol{\alpha}_1 + k_2\boldsymbol{\alpha}_2 + \cdots + k_s\boldsymbol{\alpha}_s = \mathbf{0} \tag{3.6}$$

只有在 $k_1 = k_2 = \cdots = k_s = 0$ 时才成立, 也就是由上式成立一定能推出

$$k_1 = k_2 = \cdots = k_s = 0.$$

这样, n 维单位向量 $\boldsymbol{\varepsilon}_1, \boldsymbol{\varepsilon}_2, \cdots, \boldsymbol{\varepsilon}_n$ 构成的向量组是线性无关的.

由定理 3.2.1 可以看出, 向量组 (3.4) 线性无关的充分必要条件是齐次线性方程组 (3.5) 只有零解.

例 3.2.2　设向量组 $\boldsymbol{\alpha}_1, \boldsymbol{\alpha}_2, \boldsymbol{\alpha}_3$ 线性无关, 证明：向量组 $\boldsymbol{\beta}_1 = \boldsymbol{\alpha}_1 + \boldsymbol{\alpha}_2$, $\boldsymbol{\beta}_2 = \boldsymbol{\alpha}_2 + \boldsymbol{\alpha}_3$, $\boldsymbol{\beta}_3 = \boldsymbol{\alpha}_3 + \boldsymbol{\alpha}_1$ 线性无关.

证明　设存在一组数 k_1, k_2, k_3, 使得

$$k_1\boldsymbol{\beta}_1 + k_2\boldsymbol{\beta}_2 + k_3\boldsymbol{\beta}_3 = \mathbf{0},$$

即

$$(k_1+k_3)\boldsymbol{\alpha}_1+(k_1+k_2)\boldsymbol{\alpha}_2+(k_2+k_3)\boldsymbol{\alpha}_3=\mathbf{0},$$

则由 $\boldsymbol{\alpha}_1,\boldsymbol{\alpha}_2,\boldsymbol{\alpha}_3$ 线性无关知

$$\begin{cases}k_1+k_3=0,\\ k_1+k_2=0,\\ k_2+k_3=0.\end{cases}$$

由此得 $k_1=k_2=k_3=0$, 故 $\boldsymbol{\beta}_1$, $\boldsymbol{\beta}_2$, $\boldsymbol{\beta}_3$ 线性无关. ■

定理 3.2.3 如果向量组 $\boldsymbol{\alpha}_1,\boldsymbol{\alpha}_2,\cdots,\boldsymbol{\alpha}_s$ 线性无关, 但向量组 $\boldsymbol{\alpha}_1$, $\boldsymbol{\alpha}_2$, $\cdots$, $\boldsymbol{\alpha}_s$, $\boldsymbol{\beta}$ 线性相关, 那么 $\boldsymbol{\beta}$ 可被 $\boldsymbol{\alpha}_1,\boldsymbol{\alpha}_2,\cdots,\boldsymbol{\alpha}_s$ 线性表出, 且表出系数唯一.

证明 因为 $\boldsymbol{\alpha}_1$, $\boldsymbol{\alpha}_2$, $\cdots$, $\boldsymbol{\alpha}_s$, $\boldsymbol{\beta}$ 线性相关, 因此存在一组不全为零的数 k_0, k_1, k_2,$\cdots$, k_s 使得

$$k_1\boldsymbol{\alpha}_1+k_2\boldsymbol{\alpha}_2+\cdots+k_s\boldsymbol{\alpha}_s+k_0\boldsymbol{\beta}=\mathbf{0}.$$

若 $k_0=0$, 则上式变为

$$k_1\boldsymbol{\alpha}_1+k_2\boldsymbol{\alpha}_2+\cdots+k_s\boldsymbol{\alpha}_s=\mathbf{0},$$

于是由 $\boldsymbol{\alpha}_1,\boldsymbol{\alpha}_2,\cdots,\boldsymbol{\alpha}_s$ 线性无关得 $k_1=k_2=\cdots=k_s=0$. 这和 $k_0,k_1,k_2,\cdots,k_s$ 不全为零矛盾, 所以 $k_0\neq 0$. 此时就有

$$\boldsymbol{\beta}=-\frac{k_1}{k_0}\boldsymbol{\alpha}_1-\frac{k_2}{k_0}\boldsymbol{\alpha}_2-\cdots-\frac{k_s}{k_0}\boldsymbol{\alpha}_s,$$

这就是说 $\boldsymbol{\beta}$ 能被 $\boldsymbol{\alpha}_1,\cdots,\boldsymbol{\alpha}_s$ 线性表出.

其次, 如果假设

$$\boldsymbol{\beta}=x_1\boldsymbol{\alpha}_1+x_2\boldsymbol{\alpha}_2+\cdots+x_s\boldsymbol{\alpha}_s,$$

且

$$\boldsymbol{\beta}=y_1\boldsymbol{\alpha}_1+y_2\boldsymbol{\alpha}_2+\cdots+y_s\boldsymbol{\alpha}_s,$$

则

$$(x_1-y_1)\boldsymbol{\alpha}_1+(x_2-y_2)\boldsymbol{\alpha}_2+\cdots+(x_s-y_s)\boldsymbol{\alpha}_s=\mathbf{0}.$$

于是由 $\boldsymbol{\alpha}_1,\boldsymbol{\alpha}_2,\cdots,\boldsymbol{\alpha}_s$ 的线性无关性知 $x_i-y_i=0$, 即 $x_i=y_i$ $(i=1,2,\cdots,s)$. 这证明了表出系数唯一. ■

下面给出判别向量组线性相关或线性无关的基本法则.

设向量组 $\boldsymbol{\beta}_1,\boldsymbol{\beta}_2,\cdots,\boldsymbol{\beta}_s$ 是将向量组 (3.4) 的第一和第二分量对换而得到, 即

$$\boldsymbol{\beta}_1=\begin{pmatrix}a_{21}\\a_{11}\\\vdots\\a_{n1}\end{pmatrix},\quad \boldsymbol{\beta}_2=\begin{pmatrix}a_{22}\\a_{12}\\\vdots\\a_{n2}\end{pmatrix},\quad \cdots,\quad \boldsymbol{\beta}_s=\begin{pmatrix}a_{2s}\\a_{1s}\\\vdots\\a_{ns}\end{pmatrix},$$

则显然齐次线性方程组 (3.5) 和

$$\begin{cases}a_{21}x_1+a_{22}x_2+\cdots+a_{2s}x_s=0,\\a_{11}x_1+a_{12}x_2+\cdots+a_{1s}x_s=0,\\\cdots\cdots\\a_{n1}x_1+a_{n2}x_2+\cdots+a_{ns}x_s=0\end{cases}$$

同解. 因此向量组 (3.4) 和 $\boldsymbol{\beta}_1,\boldsymbol{\beta}_2,\cdots,\boldsymbol{\beta}_s$ 有相同的线性相关性. 更一般地, 我们有下面的定理.

定理3.2.4 对换向量组的分量的次序不改变向量组的线性相关性.

定理3.2.5 若向量组 (3.4) 线性无关, 则向量组

$$\boldsymbol{\beta}_1=\begin{pmatrix}a_{11}\\a_{21}\\\vdots\\a_{n1}\\a_{n+1,1}\end{pmatrix},\quad \boldsymbol{\beta}_2=\begin{pmatrix}a_{12}\\a_{22}\\\vdots\\a_{n2}\\a_{n+1,2}\end{pmatrix},\quad \cdots,\quad \boldsymbol{\beta}_s=\begin{pmatrix}a_{1s}\\a_{2s}\\\vdots\\a_{ns}\\a_{n+1,s}\end{pmatrix}\tag{3.7}$$

也线性无关.

证明 若向量组 (3.4) 线性无关, 则齐次线性方程组 (3.5) 只有零解. 又显然, 齐次线性方程组

$$\begin{cases}a_{11}x_1+a_{12}x_2+\cdots+a_{1s}x_s=0,\\a_{21}x_1+a_{22}x_2+\cdots+a_{2s}x_s=0,\\\cdots\cdots\\a_{n1}x_1+a_{n2}x_2+\cdots+a_{ns}x_s=0,\\a_{n+1,1}x_1+a_{n+1,2}x_2+\cdots+a_{n+1,s}x_s=0\end{cases}\tag{3.8}$$

的解一定是 (3.5) 的解, 所以 (3.8) 只有零解, 故 $\boldsymbol{\beta}_1,\boldsymbol{\beta}_2,\cdots,\boldsymbol{\beta}_s$ 也线性无关. ∎

这个定理是说, 在线性无关向量组的每个向量上添加一个分量 (注意: 要在同一位置添加) 后所得的新向量组还线性无关. 易见, 此结果可推广到添加有限个分量的情形.

定理 3.2.6 若向量组 $\boldsymbol{\alpha}_1$, $\boldsymbol{\alpha}_2$, $\cdots$, $\boldsymbol{\alpha}_s$ 线性相关, 则向量组 $\boldsymbol{\alpha}_1$, $\boldsymbol{\alpha}_2$, $\cdots$, $\boldsymbol{\alpha}_s$, $\boldsymbol{\alpha}_{s+1}, \cdots, \boldsymbol{\alpha}_m$ 也线性相关.

证明 设 $\boldsymbol{\alpha}_1, \boldsymbol{\alpha}_2, \cdots, \boldsymbol{\alpha}_s$ 线性相关, 则存在一组不全为零的数 $k_1, k_2, \cdots, k_s$ 使得

$$k_1\boldsymbol{\alpha}_1 + k_2\boldsymbol{\alpha}_2 + \cdots + k_s\boldsymbol{\alpha}_s = \mathbf{0}.$$

于是

$$k_1\boldsymbol{\alpha}_1 + k_2\boldsymbol{\alpha}_2 + \cdots + k_s\boldsymbol{\alpha}_s + 0\boldsymbol{\alpha}_{s+1} + \cdots + 0\boldsymbol{\alpha}_m = \mathbf{0}.$$

当然 $k_1, k_2, \cdots, k_s, 0, \cdots, 0$ 不全为零, 故 $\boldsymbol{\alpha}_1, \boldsymbol{\alpha}_2, \cdots, \boldsymbol{\alpha}_s, \boldsymbol{\alpha}_{s+1}, \cdots, \boldsymbol{\alpha}_m$ 线性相关. ■

上述定理告诉我们, 线性相关的向量组添加若干向量后而得到的新向量组也线性相关. 也就是说, 如果向量组中的一部分向量线性相关, 则马上可以断定整个向量组线性相关, 即 "部分相关则整体必相关", 但反之则不然.

推论 3.2.1 线性无关向量组中任意部分向量组必线性无关.

推论 3.2.1 可以概括为 "整体无关则部分必无关", 但结论反过来一般不成立.

例 3.2.3 设向量组 $\boldsymbol{\alpha}_1, \boldsymbol{\alpha}_2, \boldsymbol{\alpha}_3$ 线性相关, 向量组 $\boldsymbol{\alpha}_2, \boldsymbol{\alpha}_3, \boldsymbol{\alpha}_4$ 线性无关. 问:

(1) $\boldsymbol{\alpha}_1$ 能否由 $\boldsymbol{\alpha}_2, \boldsymbol{\alpha}_3$ 线性表出? 并说明理由.

(2) $\boldsymbol{\alpha}_4$ 能否由 $\boldsymbol{\alpha}_1, \boldsymbol{\alpha}_2, \boldsymbol{\alpha}_3$ 线性表出? 并说明理由.

解 (1) $\boldsymbol{\alpha}_1$ 能由 $\boldsymbol{\alpha}_2, \boldsymbol{\alpha}_3$ 线性表出. 这是因为, 由 $\boldsymbol{\alpha}_2, \boldsymbol{\alpha}_3, \boldsymbol{\alpha}_4$ 线性无关可知 $\boldsymbol{\alpha}_2, \boldsymbol{\alpha}_3$ 线性无关. 又 $\boldsymbol{\alpha}_1, \boldsymbol{\alpha}_2, \boldsymbol{\alpha}_3$ 线性相关, 故根据定理 3.2.3, $\boldsymbol{\alpha}_1$ 能被 $\boldsymbol{\alpha}_2, \boldsymbol{\alpha}_3$ 线性表出.

(2) $\boldsymbol{\alpha}_4$ 不能由 $\boldsymbol{\alpha}_1, \boldsymbol{\alpha}_2, \boldsymbol{\alpha}_3$ 线性表出. 这是因为, 由 (1) 知, $\boldsymbol{\alpha}_1$ 能由 $\boldsymbol{\alpha}_2, \boldsymbol{\alpha}_3$ 线性表出, 若假设 $\boldsymbol{\alpha}_4$ 能由 $\boldsymbol{\alpha}_1, \boldsymbol{\alpha}_2, \boldsymbol{\alpha}_3$ 线性表出, 那么 $\boldsymbol{\alpha}_4$ 能由 $\boldsymbol{\alpha}_2, \boldsymbol{\alpha}_3$ 线性表出, 从而 $\boldsymbol{\alpha}_2, \boldsymbol{\alpha}_3, \boldsymbol{\alpha}_4$ 线性相关, 这与已知条件矛盾.

3.3 极大线性无关组

定义 3.3.1 设 T 表示一向量组, 称 T 中的向量 $\boldsymbol{\alpha}_1, \boldsymbol{\alpha}_2, \cdots, \boldsymbol{\alpha}_s$ 为 T 的**极大线性无关组**, 如果

(1) $\boldsymbol{\alpha}_1, \boldsymbol{\alpha}_2, \cdots, \boldsymbol{\alpha}_s$ 线性无关;

(2) T 中的每个向量都可被 $\boldsymbol{\alpha}_1, \boldsymbol{\alpha}_2, \cdots, \boldsymbol{\alpha}_s$ 线性表出.

例如, 在向量组 $\boldsymbol{\alpha}_1 = (2, -1, 3, 1), \boldsymbol{\alpha}_2 = (4, -2, 5, 4), \boldsymbol{\alpha}_3 = (2, -1, 4, -1)$ 中, $\boldsymbol{\alpha}_1, \boldsymbol{\alpha}_2$ 就是极大线性无关组. 这是因为, 首先 $\boldsymbol{\alpha}_1, \boldsymbol{\alpha}_2$ 显然线性无关; 其次,

$$\boldsymbol{\alpha}_1 = 1\boldsymbol{\alpha}_1 + 0\boldsymbol{\alpha}_2, \quad \boldsymbol{\alpha}_2 = 0\boldsymbol{\alpha}_1 + 1\boldsymbol{\alpha}_2, \quad \boldsymbol{\alpha}_3 = 3\boldsymbol{\alpha}_1 - \boldsymbol{\alpha}_2,$$

也就是说 $\boldsymbol{\alpha}_1,\boldsymbol{\alpha}_2,\boldsymbol{\alpha}_3$ 中每一个都可以被 $\boldsymbol{\alpha}_1,\boldsymbol{\alpha}_2$ 线性表出. 事实上不难验证, $\boldsymbol{\alpha}_2,\boldsymbol{\alpha}_3$ 也是 $\boldsymbol{\alpha}_1,\boldsymbol{\alpha}_2,\boldsymbol{\alpha}_3$ 的极大线性无关组. 这说明这个向量组至少有两个极大线性无关组.

显然, 一个线性无关的向量组的极大线性无关组就是向量组本身.

根据定理 3.2.1 和定理 3.2.3 不难理解, 上述定义中的条件 (2) 完全等同于条件:

(2′) 对 T 中的任意向量 $\boldsymbol{\alpha}$, 都有 $\boldsymbol{\alpha}_1,\boldsymbol{\alpha}_2,\cdots,\boldsymbol{\alpha}_s,\boldsymbol{\alpha}$ 线性相关.

极大线性无关组有这样一个明显的好处, 即向量组中的任何向量都可被它的极大线性无关组线性表出. 这样, 在某种程度上, 对原来向量组的讨论就可以归结为对极大线性无关组的讨论. 用极大线性无关组还可以讨论矩阵的秩 (见下一节).

给定一个向量组 T(假设至少含有一个非零向量), 我们一定可以从中选出它的极大线性无关组来. 事实上, 如果 T 本身线性无关, 那么 T 就是它本身的极大线性无关组; 如果 T 本身线性相关, 那么首先在 T 中任选一个非零向量, 记之为 $\boldsymbol{\alpha}_1$; 再在 T 中选一个与 $\boldsymbol{\alpha}_1$ 线性无关的向量 $\boldsymbol{\alpha}_2$(如果选不到, 则 $\boldsymbol{\alpha}_1$ 就是极大线性无关组了); 再选向量 $\boldsymbol{\alpha}_3$, 使得 $\boldsymbol{\alpha}_1,\boldsymbol{\alpha}_2,\boldsymbol{\alpha}_3$ 线性无关, 依次这样做下去, 直至得到线性无关的向量组 $\boldsymbol{\alpha}_1,\boldsymbol{\alpha}_2,\cdots,\boldsymbol{\alpha}_s$, 再也找不到与这 s 个向量线性无关的向量为止. 显然, 此时得到的向量组 $\boldsymbol{\alpha}_1,\boldsymbol{\alpha}_2,\cdots,\boldsymbol{\alpha}_s$ 就是 T 的极大线性无关组.

由上面的例子可以看出, 虽然向量组的极大线性无关组并不唯一, 但它们含有的向量个数都一样. 事实上, 这种性质并不是偶然的. 下面将要证明, 一个向量组的任意两个极大线性无关组一定含有相同的向量个数.

如果向量组 $\boldsymbol{\alpha}_1,\boldsymbol{\alpha}_2,\cdots,\boldsymbol{\alpha}_s$ 中的每一个向量都可以被另一组向量 $\boldsymbol{\beta}_1,\boldsymbol{\beta}_2,\cdots,\boldsymbol{\beta}_t$ 线性表出, 则说向量组 $\boldsymbol{\alpha}_1,\boldsymbol{\alpha}_2,\cdots,\boldsymbol{\alpha}_s$ 可被向量组 $\boldsymbol{\beta}_1,\boldsymbol{\beta}_2,\cdots,\boldsymbol{\beta}_t$ 线性表出.

定理 3.3.1　如果向量组 $\boldsymbol{\alpha}_1,\boldsymbol{\alpha}_2,\cdots,\boldsymbol{\alpha}_s$ 线性无关, 且可以被向量组 $\boldsymbol{\beta}_1$, $\boldsymbol{\beta}_2$, $\cdots$, $\boldsymbol{\beta}_t$ 线性表出, 那么 $s \leqslant t$.

证明　对 t 用数学归纳法.

当 $t=1$ 时, 第二组向量只有一个 $\boldsymbol{\beta}_1$, 因此存在数 k_i, 使得 $\boldsymbol{\alpha}_i = k_i\boldsymbol{\beta}_1$, 其中 $i=1,2,\cdots,s$. 现在假设 $s \geqslant 2$, 则当 k_1,k_2 全为零时, $\boldsymbol{\alpha}_1=\boldsymbol{\alpha}_2=\mathbf{0}$; 而当 k_1,k_2 不全为零时, k_2 和 $-k_1$ 也不全为零, 且

$$k_2\boldsymbol{\alpha}_1+(-k_1)\boldsymbol{\alpha}_2=(k_1k_2-k_1k_2)\boldsymbol{\beta}_1=\mathbf{0}.$$

因此, 不管 k_1,k_2 如何取值, $\boldsymbol{\alpha}_1,\boldsymbol{\alpha}_2$ 总线性相关, 于是根据定理 3.2.6, $\boldsymbol{\alpha}_1,\boldsymbol{\alpha}_2,\cdots,\boldsymbol{\alpha}_s$ 线性相关, 这是矛盾. 所以 $s=1$, 即有 $s \leqslant t$.

今假设定理对 $t-1$ 成立, 下面考察 t 的情形. 因为 $\boldsymbol{\alpha}_1,\boldsymbol{\alpha}_2,\cdots,\boldsymbol{\alpha}_s$ 可以被 $\boldsymbol{\beta}_1$, $\boldsymbol{\beta}_2$, $\cdots$, $\boldsymbol{\beta}_t$ 线性表出, 所以存在数 k_{ij} $(i=1,2,\cdots,s;j=1,2,\cdots,t)$, 使得

$$\boldsymbol{\alpha}_i=k_{i1}\boldsymbol{\beta}_1+k_{i2}\boldsymbol{\beta}_2+\cdots+k_{it}\boldsymbol{\beta}_t=\sum_{j=1}^{t}k_{ij}\boldsymbol{\beta}_j,\quad i=1,2,\cdots,s.$$

若 $k_{1t}=k_{2t}=\cdots=k_{st}=0$, 则

$$\boldsymbol{\alpha}_i = k_{i1}\boldsymbol{\beta}_1 + k_{i2}\boldsymbol{\beta}_2 + \cdots + k_{i,t-1}\boldsymbol{\beta}_{t-1} = \sum_{j=1}^{t-1} k_{ij}\boldsymbol{\beta}_j, \quad i = 1, 2, \cdots, s.$$

于是由归纳假设就有 $s \leqslant t-1 < t$, 即定理成立.

若 $k_{1t}, k_{2t}, \cdots, k_{st}$ 不全为零, 不失一般性, 不妨设 $k_{st} \neq 0$. 令

$$\gamma_i = \boldsymbol{\alpha}_i - \frac{k_{it}}{k_{st}}\boldsymbol{\alpha}_s, \quad i = 1, 2, \cdots, s-1,$$

则

$$\begin{aligned}\boldsymbol{\gamma}_i &= \sum_{j=1}^{t} k_{ij}\boldsymbol{\beta}_j - \frac{k_{it}}{k_{st}}\sum_{j=1}^{t} k_{sj}\boldsymbol{\beta}_j = \sum_{j=1}^{t} k_{ij}\boldsymbol{\beta}_j - \sum_{j=1}^{t}\frac{k_{it}}{k_{st}}k_{sj}\boldsymbol{\beta}_j \\ &= \sum_{j=1}^{t}\left(k_{ij} - \frac{k_{it}}{k_{st}}k_{sj}\right)\boldsymbol{\beta}_j = \sum_{j=1}^{t-1}\left(k_{ij} - \frac{k_{it}}{k_{st}}k_{sj}\right)\boldsymbol{\beta}_j, \quad i = 1, 2, \cdots, s-1.\end{aligned}$$

所以 $\boldsymbol{\gamma}_1, \boldsymbol{\gamma}_2, \cdots, \boldsymbol{\gamma}_{s-1}$ 可以被 $\boldsymbol{\beta}_1, \boldsymbol{\beta}_2, \cdots, \boldsymbol{\beta}_{t-1}$ 线性表出. 事实上 $\boldsymbol{\gamma}_1, \boldsymbol{\gamma}_2, \cdots, \boldsymbol{\gamma}_{s-1}$ 还线性无关, 这是因为, 如果

$$c_1\boldsymbol{\gamma}_1 + c_2\boldsymbol{\gamma}_2 + \cdots + c_{s-1}\boldsymbol{\gamma}_{s-1} = \mathbf{0},$$

那么

$$c_1\boldsymbol{\alpha}_1 + c_2\boldsymbol{\alpha}_2 + \cdots + c_{s-1}\boldsymbol{\alpha}_{s-1} - \left(c_1\frac{k_{1t}}{k_{st}} + c_2\frac{k_{2t}}{k_{st}} + \cdots + c_{s-1}\frac{k_{s-1,t}}{k_{st}}\right)\boldsymbol{\alpha}_s = \mathbf{0},$$

进而根据 $\boldsymbol{\alpha}_1, \boldsymbol{\alpha}_2, \cdots, \boldsymbol{\alpha}_s$ 线性无关即有 $c_1 = c_2 = \cdots = c_{s-1} = 0$ (这说明 $\boldsymbol{\gamma}_1, \boldsymbol{\gamma}_2, \cdots, \boldsymbol{\gamma}_{s-1}$ 线性无关). 现在根据归纳假设, $s-1 \leqslant t-1$, 故有 $s \leqslant t$. ■

利用定理 3.3.1 可得下面的推论.

推论 3.3.1 一个向量组的任意两个极大线性无关组含有相同的向量个数.

证明 设 $\boldsymbol{\alpha}_1, \boldsymbol{\alpha}_2, \cdots, \boldsymbol{\alpha}_s$ 和 $\boldsymbol{\beta}_1, \boldsymbol{\beta}_2, \cdots, \boldsymbol{\beta}_t$ 是向量组 T 的两个极大线性无关组, 则 $\boldsymbol{\alpha}_1, \boldsymbol{\alpha}_2, \cdots, \boldsymbol{\alpha}_s$ 可被 $\boldsymbol{\beta}_1, \boldsymbol{\beta}_2, \cdots, \boldsymbol{\beta}_t$ 线性表出. 又 $\boldsymbol{\alpha}_1, \boldsymbol{\alpha}_2, \cdots, \boldsymbol{\alpha}_s$ 线性无关, 所以由定理 3.3.1 即知 $s \leqslant t$. 对称地, 也有 $t \leqslant s$. 故 $s = t$. ■

推论 3.3.2 $n+1$ 个 n 维向量必线性相关.

证明 假设 $n+1$ 个 n 维向量 $\boldsymbol{\alpha}_1, \boldsymbol{\alpha}_2, \cdots, \boldsymbol{\alpha}_{n+1}$ 线性无关. 注意到, 任何 n 维向量都可以被 n 维单位向量 $\varepsilon_1, \varepsilon_2, \cdots, \varepsilon_n$ 线性表出, 所以 $\boldsymbol{\alpha}_1, \boldsymbol{\alpha}_2, \cdots, \boldsymbol{\alpha}_{n+1}$ 可被 $\varepsilon_1, \varepsilon_2, \cdots, \varepsilon_n$ 线性表出. 于是由定理 3.3.1 即有 $n+1 \leqslant n$, 矛盾. 这说明 $n+1$ 个 n 维向量必线性相关. ■

这个推论表明, 当 $m > n$ 时, m 个 n 维向量必线性相关. 所以, 任意 n 维向量组的极大线性无关组含有的向量个数不超过 n.

推论 3.3.3　若 $m < n$, 则齐次线性方程组

$$\begin{cases} a_{11}x_1 + a_{12}x_2 + \cdots + a_{1n}x_n = 0, \\ a_{21}x_1 + a_{22}x_2 + \cdots + a_{2n}x_n = 0, \\ \cdots\cdots \\ a_{m1}x_1 + a_{m2}x_2 + \cdots + a_{mn}x_n = 0 \end{cases}$$

有非零解.

3.4　向量组的秩与矩阵的秩

因为一个向量组的任意两个极大线性无关组含有相同的向量个数, 因此向量组的极大线性无关组含有的向量个数与极大线性无关组的选择无关, 它直接反映了向量组本身的性质.

定义 3.4.1　向量组 T 的极大线性无关组含有的向量个数称为向量组 T 的**秩**, 记为 $R(T)$.

例如, $\boldsymbol{\alpha}_1 = (2, -1, 3, 1), \boldsymbol{\alpha}_2 = (4, -2, 5, 4), \boldsymbol{\alpha}_3 = (2, -1, 4, -1)$ 的秩就是 2.

显然, 一个线性无关向量组的秩就是向量组本身含有的向量个数. 所以, 一个向量组线性无关的充分必要条件是它的秩等于向量组的向量个数.

因为任意 n 维向量组的极大线性无关组含有的向量个数不会超过 n, 所以任意 n 维向量组的秩不超过 n.

我们规定, 只含有零向量的向量组的秩为零.

定义 3.4.2　称两个向量组**等价**, 如果它们能互相线性表出.

不难证明, 向量组的等价满足反身性, 对称性和传递性.

根据定理 3.3.1 即有下面的推论.

推论 3.4.1　若向量组 $\boldsymbol{\alpha}_1, \boldsymbol{\alpha}_2, \cdots, \boldsymbol{\alpha}_s$ 和 $\boldsymbol{\beta}_1, \boldsymbol{\beta}_2, \cdots, \boldsymbol{\beta}_t$ 都线性无关且等价, 则 $s = t$.

易见, 向量组与它的任何极大线性无关组都等价. 于是由向量组等价的传递性可知, 等价的向量组的极大线性无关组也等价. 因此根据定理 3.3.1 和推论 3.4.1 又可得下面的推论.

推论 3.4.2　若向量组 T_1 能由向量组 T_2 线性表出, 则 $R(T_1) \leqslant R(T_2)$. 进而, 等价的向量组有相同的秩.

例 3.4.1　设向量组 (Ⅰ): $\boldsymbol{\alpha}_1, \boldsymbol{\alpha}_2, \cdots, \boldsymbol{\alpha}_s$、向量组 (Ⅱ): $\boldsymbol{\beta}_1, \boldsymbol{\beta}_2, \cdots, \boldsymbol{\beta}_t$ 和向量组 (Ⅲ): $\boldsymbol{\alpha}_1, \boldsymbol{\alpha}_2, \cdots, \boldsymbol{\alpha}_s, \boldsymbol{\beta}_1, \boldsymbol{\beta}_2, \cdots, \boldsymbol{\beta}_t$ 的秩分别为 r_1、r_2 和 r_3, 证明: 向量组 (Ⅰ) 与 (Ⅱ) 等价的充分必要条件是 $r_1 = r_2 = r_3$.

证明　设向量组 (Ⅰ) 与 (Ⅱ) 等价, 则容易看出, (Ⅰ) 与 (Ⅲ) 等价, 同时 (Ⅱ) 与 (Ⅲ) 也等价, 于是由推论 3.4.2 即知 $r_1 = r_2 = r_3$.

反之, 设 $r_1=r_2=r_3=r$, 则每个向量组的极大线性无关组都含有 r 个向量. 不失一般性, 不妨设向量组 (Ⅰ) 的极大线性无关组就是 $\boldsymbol{\alpha}_1,\boldsymbol{\alpha}_2,\cdots,\boldsymbol{\alpha}_r$, 那么不难看出, $\boldsymbol{\alpha}_1,\boldsymbol{\alpha}_2,\cdots,\boldsymbol{\alpha}_r$ 也是向量组 (Ⅲ) 的极大线性无关组, 因此向量组 (Ⅲ) 可被 (Ⅰ) 线性表出. 又显然 (Ⅰ) 可被 (Ⅲ) 线性表出, 从而 (Ⅰ) 与 (Ⅲ) 等价. 同理可证, (Ⅱ) 与 (Ⅲ) 也等价. 故由向量组等价的传递性, 向量组 (Ⅰ) 与 (Ⅱ) 等价. ■

例 3.4.2 设向量组 T_1 可被向量组 T_2 线性表出, 且它们有相同的秩, 证明 T_1 和 T_2 等价.

证明 设 $R(T_1)=R(T_2)=t$, 并设 T_2 的极大线性无关组为 $\boldsymbol{\beta}_1,\boldsymbol{\beta}_2,\cdots,\boldsymbol{\beta}_t$. 由于 T_1 可被向量组 T_2 线性表出, 因此 T_1 可被 $\boldsymbol{\beta}_1,\boldsymbol{\beta}_2,\cdots,\boldsymbol{\beta}_t$ 线性表出, 从而 $\boldsymbol{\beta}_1,\boldsymbol{\beta}_2,\cdots,\boldsymbol{\beta}_t$ 是把向量组 T_1 和 T_2 合并在一起的向量组 $T_1\cup T_2$ 的极大线性无关组. 这样, $R(T_1)=R(T_2)=R(T_1\cup T_2)=t$, 于是利用例 3.4.1 的结论即知 T_1 和 T_2 等价. ■

现在我们来讨论向量组的秩和矩阵的秩之间的关系.

定义 3.4.3 矩阵 $\boldsymbol{A}$ 的行向量组的秩称为 $\boldsymbol{A}$ 的**行秩**; 矩阵 $\boldsymbol{A}$ 的列向量组的秩称为 $\boldsymbol{A}$ 的**列秩**.

这样一来, 一个矩阵不仅有秩, 现在还有行秩和列秩. 那么三者之间有什么联系呢? 下面来讨论它们的关系.

在 2.4 节中我们证明了, 矩阵的初等变换不改变矩阵的秩. 事实上, 关于矩阵的行秩和列秩也有类似的结果.

定理 3.4.1 若将矩阵 $\boldsymbol{A}$ 施行一系列初等行变换变为 $\boldsymbol{B}$, 则 $\boldsymbol{A}$ 和 $\boldsymbol{B}$ 的行向量组等价, 而 $\boldsymbol{A}$ 的任意 k 个列和 $\boldsymbol{B}$ 的相应的 k 个列有完全相同的线性相关性.

若将矩阵 $\boldsymbol{A}$ 施行一系列初等列变换变为 $\boldsymbol{B}$, 则 $\boldsymbol{A}$ 和 $\boldsymbol{B}$ 的列向量组等价, 而 $\boldsymbol{A}$ 的任意 k 个行和 $\boldsymbol{B}$ 的相应的 k 个行有完全相同的线性相关性.

证明 注意到, 对一个矩阵施行初等列变换, 相当于对它的转置矩阵施行相应的初等行变换; 一个向量组和它的转置向量组有完全相同的性质, 所以, 我们只需证明定理的第一部分.

首先证明: 矩阵 $\boldsymbol{A}$ 经过一次初等行变换变为 $\boldsymbol{B}$ 时, $\boldsymbol{A}$ 和 $\boldsymbol{B}$ 的行向量组等价.

设 $\boldsymbol{A}$ 是 $m\times n$ 矩阵, 且其行向量组为 $\boldsymbol{\alpha}_1,\boldsymbol{\alpha}_2,\cdots,\boldsymbol{\alpha}_m$, 则

$$\boldsymbol{A}=\begin{pmatrix}\boldsymbol{\alpha}_1\\\boldsymbol{\alpha}_2\\\vdots\\\boldsymbol{\alpha}_m\end{pmatrix}=\begin{pmatrix}\vdots\\\boldsymbol{\alpha}_i\\\vdots\\\boldsymbol{\alpha}_j\\\vdots\end{pmatrix}.$$

若 $\boldsymbol{B}$ 是对换 $\boldsymbol{A}$ 的某两行, 比如, 第 i 行和第 j 行而得到. 这时

$$\boldsymbol{B}=\begin{pmatrix}\vdots\\ \boldsymbol{\alpha}_j\\ \vdots\\ \boldsymbol{\alpha}_i\\ \vdots\end{pmatrix}.$$

显然, 两个矩阵的行向量组等价.

若 $\boldsymbol{B}$ 是将 $\boldsymbol{A}$ 的某行, 比如, 第 i 行乘常数 c 而得到. 这时, $\boldsymbol{B}$ 的行向量组为 $\boldsymbol{\alpha}_1,\cdots,c\boldsymbol{\alpha}_i,\cdots,\boldsymbol{\alpha}_m$, 显然它也和 $\boldsymbol{A}$ 的行向量组等价.

若 $\boldsymbol{B}$ 是将 $\boldsymbol{A}$ 的第 i 行乘常数 c 加到第 j 行而得到. 这时, $\boldsymbol{B}$ 的行向量组为 $\boldsymbol{\alpha}_1,\cdots,\boldsymbol{\alpha}_i,\cdots,\boldsymbol{\alpha}_j+c\boldsymbol{\alpha}_i,\cdots,\boldsymbol{\alpha}_m$, 由此不难看出两个矩阵的行向量组还是等价的.

以上证明了矩阵 $\boldsymbol{A}$ 经过一次初等行变换变为 $\boldsymbol{B}$ 时, $\boldsymbol{A}$ 和 $\boldsymbol{B}$ 的行向量组等价. 由此知, 经过有限次初等行变换时, 两个矩阵的行向量组还等价.

其次, 再来证明：将矩阵 $\boldsymbol{A}$ 施行一系列初等行变换变为 $\boldsymbol{B}$ 时, $\boldsymbol{A}$ 的任意 k 个列和 $\boldsymbol{B}$ 的相应的 k 个列有相同的线性相关性. 为此, 设 $\boldsymbol{A}$ 和 $\boldsymbol{B}$ 的列向量组分别为 $\boldsymbol{\beta}_1,\boldsymbol{\beta}_2,\cdots,\boldsymbol{\beta}_n$ 和 $\boldsymbol{\gamma}_1,\boldsymbol{\gamma}_2,\cdots,\boldsymbol{\gamma}_n$, 即

$$\boldsymbol{A}=(\boldsymbol{\beta}_1,\boldsymbol{\beta}_2,\cdots,\boldsymbol{\beta}_n),\quad \boldsymbol{B}=(\boldsymbol{\gamma}_1,\boldsymbol{\gamma}_2,\cdots,\boldsymbol{\gamma}_n).$$

因为矩阵 $\boldsymbol{B}$ 是 $\boldsymbol{A}$ 经过初等行变换而得到的, 因此线性方程组

$$\boldsymbol{AX}=\boldsymbol{0}\quad 和\quad \boldsymbol{BX}=\boldsymbol{0}$$

同解, 也即

$$x_1\boldsymbol{\beta}_1+x_2\boldsymbol{\beta}_2+\cdots+x_n\boldsymbol{\beta}_n=\boldsymbol{0}$$

和

$$x_1\boldsymbol{\gamma}_1+x_2\boldsymbol{\gamma}_2+\cdots+x_n\boldsymbol{\gamma}_n=\boldsymbol{0}$$

是同解方程. 任取 $\boldsymbol{A}$ 的 k 个列 $\boldsymbol{\beta}_{i_1},\boldsymbol{\beta}_{i_2},\cdots,\boldsymbol{\beta}_{i_k}$, 此时 $\boldsymbol{B}$ 的相应的 k 个列就为 $\boldsymbol{\gamma}_{i_1}$, $\boldsymbol{\gamma}_{i_2}$, $\cdots$, $\boldsymbol{\gamma}_{i_k}$. 为方便起见, 不失一般性, 现在不妨设所取 $\boldsymbol{A}$ 的 k 个列为 $\boldsymbol{\beta}_1$, $\boldsymbol{\beta}_2,\cdots,\boldsymbol{\beta}_k$, 此时 $\boldsymbol{B}$ 的相应的 k 个列就为 $\boldsymbol{\gamma}_1$, $\boldsymbol{\gamma}_2$, $\cdots$, $\boldsymbol{\gamma}_k$. 于是,

$$\begin{aligned}&x_1\boldsymbol{\beta}_1+x_2\boldsymbol{\beta}_2+\cdots+x_k\boldsymbol{\beta}_k=\boldsymbol{0}\\ \Leftrightarrow\ &x_1\boldsymbol{\beta}_1+x_2\boldsymbol{\beta}_2+\cdots+x_k\boldsymbol{\beta}_k+0\boldsymbol{\beta}_{k+1}+\cdots+0\boldsymbol{\beta}_n=\boldsymbol{0}\\ \Leftrightarrow\ &x_1\boldsymbol{\gamma}_1+x_2\boldsymbol{\gamma}_2+\cdots+x_k\boldsymbol{\gamma}_k+0\boldsymbol{\gamma}_{k+1}+\cdots+0\boldsymbol{\gamma}_n=\boldsymbol{0}\\ \Leftrightarrow\ &x_1\boldsymbol{\gamma}_1+x_2\boldsymbol{\gamma}_2+\cdots+x_k\boldsymbol{\gamma}_k=\boldsymbol{0}.\end{aligned}$$

这表明, 若 $\boldsymbol{\beta}_1,\boldsymbol{\beta}_2,\cdots,\boldsymbol{\beta}_k$ 线性相关, 则 $\gamma_1,\gamma_2,\cdots,\gamma_k$ 也线性相关; 若 $\boldsymbol{\beta}_1,\boldsymbol{\beta}_2,\cdots,\boldsymbol{\beta}_k$ 线性无关, 则 $\gamma_1,\gamma_2,\cdots,\gamma_k$ 也线性无关. 故 $\boldsymbol{\beta}_1,\boldsymbol{\beta}_2,\cdots,\boldsymbol{\beta}_k$ 与 $\gamma_1,\gamma_2,\cdots,\gamma_k$ 有相同的线性相关性. ■

推论 3.4.3 矩阵的初等变换不改变矩阵的行秩和列秩.

设 $\boldsymbol{A}$ 是 $m\times n$ 矩阵, 且 $R(\boldsymbol{A})=r$, 则 $\boldsymbol{A}$ 的标准形

$$\boldsymbol{F}=\begin{pmatrix}\boldsymbol{E}_r & \boldsymbol{O}\\ \boldsymbol{O} & \boldsymbol{O}\end{pmatrix}.$$

显然, $\boldsymbol{F}$ 的行秩和列秩相等, 都等于 $\boldsymbol{A}$ 的秩 r. 但初等变换不改变矩阵的秩, 也不改变矩阵的行秩和列秩, 所以我们有下面的定理.

定理 3.4.2 矩阵的行秩和列秩相等, 都等于矩阵的秩.

定理 3.4.1 给出了一种求向量组极大线性无关组的方法: 若要求行向量组 $\boldsymbol{\alpha}_1,\cdots,\boldsymbol{\alpha}_s$ 的极大线性无关组, 则只需将矩阵

$$\begin{pmatrix}\boldsymbol{\alpha}_1\\ \boldsymbol{\alpha}_2\\ \vdots\\ \boldsymbol{\alpha}_s\end{pmatrix}$$

进行初等列变换; 而要求列向量组 $\boldsymbol{\beta}_1,\boldsymbol{\beta}_2,\cdots,\boldsymbol{\beta}_t$ 的极大线性无关组, 则只需将矩阵

$$(\boldsymbol{\beta}_1,\boldsymbol{\beta}_2,\cdots,\boldsymbol{\beta}_t)$$

进行初等行变换. 然后再根据变换以后矩阵的行 (列) 向量组的极大线性无关组的构成而找到原向量组的极大线性无关组.

例 3.4.3 求向量组

$$\boldsymbol{\alpha}_1=\begin{pmatrix}2\\1\\4\\3\end{pmatrix},\ \boldsymbol{\alpha}_2=\begin{pmatrix}1\\1\\2\\6\end{pmatrix},\ \boldsymbol{\alpha}_3=\begin{pmatrix}-1\\-2\\2\\-9\end{pmatrix},\ \boldsymbol{\alpha}_4=\begin{pmatrix}1\\1\\-2\\0\end{pmatrix},\ \boldsymbol{\alpha}_5=\begin{pmatrix}9\\4\\18\\9\end{pmatrix}$$

的秩和极大线性无关组, 并用所找到的极大线性无关组将其余的向量线性表出.

解 设

$$\boldsymbol{A}=\begin{pmatrix}2 & 1 & -1 & 1 & 9\\ 1 & 1 & -2 & 1 & 4\\ 4 & 2 & 2 & -2 & 18\\ 3 & 6 & -9 & 0 & 9\end{pmatrix},$$

将 $\boldsymbol{A}$ 只进行初等行变换：

$$\boldsymbol{A}\xrightarrow{\text{对换第一行和第二行}}\begin{pmatrix}1&1&-2&1&4\\2&1&-1&1&9\\4&2&2&-2&18\\3&6&-9&0&9\end{pmatrix}$$

$$\xrightarrow[\text{加到第二行, 第三行, 第四行}]{\text{第一行的 }-2,-4,-3\text{ 倍分别}}\begin{pmatrix}1&1&-2&1&4\\0&-1&3&-1&1\\0&-2&10&-6&2\\0&3&-3&-3&-3\end{pmatrix}$$

$$\xrightarrow[\text{加到第三行和第四行}]{\text{第二行的 }-2,\ 3\text{ 倍分别}}\begin{pmatrix}1&1&-2&1&4\\0&-1&3&-1&1\\0&0&4&-4&0\\0&0&6&-6&0\end{pmatrix}$$

$$\xrightarrow{\text{第三行乘 }1/4}\begin{pmatrix}1&1&-2&1&4\\0&-1&3&-1&1\\0&0&1&-1&0\\0&0&6&-6&0\end{pmatrix}$$

$$\xrightarrow[\text{加到第四行}]{\text{第三行的 }-6\text{ 倍}}\begin{pmatrix}1&1&-2&1&4\\0&-1&3&-1&1\\0&0&1&-1&0\\0&0&0&0&0\end{pmatrix}=\boldsymbol{B}.$$

现在不难看出, 矩阵 $\boldsymbol{B}$ 的秩是 3, 因此 $\boldsymbol{B}$ 的列秩也是 3, 这就是说 $\boldsymbol{A}$ 的列向量组的极大线性无关组含有 3 个向量. 又显然 $\boldsymbol{B}$ 的第一、第二、第三列线性无关, 于是根据定理 3.4.1, $\boldsymbol{\alpha}_1,\boldsymbol{\alpha}_2,\boldsymbol{\alpha}_3$ 也线性无关, 进而知它们就是所找的极大线性无关组.

此外, $\boldsymbol{\alpha}_1,\boldsymbol{\alpha}_2,\boldsymbol{\alpha}_4$ 以及 $\boldsymbol{\alpha}_1,\boldsymbol{\alpha}_3,\boldsymbol{\alpha}_5$ 等都是极大线性无关组.

为了把 $\boldsymbol{\alpha}_4$ 和 $\boldsymbol{\alpha}_5$ 用极大线性无关组 $\boldsymbol{\alpha}_1,\boldsymbol{\alpha}_2,\boldsymbol{\alpha}_3$ 线性表出, 将 $\boldsymbol{B}$ 继续进行初等行变换：

$$\boldsymbol{B}\xrightarrow[\text{加到第二行, 第一行}]{\text{第三行的 }-3,2\text{ 倍分别}}\begin{pmatrix}1&1&0&-1&4\\0&-1&0&2&1\\0&0&1&-1&0\\0&0&0&0&0\end{pmatrix}$$

$$\xrightarrow{\text{第二行加到第一行}} \begin{pmatrix} 1 & 0 & 0 & 1 & 5 \\ 0 & -1 & 0 & 2 & 1 \\ 0 & 0 & 1 & -1 & 0 \\ 0 & 0 & 0 & 0 & 0 \end{pmatrix} = \boldsymbol{C},$$

记 $\boldsymbol{C}$ 的列向量组为 $\boldsymbol{\beta}_1,\boldsymbol{\beta}_2,\boldsymbol{\beta}_3,\boldsymbol{\beta}_4,\boldsymbol{\beta}_5$. 由于方程组 $\boldsymbol{AX}=\boldsymbol{0}$ 与 $\boldsymbol{CX}=\boldsymbol{0}$ 同解, 即方程组

$$x_1\boldsymbol{\alpha}_1+x_2\boldsymbol{\alpha}_2+x_3\boldsymbol{\alpha}_3+x_4\boldsymbol{\alpha}_4+x_5\boldsymbol{\alpha}_5=\boldsymbol{0}$$

与

$$x_1\boldsymbol{\beta}_1+x_2\boldsymbol{\beta}_2+x_3\boldsymbol{\beta}_3+x_4\boldsymbol{\beta}_4+x_5\boldsymbol{\beta}_5=\boldsymbol{0}$$

同解, 所以向量组 $\boldsymbol{\alpha}_1,\boldsymbol{\alpha}_2,\boldsymbol{\alpha}_3,\boldsymbol{\alpha}_4,\boldsymbol{\alpha}_5$ 与 $\boldsymbol{\beta}_1,\boldsymbol{\beta}_2,\boldsymbol{\beta}_3,\boldsymbol{\beta}_4,\boldsymbol{\beta}_5$ 有完全相同的线性关系. 又注意到,

$$\boldsymbol{\beta}_4=\boldsymbol{\beta}_1-2\boldsymbol{\beta}_2-\boldsymbol{\beta}_3,\quad \boldsymbol{\beta}_5=5\boldsymbol{\beta}_1-\boldsymbol{\beta}_2,$$

故有

$$\boldsymbol{\alpha}_4=\boldsymbol{\alpha}_1-2\boldsymbol{\alpha}_2-\boldsymbol{\alpha}_3,\quad \boldsymbol{\alpha}_5=5\boldsymbol{\alpha}_1-\boldsymbol{\alpha}_2.$$

例3.4.4 证明：向量组

$$\boldsymbol{\alpha}_1=\begin{pmatrix}1\\-1\\1\end{pmatrix},\ \boldsymbol{\alpha}_2=\begin{pmatrix}3\\1\\1\end{pmatrix},\ \boldsymbol{\alpha}_3=\begin{pmatrix}-1\\-3\\1\end{pmatrix}\quad \text{与}\quad \boldsymbol{\beta}_1=\begin{pmatrix}2\\0\\1\end{pmatrix},\ \boldsymbol{\beta}_2=\begin{pmatrix}1\\1\\0\end{pmatrix}$$

等价.

证明 记矩阵 $\boldsymbol{A}=(\boldsymbol{\alpha}_1,\boldsymbol{\alpha}_2,\boldsymbol{\alpha}_3)$, $\boldsymbol{B}=(\boldsymbol{\beta}_1,\boldsymbol{\beta}_2)$. 把矩阵 $(\boldsymbol{A},\boldsymbol{B})$ 只实施初等行变换：

$$(\boldsymbol{A},\boldsymbol{B})=\begin{pmatrix} 1 & 3 & -1 & 2 & 1 \\ -1 & 1 & -3 & 0 & 1 \\ 1 & 1 & 1 & 1 & 0 \end{pmatrix} \longrightarrow \begin{pmatrix} 1 & 3 & -1 & 2 & 1 \\ 0 & 4 & -4 & 2 & 2 \\ 0 & -2 & 2 & -1 & -1 \end{pmatrix}$$

$$\longrightarrow \begin{pmatrix} 1 & 3 & -1 & 2 & 1 \\ 0 & 2 & -2 & 1 & 1 \\ 0 & 0 & 0 & 0 & 0 \end{pmatrix}.$$

容易看出, $R(\boldsymbol{B})=R(\boldsymbol{A},\boldsymbol{B})=2$. 又显然, $R(\boldsymbol{A})\geqslant 2$, 但 $R(\boldsymbol{A})\leqslant R(\boldsymbol{A},\boldsymbol{B})$, 所以 $R(\boldsymbol{A})=2$. 由此得 $R(\boldsymbol{A})=R(\boldsymbol{B})=R(\boldsymbol{A},\boldsymbol{B})=2$, 这就是说, 向量组 $\boldsymbol{\alpha}_1,\boldsymbol{\alpha}_2,\boldsymbol{\alpha}_3$ 以及向量组 $\boldsymbol{\beta}_1,\boldsymbol{\beta}_2$ 和向量组 $\boldsymbol{\alpha}_1,\boldsymbol{\alpha}_2,\boldsymbol{\alpha}_3,\boldsymbol{\beta}_1,\boldsymbol{\beta}_2$ 有相同的秩, 故 $\boldsymbol{\alpha}_1,\boldsymbol{\alpha}_2,\boldsymbol{\alpha}_3$ 与 $\boldsymbol{\beta}_1,\boldsymbol{\beta}_2$ 等价. ∎

例3.4.5 设 $\boldsymbol{A}$ 和 $\boldsymbol{B}$ 分别是 $m\times k$ 和 $k\times n$ 矩阵, 证明: $R(\boldsymbol{AB})\leqslant\min\{R(\boldsymbol{A}),R(\boldsymbol{B})\}$.

证明 设 $\boldsymbol{A}=(a_{ij})_{m\times k}$, $\boldsymbol{B}=(b_{ij})_{k\times n}$, 并设 $\boldsymbol{A}$ 的列向量组为 $\boldsymbol{\alpha}_1,\boldsymbol{\alpha}_2,\cdots,\boldsymbol{\alpha}_k$, 而 $\boldsymbol{B}$ 的行向量组为 $\boldsymbol{\beta}_1,\boldsymbol{\beta}_2,\cdots,\boldsymbol{\beta}_k$, 即

$$\boldsymbol{A}=(\boldsymbol{\alpha}_1,\boldsymbol{\alpha}_2,\cdots,\boldsymbol{\alpha}_k),\quad \boldsymbol{B}=\begin{pmatrix}\boldsymbol{\beta}_1\\ \boldsymbol{\beta}_2\\ \vdots\\ \boldsymbol{\beta}_k\end{pmatrix},$$

那么

$$\boldsymbol{AB}=\begin{pmatrix}a_{11}&a_{12}&\cdots&a_{1k}\\ a_{21}&a_{22}&\cdots&a_{2k}\\ \vdots&\vdots&&\vdots\\ a_{m1}&a_{m2}&\cdots&a_{mk}\end{pmatrix}\begin{pmatrix}\boldsymbol{\beta}_1\\ \boldsymbol{\beta}_2\\ \vdots\\ \boldsymbol{\beta}_k\end{pmatrix}$$

$$=\begin{pmatrix}a_{11}\boldsymbol{\beta}_1+a_{12}\boldsymbol{\beta}_2+\cdots+a_{1k}\boldsymbol{\beta}_k\\ a_{21}\boldsymbol{\beta}_1+a_{22}\boldsymbol{\beta}_2+\cdots+a_{2k}\boldsymbol{\beta}_k\\ \vdots\\ a_{m1}\boldsymbol{\beta}_1+a_{m2}\boldsymbol{\beta}_2+\cdots+a_{mk}\boldsymbol{\beta}_k\end{pmatrix}.$$

这说明 $\boldsymbol{AB}$ 的行向量组可被 $\boldsymbol{B}$ 的行向量组线性表出, 因此根据推论 3.4.2 和定理 3.4.2 即可得 $R(\boldsymbol{AB})\leqslant R(\boldsymbol{B})$.

完全类似, 又由

$$\boldsymbol{AB}=(\boldsymbol{\alpha}_1,\boldsymbol{\alpha}_2,\cdots,\boldsymbol{\alpha}_k)\begin{pmatrix}b_{11}&b_{12}&\cdots&b_{1n}\\ b_{21}&b_{22}&\cdots&b_{2n}\\ \vdots&\vdots&&\vdots\\ b_{k1}&b_{k2}&\cdots&b_{kn}\end{pmatrix}$$

$$=\left(\sum_{i=1}^{k}b_{i1}\boldsymbol{\alpha}_i,\sum_{i=1}^{k}b_{i2}\boldsymbol{\alpha}_i,\cdots,\sum_{i=1}^{k}b_{in}\boldsymbol{\alpha}_i\right)$$

可知, $\boldsymbol{AB}$ 的列向量组可被 $\boldsymbol{A}$ 的列向量组线性表出. 所以 $R(\boldsymbol{AB})\leqslant R(\boldsymbol{A})$. 故 $R(\boldsymbol{AB})\leqslant\min\{R(\boldsymbol{A}),R(\boldsymbol{B})\}$. ■

由定理 3.4.2 还可得下列推论.

推论3.4.4 n 阶方阵 $\boldsymbol{A}$ 可逆的充分必要条件是 $\boldsymbol{A}$ 的行 (列) 向量组线性无关.

证明 因为当 $\boldsymbol{A}$ 可逆时, $|\boldsymbol{A}| \neq 0$, 因此 $R(\boldsymbol{A}) = n$. 进而 $\boldsymbol{A}$ 的行 (列) 秩为 n, 故其行 (列) 向量组线性无关. 反之, 当 $\boldsymbol{A}$ 的行 (列) 向量组线性无关时, 则 $R(\boldsymbol{A}) = n$, 因此, $|\boldsymbol{A}| \neq 0$, 即 $\boldsymbol{A}$ 可逆. ■

推论 3.4.5 设 $\boldsymbol{A}$ 为 n 阶方阵, 则齐次线性方程组 $\boldsymbol{AX} = \boldsymbol{0}$ 有非零解的充分必要条件是 $|\boldsymbol{A}| = 0$.

证明 若 $\boldsymbol{AX} = \boldsymbol{0}$ 有非零解, 则 $\boldsymbol{A}$ 的列向量组线性相关, 因此 $R(\boldsymbol{A}) < n$, 进而 $|\boldsymbol{A}| = 0$. 反之, 若 $|\boldsymbol{A}| = 0$, 则 $R(\boldsymbol{A}) < n$, 进而 $\boldsymbol{A}$ 的列向量组线性相关, 所以 $\boldsymbol{AX} = \boldsymbol{0}$ 有非零解. ■

推论 3.4.6 设 $s \leqslant n$, 则 s 个 n 维行向量 $\boldsymbol{\alpha}_1, \boldsymbol{\alpha}_2, \cdots, \boldsymbol{\alpha}_s$ 线性无关的充分必要条件是矩阵

$$\boldsymbol{A} = \begin{pmatrix} \boldsymbol{\alpha}_1 \\ \boldsymbol{\alpha}_2 \\ \vdots \\ \boldsymbol{\alpha}_s \end{pmatrix} \tag{3.9}$$

有一个不等于零的 s 阶子式.

证明 设 $\boldsymbol{\alpha}_1, \boldsymbol{\alpha}_2, \cdots, \boldsymbol{\alpha}_s$ 线性无关, 则 $\boldsymbol{A}$ 的行秩为 s, 因而 $R(\boldsymbol{A}) = s$, 因此 $\boldsymbol{A}$ 有一个不等于零的 s 阶子式. 反之, 若 $\boldsymbol{A}$ 有一个不等于零的 s 阶子式, 则 $R(\boldsymbol{A}) = s$(因为 $\boldsymbol{A}$ 没有阶数高于 s 的子式), 因而 $\boldsymbol{A}$ 的行秩也为 s, 故 $\boldsymbol{\alpha}_1, \boldsymbol{\alpha}_2, \cdots, \boldsymbol{\alpha}_s$ 线性无关. ■

显然, 这个推论对列向量组也成立, 只是注意由列向量组构造矩阵时有所不同就行了.

推论 3.4.6 的等价叙述是：$s \leqslant n$ 时, s 个 n 维行向量 $\boldsymbol{\alpha}_1, \boldsymbol{\alpha}_2, \cdots, \boldsymbol{\alpha}_s$ 线性相关的充分必要条件是矩阵 (3.9) 没有不等于零的 s 阶子式. 注意到, 若 $s > n$, 则 $\boldsymbol{\alpha}_1, \boldsymbol{\alpha}_2, \cdots, \boldsymbol{\alpha}_s$ 必线性相关 (推论 3.3.3); 反之, 若 $\boldsymbol{\alpha}_1, \boldsymbol{\alpha}_2, \cdots, \boldsymbol{\alpha}_s$ 线性相关, 则显然, (3.9) 没有不等于零的 s 阶子式. 因此又有下面的推论.

推论 3.4.7 s 个 n 维行向量 $\boldsymbol{\alpha}_1, \boldsymbol{\alpha}_2, \cdots, \boldsymbol{\alpha}_s$ 线性相关的充分必要条件是矩阵 (3.9) 没有不等于零的 s 阶子式.

推论 3.4.8 设 $\boldsymbol{A}$ 为 $m \times n$ 矩阵. 若 D 是 $\boldsymbol{A}$ 的不为零的 s 阶子式, 则 $\boldsymbol{A}$ 中 D 所在的行 (列) 向量组线性无关. 反之, 若 $\boldsymbol{A}$ 的某 s 个行 (列) 向量线性无关, 则 $\boldsymbol{A}$ 必有一个不为零的 s 阶子式 D, 使得 D 所在的行 (列) 向量组恰好就是这 s 个行 (列) 向量.

习 题 3

1. 举例说明下列结论是错误的：

(1) 若向量组 $\boldsymbol{\alpha}_1, \boldsymbol{\alpha}_2, \cdots, \boldsymbol{\alpha}_m$ 线性相关, 则 $\boldsymbol{\alpha}_1$ 可被 $\boldsymbol{\alpha}_2, \boldsymbol{\alpha}_3, \cdots, \boldsymbol{\alpha}_m$ 线性表出.

(2) 若存在不全为零的数 $k_1, k_2, \cdots, k_m$ 使得

$$k_1\boldsymbol{\alpha}_1 + k_2\boldsymbol{\alpha}_2 + \cdots + k_m\boldsymbol{\alpha}_m + k_1\boldsymbol{\beta}_1 + k_2\boldsymbol{\beta}_2 + \cdots + k_m\boldsymbol{\beta}_m = \mathbf{0}$$

成立, 则向量组 $\boldsymbol{\alpha}_1, \boldsymbol{\alpha}_2, \cdots, \boldsymbol{\alpha}_m$ 线性相关, 向量组 $\boldsymbol{\beta}_1, \boldsymbol{\beta}_2, \cdots, \boldsymbol{\beta}_m$ 也线性相关.

(3) 若只有当 $k_1, k_2, \cdots, k_m$ 全为零时, 才有

$$k_1\boldsymbol{\alpha}_1 + k_2\boldsymbol{\alpha}_2 + \cdots + k_m\boldsymbol{\alpha}_m + k_1\boldsymbol{\beta}_1 + k_2\boldsymbol{\beta}_2 + \cdots + k_m\boldsymbol{\beta}_m = \mathbf{0}$$

成立, 则向量组 $\boldsymbol{\alpha}_1, \boldsymbol{\alpha}_2, \cdots, \boldsymbol{\alpha}_m$ 线性无关, 向量组 $\boldsymbol{\beta}_1, \boldsymbol{\beta}_2, \cdots, \boldsymbol{\beta}_m$ 也线性无关.

(4) 若向量组 $\boldsymbol{\alpha}_1, \boldsymbol{\alpha}_2, \cdots, \boldsymbol{\alpha}_m$ 线性相关, 向量组 $\boldsymbol{\beta}_1, \boldsymbol{\beta}_2, \cdots, \boldsymbol{\beta}_m$ 也线性相关, 则存在不全为零的数 $k_1, k_2, \cdots, k_m$ 使得

$$k_1\boldsymbol{\alpha}_1 + k_2\boldsymbol{\alpha}_2 + \cdots + k_m\boldsymbol{\alpha}_m = \mathbf{0} \quad 和 \quad k_1\boldsymbol{\beta}_1 + k_2\boldsymbol{\beta}_2 + \cdots + k_m\boldsymbol{\beta}_m = \mathbf{0}$$

同时成立.

2. 设 $\boldsymbol{\alpha}_1, \boldsymbol{\alpha}_2, \cdots, \boldsymbol{\alpha}_s$ 为 n 维列向量, $\boldsymbol{A}$ 是 $m \times n$ 矩阵. 证明: 若 $\boldsymbol{\alpha}_1, \boldsymbol{\alpha}_2, \cdots, \boldsymbol{\alpha}_s$ 线性相关, 则 $\boldsymbol{A}\boldsymbol{\alpha}_1, \boldsymbol{A}\boldsymbol{\alpha}_2, \cdots, \boldsymbol{A}\boldsymbol{\alpha}_s$ 也线性相关.

3. 设向量组 $\boldsymbol{\alpha}_1, \boldsymbol{\alpha}_2, \boldsymbol{\alpha}_3, \boldsymbol{\alpha}_4$ 线性无关, 而 $\boldsymbol{\beta}_1 = \boldsymbol{\alpha}_1 + \boldsymbol{\alpha}_2$, $\boldsymbol{\beta}_2 = \boldsymbol{\alpha}_2 + \boldsymbol{\alpha}_3$, $\boldsymbol{\beta}_3 = \boldsymbol{\alpha}_3 + \boldsymbol{\alpha}_4$, $\boldsymbol{\beta}_4 = \boldsymbol{\alpha}_4 - \boldsymbol{\alpha}_1$, 证明向量组 $\boldsymbol{\beta}_1, \boldsymbol{\beta}_2, \boldsymbol{\beta}_3, \boldsymbol{\beta}_4$ 线性无关.

4. 设向量组 $\boldsymbol{\alpha}_1, \boldsymbol{\alpha}_2, \cdots, \boldsymbol{\alpha}_r$ 线性无关, 而 $\boldsymbol{\beta}_1 = \boldsymbol{\alpha}_1$, $\boldsymbol{\beta}_2 = \boldsymbol{\alpha}_1 + \boldsymbol{\alpha}_2$, $\boldsymbol{\beta}_3 = \boldsymbol{\alpha}_1 + \boldsymbol{\alpha}_2 + \boldsymbol{\alpha}_3$, $\cdots$, $\boldsymbol{\beta}_r = \boldsymbol{\alpha}_1 + \boldsymbol{\alpha}_2 + \cdots + \boldsymbol{\alpha}_r$, 证明向量组 $\boldsymbol{\beta}_1, \boldsymbol{\beta}_2, \cdots, \boldsymbol{\beta}_r$ 线性无关.

5. 设 n 维单位向量 $\boldsymbol{\varepsilon}_1, \boldsymbol{\varepsilon}_2, \cdots, \boldsymbol{\varepsilon}_n$ 可被 n 维向量组 $\boldsymbol{\alpha}_1, \boldsymbol{\alpha}_2, \cdots, \boldsymbol{\alpha}_n$ 线性表出, 证明 $\boldsymbol{\alpha}_1, \boldsymbol{\alpha}_2, \cdots, \boldsymbol{\alpha}_n$ 线性无关.

6. 证明: n 维向量组 $\boldsymbol{\alpha}_1, \boldsymbol{\alpha}_2, \cdots, \boldsymbol{\alpha}_n$ 线性无关的充分必要条件是任意一个 n 维向量可以被它们线性表出.

7. $\boldsymbol{A}$ 为 n 阶方阵, $\boldsymbol{\xi}$ 为 n 维列向量, k 为正整数, 且 $\boldsymbol{A}^k\boldsymbol{\xi} = \mathbf{0}$, 但 $\boldsymbol{A}^{k-1}\boldsymbol{\xi} \neq \mathbf{0}$. 证明向量组 $\boldsymbol{\xi}$, $\boldsymbol{A}\boldsymbol{\xi}$, $\boldsymbol{A}^2\boldsymbol{\xi}$, $\cdots$, $\boldsymbol{A}^{k-1}\boldsymbol{\xi}$ 线性无关.

8. 设向量组 $\boldsymbol{\alpha}_1, \boldsymbol{\alpha}_2, \cdots, \boldsymbol{\alpha}_s$ 的秩为 r_1, 向量组 $\boldsymbol{\beta}_1$, $\boldsymbol{\beta}_2$, $\cdots$, $\boldsymbol{\beta}_t$ 的秩为 r_2, 而向量组 $\boldsymbol{\alpha}_1$, $\boldsymbol{\alpha}_2$, $\cdots$, $\boldsymbol{\alpha}_s$, $\boldsymbol{\beta}_1$, $\boldsymbol{\beta}_2$, $\cdots$, $\boldsymbol{\beta}_t$ 的秩为 r_3, 证明

$$\max\{r_1, r_2\} \leqslant r_3 \leqslant r_1 + r_2.$$

9. 设 $\boldsymbol{A}$ 是 $n \times m$ 矩阵, $\boldsymbol{B}$ 是 $m \times n$ 矩阵, 且 $n < m$, 若 $\boldsymbol{AB} = \boldsymbol{E}$, 证明 $\boldsymbol{B}$ 的列向量组线性无关.

10. 已知向量组 (Ⅰ): $\boldsymbol{\alpha}_1, \boldsymbol{\alpha}_2, \boldsymbol{\alpha}_3, \boldsymbol{\alpha}_4$; (Ⅱ): $\boldsymbol{\alpha}_1, \boldsymbol{\alpha}_2, \boldsymbol{\alpha}_3, \boldsymbol{\alpha}_5$. 如果两个向量组的秩分别为 R(Ⅰ) $= 3$, R(Ⅱ) $= 4$, 证明向量组 $\boldsymbol{\alpha}_1, \boldsymbol{\alpha}_2, \boldsymbol{\alpha}_3, \boldsymbol{\alpha}_4 - \boldsymbol{\alpha}_5$ 的秩为 4.

11. 设有向量组 (Ⅰ): $\boldsymbol{\alpha}_1 = (1, 0, 2)'$, $\boldsymbol{\alpha}_2 = (1, 1, 3)'$, $\boldsymbol{\alpha}_3 = (1, -1, a+2)'$ 和向量组 (Ⅱ): $\boldsymbol{\beta}_1 = (1, 2, a+3)'$, $\boldsymbol{\beta}_2 = (2, 1, a+6)'$, $\boldsymbol{\beta}_3 = (2, 1, a+4)'$. 试问: 当 a 为何值时, 向量组 (Ⅰ) 与 (Ⅱ) 等价? 当 a 为何值时, 向量组 (Ⅰ) 与 (Ⅱ) 不等价?

12. 求下列向量组的秩, 并求一个极大线性无关组:

(1) $\boldsymbol{\alpha}_1=(1,2,1,2)$, $\boldsymbol{\alpha}_2=(-4,1,5,6)$, $\boldsymbol{\alpha}_3=(-1,3,4,7)$;

(2) $\boldsymbol{\alpha}_1=\begin{pmatrix}1\\2\\-1\\4\end{pmatrix}$, $\boldsymbol{\alpha}_2=\begin{pmatrix}9\\100\\10\\4\end{pmatrix}$, $\boldsymbol{\alpha}_3=\begin{pmatrix}-2\\-4\\2\\-8\end{pmatrix}$.

13. 设 $\boldsymbol{\alpha}_1=(1+a,1,1,1)'$, $\boldsymbol{\alpha}_2=(2,2+a,2,2)'$, $\boldsymbol{\alpha}_3=(3,3,3+a,3)'$, $\boldsymbol{\alpha}_4=(4,4,4,4+a)'$, 问 a 为何值时, $\boldsymbol{\alpha}_1,\boldsymbol{\alpha}_2,\boldsymbol{\alpha}_3,\boldsymbol{\alpha}_4$ 线性相关? 当 $\boldsymbol{\alpha}_1,\boldsymbol{\alpha}_2,\boldsymbol{\alpha}_3,\boldsymbol{\alpha}_4$ 线性相关时, 求其一个极大线性无关组, 并用此极大线性无关组将其余向量线性表出.

14. 设

$$\boldsymbol{A}=\begin{pmatrix}1&2&-2\\4&t&3\\3&-1&1\end{pmatrix},$$

$\boldsymbol{B}$ 为三阶非零矩阵, 且 $\boldsymbol{AB}=\boldsymbol{O}$, 求 t 的值.

15. 设 $\boldsymbol{A}$ 是 $m\times n$ 矩阵, $\boldsymbol{B}$ 是 $n\times m$ 矩阵. 证明: 当 $n<m$ 时, $|\boldsymbol{AB}|=0$.

16. 设 $\boldsymbol{A}$, $\boldsymbol{B}$ 为任意同型矩阵, 证明:

$$R(\boldsymbol{A}+\boldsymbol{B})\leqslant R(\boldsymbol{A})+R(\boldsymbol{B}).$$

17. 设列向量组 $\boldsymbol{\alpha}_1,\boldsymbol{\alpha}_2,\cdots,\boldsymbol{\alpha}_s$ 能由向量组 $\boldsymbol{\beta}_1,\boldsymbol{\beta}_2,\cdots,\boldsymbol{\beta}_t$ 线性表出, 且

$$(\boldsymbol{\alpha}_1,\boldsymbol{\alpha}_2,\cdots,\boldsymbol{\alpha}_s)=(\boldsymbol{\beta}_1,\boldsymbol{\beta}_2,\cdots,\boldsymbol{\beta}_t)\boldsymbol{K},$$

其中 $\boldsymbol{K}$ 是 $t\times s$ 矩阵. 证明: 若 $\boldsymbol{\beta}_1,\boldsymbol{\beta}_2,\cdots,\boldsymbol{\beta}_t$ 线性无关, 则 $\boldsymbol{\alpha}_1,\boldsymbol{\alpha}_2,\cdots,\boldsymbol{\alpha}_s$ 线性无关的充分必要条件是 $R(\boldsymbol{K})=s$.

18. 设 n 维列向量组 $\boldsymbol{\alpha}_1,\boldsymbol{\alpha}_2,\cdots,\boldsymbol{\alpha}_m$ $(m<n)$ 线性无关. 证明: n 维列向量组 $\boldsymbol{\beta}_1,\boldsymbol{\beta}_2,\cdots,\boldsymbol{\beta}_m$ 线性无关的充分必要条件是矩阵 $\boldsymbol{A}=(\boldsymbol{\alpha}_1,\boldsymbol{\alpha}_2,\cdots,\boldsymbol{\alpha}_m)$ 和矩阵 $\boldsymbol{B}=(\boldsymbol{\beta}_1,\boldsymbol{\beta}_2,\cdots,\boldsymbol{\beta}_m)$ 等价.

19. 设向量组 $\boldsymbol{\alpha}_1,\boldsymbol{\alpha}_2,\cdots,\boldsymbol{\alpha}_s$ 和 $\boldsymbol{\beta}_1,\boldsymbol{\beta}_2,\cdots,\boldsymbol{\beta}_s$ 满足

$$\begin{cases}\boldsymbol{\beta}_1=\boldsymbol{\alpha}_2+\boldsymbol{\alpha}_3+\boldsymbol{\alpha}_4+\cdots+\boldsymbol{\alpha}_s,\\ \boldsymbol{\beta}_2=\boldsymbol{\alpha}_1+\boldsymbol{\alpha}_3+\boldsymbol{\alpha}_4+\cdots+\boldsymbol{\alpha}_s,\\ \cdots\cdots\\ \boldsymbol{\beta}_s=\boldsymbol{\alpha}_1+\boldsymbol{\alpha}_2+\boldsymbol{\alpha}_3+\cdots+\boldsymbol{\alpha}_{s-1},\end{cases}$$

证明向量组 $\boldsymbol{\alpha}_1,\boldsymbol{\alpha}_2,\cdots,\boldsymbol{\alpha}_s$ 与 $\boldsymbol{\beta}_1,\boldsymbol{\beta}_2,\cdots,\boldsymbol{\beta}_s$ 等价.

20. 设向量 $\boldsymbol{\beta}$ 可以被向量组 $\boldsymbol{\alpha}_1,\boldsymbol{\alpha}_2,\cdots,\boldsymbol{\alpha}_s$ 线性表出, 证明: $\boldsymbol{\alpha}_1,\boldsymbol{\alpha}_2,\cdots,\boldsymbol{\alpha}_s$ 线性无关的充分必要条件是表出系数唯一.

第 4 章 线性方程组的解

在第 1 章里我们初步研究了线性方程组的解. 当线性方程组的方程个数等于变量个数且方程组的系数行列式不等于零时, 我们可以用克拉默法则将方程组的解求出. 但是, 如果一个线性方程组的系数行列式等于零, 又该怎么办? 此外, 在实际问题中还会碰到方程的个数不等于变量个数的方程组, 那这样的方程组究竟是否有解? 有多少解? 这就是本章讨论的主要问题. 我们将用矩阵和向量作为工具对上述问题作出完整的解答.

4.1 线性方程组有解的条件

这一节主要讨论线性方程组

$$\begin{cases} a_{11}x_1 + a_{12}x_2 + \cdots + a_{1n}x_n = b_1, \\ a_{21}x_1 + a_{22}x_2 + \cdots + a_{2n}x_n = b_2, \\ \cdots\cdots \\ a_{m1}x_1 + a_{m2}x_2 + \cdots + a_{mn}x_n = b_m \end{cases} \tag{4.1}$$

是否有解的问题. 也就是要弄清上述线性方程组什么时候有解? 什么时候无解?

在 3.2 节中曾经提到过, 线性方程组 (4.1) 有解的充分必要条件是向量

$$\boldsymbol{\beta} = \begin{pmatrix} b_1 \\ b_2 \\ \vdots \\ b_m \end{pmatrix}$$

可以被方程组 (4.1) 的系数矩阵

$$\boldsymbol{A} = \begin{pmatrix} a_{11} & a_{12} & \cdots & a_{1n} \\ a_{21} & a_{22} & \cdots & a_{2n} \\ \vdots & \vdots & & \vdots \\ a_{m1} & a_{m2} & \cdots & a_{mn} \end{pmatrix}$$

的列向量组

$$\boldsymbol{\alpha}_1=\begin{pmatrix}a_{11}\\a_{21}\\\vdots\\a_{m1}\end{pmatrix},\quad \boldsymbol{\alpha}_2=\begin{pmatrix}a_{12}\\a_{22}\\\vdots\\a_{m2}\end{pmatrix},\quad \cdots,\quad \boldsymbol{\alpha}_n=\begin{pmatrix}a_{1n}\\a_{2n}\\\vdots\\a_{mn}\end{pmatrix}$$

线性表出. 这样看来, 线性方程组 (4.1) 是否有解还和矩阵

$$\widetilde{\boldsymbol{A}}=\begin{pmatrix}a_{11}&a_{12}&\cdots&a_{1n}&b_1\\a_{21}&a_{22}&\cdots&a_{2n}&b_2\\\vdots&\vdots&&\vdots&\vdots\\a_{m1}&a_{m2}&\cdots&a_{mn}&b_m\end{pmatrix}=(\boldsymbol{A},\boldsymbol{\beta})$$

密切相关. 矩阵 $\widetilde{\boldsymbol{A}}$ 通常称为线性方程组 (4.1) 的**增广矩阵**.

我们还知道, 线性方程组 (4.1) 还可以等价地写为向量方程

$$x_1\boldsymbol{\alpha}_1+x_2\boldsymbol{\alpha}_2+\cdots+x_n\boldsymbol{\alpha}_n=\boldsymbol{\beta}. \tag{4.2}$$

这就是说, 一组数 $k_1,k_2,\cdots,k_n$ 满足方程组 (4.1) 的充分必要条件是它们满足向量方程 (4.2).

定理 4.1.1 关于线性方程组 (4.1) 的解有下列结论:

(1) 若系数矩阵的秩等于增广矩阵的秩且等于 n, 即 $R(\boldsymbol{A})=R(\widetilde{\boldsymbol{A}})=n$, 则线性方程组有唯一解;

(2) 若系数矩阵的秩等于增广矩阵的秩但小于 n, 即 $R(\boldsymbol{A})=R(\widetilde{\boldsymbol{A}})<n$, 则线性方程组有无穷多解;

(3) 若系数矩阵的秩不等于增广矩阵的秩, 即 $R(\boldsymbol{A})\neq R(\widetilde{\boldsymbol{A}})$, 则线性方程组无解.

证明 (1) 设 $R(\boldsymbol{A})=R(\widetilde{\boldsymbol{A}})=n$, 则 $\boldsymbol{A}$ 的列向量组 $\boldsymbol{\alpha}_1,\boldsymbol{\alpha}_2,\cdots,\boldsymbol{\alpha}_n$ 线性无关, 但 $\boldsymbol{\alpha}_1,\boldsymbol{\alpha}_2,\cdots,\boldsymbol{\alpha}_n,\boldsymbol{\beta}$ 线性相关, 因此根据定理 3.2.3, $\boldsymbol{\beta}$ 可被 $\boldsymbol{\alpha}_1,\boldsymbol{\alpha}_2,\cdots,\boldsymbol{\alpha}_n$ 线性表出, 且表出系数唯一. 这就是说方程组有解, 并有唯一解.

(2) 若 $R(\boldsymbol{A})=R(\widetilde{\boldsymbol{A}})<n$, 则 $\boldsymbol{\alpha}_1,\boldsymbol{\alpha}_2,\cdots,\boldsymbol{\alpha}_n$ 线性相关. 设 $R(\boldsymbol{A})=s$, 不失一般性, 不妨设 $\boldsymbol{\alpha}_1,\boldsymbol{\alpha}_2,\cdots,\boldsymbol{\alpha}_s$ 是向量组 $\boldsymbol{\alpha}_1,\boldsymbol{\alpha}_2,\cdots,\boldsymbol{\alpha}_n$ 的极大线性无关组. 由于 $R(\widetilde{\boldsymbol{A}})=R(\boldsymbol{A})=s$, 因此 $\boldsymbol{\alpha}_1,\boldsymbol{\alpha}_2,\cdots,\boldsymbol{\alpha}_s$ 也是向量组 $\boldsymbol{\alpha}_1,\boldsymbol{\alpha}_2,\cdots,\boldsymbol{\alpha}_n,\boldsymbol{\beta}$ 的极大线性无关组. 所以 $\boldsymbol{\beta}$ 可被 $\boldsymbol{\alpha}_1,\boldsymbol{\alpha}_2,\cdots,\boldsymbol{\alpha}_s$ 线性表出, 进而 $\boldsymbol{\beta}$ 可被 $\boldsymbol{\alpha}_1,\boldsymbol{\alpha}_2,\cdots,\boldsymbol{\alpha}_n$ 线性表出, 即线性方程组 (4.1) 有解.

再证 (4.1) 有无穷多解. 设 $k_1,k_2,\cdots,k_n$ 是 (4.1) 的解, 则

$$k_1\boldsymbol{\alpha}_1 + k_2\boldsymbol{\alpha}_2 + \cdots + k_n\boldsymbol{\alpha}_n = \boldsymbol{\beta}. \tag{4.3}$$

又 $\boldsymbol{\alpha}_1, \boldsymbol{\alpha}_2, \cdots, \boldsymbol{\alpha}_n$ 线性相关, 因此存在一组不全为零的数 $l_1, l_2, \cdots, l_n$ 使得

$$l_1\boldsymbol{\alpha}_1 + l_2\boldsymbol{\alpha}_2 + \cdots + l_n\boldsymbol{\alpha}_n = \mathbf{0},$$

进而对任意的数 t 都有

$$tl_1\boldsymbol{\alpha}_1 + tl_2\boldsymbol{\alpha}_2 + \cdots + tl_n\boldsymbol{\alpha}_n = \mathbf{0}. \tag{4.4}$$

将 (4.3) 式与 (4.4) 式两边相加并整理得

$$(tl_1 + k_1)\boldsymbol{\alpha}_1 + (tl_2 + k_2)\boldsymbol{\alpha}_2 + \cdots + (tl_n + k_n)\boldsymbol{\alpha}_n = \boldsymbol{\beta}.$$

这表明 $tl_1 + k_1, tl_2 + k_2, \cdots, tl_n + k_n$ 是线性方程组 (4.1) 的解. 注意到 t 的任意性以及 $l_1, l_2, \cdots, l_n$ 不全为零, 因此方程组 (4.1) 有无穷多解.

(3) 若 $R(\boldsymbol{A}) \neq R(\widetilde{\boldsymbol{A}})$, 并假设 $\boldsymbol{\beta}$ 可被 $\boldsymbol{\alpha}_1, \boldsymbol{\alpha}_2, \cdots, \boldsymbol{\alpha}_n$ 线性表出, 则不难看出, 向量组 $\boldsymbol{\alpha}_1, \boldsymbol{\alpha}_2, \cdots, \boldsymbol{\alpha}_n$ 与 $\boldsymbol{\alpha}_1, \boldsymbol{\alpha}_2, \cdots, \boldsymbol{\alpha}_n, \boldsymbol{\beta}$ 等价, 但等价的向量组有相同的秩, 这样就有 $R(\boldsymbol{A}) = R(\widetilde{\boldsymbol{A}})$, 矛盾. 故 $\boldsymbol{\beta}$ 不能被 $\boldsymbol{\alpha}_1, \boldsymbol{\alpha}_2, \cdots, \boldsymbol{\alpha}_n$ 线性表出, 即线性方程组 (4.1) 没有解.

故定理得证. ■

例4.1.1　判断线性方程组

$$\begin{cases} x_1 + 2x_2 - 3x_3 + x_4 = 1, \\ x_1 + x_2 + x_3 + x_4 = 0 \end{cases}$$

是否有解? 如有解, 是否唯一?

解　易见, 方程组系数矩阵

$$\boldsymbol{A} = \begin{pmatrix} 1 & 2 & -3 & 1 \\ 1 & 1 & 1 & 1 \end{pmatrix}$$

的秩为 $R(\boldsymbol{A}) = 2$, 增广矩阵

$$\widetilde{\boldsymbol{A}} = \begin{pmatrix} 1 & 2 & -3 & 1 & 1 \\ 1 & 1 & 1 & 1 & 0 \end{pmatrix}$$

的秩 $R(\widetilde{\boldsymbol{A}})$ 也是 2, 因此方程组有无穷多解.

例4.1.2　判断线性方程组

$$\begin{cases} -3x_1 + x_2 + 4x_3 = 1, \\ x_1 + x_2 + x_3 = 0, \\ -2x_1 + x_3 = -1, \\ x_1 + x_2 - 2x_3 = 0 \end{cases}$$

是否有解?

解 方程组的增广矩阵为

$$\widetilde{\boldsymbol{A}}=\begin{pmatrix}-3&1&4&1\\1&1&1&0\\-2&0&1&-1\\1&1&-2&0\end{pmatrix}.$$

将 $\widetilde{\boldsymbol{A}}$ 只进行初等行变换：

$$\widetilde{\boldsymbol{A}}\xrightarrow{\text{对换第一行和第二行}}\begin{pmatrix}1&1&1&0\\-3&1&4&1\\-2&0&1&-1\\1&1&-2&0\end{pmatrix}\xrightarrow[\text{加到第二行, 第三行, 第四行}]{\text{第一行的 }3,2,-1\text{ 倍分别}}\begin{pmatrix}1&1&1&0\\0&4&7&1\\0&2&3&-1\\0&0&-3&0\end{pmatrix}$$

$$\xrightarrow{\text{对换第二行和第三行}}\begin{pmatrix}1&1&1&0\\0&2&3&-1\\0&4&7&1\\0&0&-3&0\end{pmatrix}\xrightarrow[\text{加到第三行}]{\text{第二行的 }-2\text{ 倍}}\begin{pmatrix}1&1&1&0\\0&2&3&-1\\0&0&1&3\\0&0&-3&0\end{pmatrix}$$

$$\xrightarrow[\text{加到第四行}]{\text{第三行的 }3\text{ 倍}}\begin{pmatrix}1&1&1&0\\0&2&3&-1\\0&0&1&3\\0&0&0&9\end{pmatrix}.$$

现在不难看出, 系数矩阵 $\boldsymbol{A}$ 的秩 $R(\boldsymbol{A})=3$, 而增广矩阵 $\widetilde{\boldsymbol{A}}$ 的秩 $R(\widetilde{\boldsymbol{A}})=4$, 所以方程组无解.

因为齐次线性方程组

$$\begin{cases}a_{11}x_1+a_{12}x_2+\cdots+a_{1n}x_n=0,\\a_{21}x_1+a_{22}x_2+\cdots+a_{2n}x_n=0,\\\cdots\cdots\\a_{m1}x_1+a_{m2}x_2+\cdots+a_{mn}x_n=0\end{cases}\tag{4.5}$$

有非零解的充分必要条件是其系数矩阵 $\boldsymbol{A}$ 的列向量组线性相关, 也即 $R(\boldsymbol{A})<n$, 因此我们有下面的定理.

定理 4.1.2 齐次线性方程组 (4.5) 有非零解的充分必要条件是 $R(\boldsymbol{A})<n$. 特别地, 若 $m<n$, 则齐次线性方程组 (4.5) 有非零解 (推论 3.3.3).

例如, 齐次线性方程组

$$\begin{cases}x_1+x_2+x_3+x_4=0,\\2x_1-x_2+x_3-x_4=0\end{cases}$$

的方程个数小于变量个数, 所以它一定有非零解.

4.2　齐次线性方程组的基础解系

上一节讨论了一个线性方程组什么时候有解, 什么时候无解以及有解时有多少解. 在这一节和下一节中, 我们将分别求出齐次线性方程组的解和非齐次线性方程组的解. 我们将看到, 对有无穷多解的线性方程组, 可以用有限个向量的线性组合把全部解表示出来, 这在许多实际问题和理论中都有重要的应用.

设有齐次线性方程组

$$\begin{cases} a_{11}x_1 + a_{12}x_2 + \cdots + a_{1n}x_n = 0, \\ a_{21}x_1 + a_{22}x_2 + \cdots + a_{2n}x_n = 0, \\ \cdots\cdots \\ a_{m1}x_1 + a_{m2}x_2 + \cdots + a_{mn}x_n = 0. \end{cases} \tag{4.6}$$

我们已经知道, 若记

$$\boldsymbol{A} = \begin{pmatrix} a_{11} & a_{12} & \cdots & a_{1n} \\ a_{21} & a_{22} & \cdots & a_{2n} \\ \vdots & \vdots & & \vdots \\ a_{m1} & a_{m2} & \cdots & a_{mn} \end{pmatrix}, \quad \boldsymbol{X} = \begin{pmatrix} x_1 \\ x_2 \\ \vdots \\ x_n \end{pmatrix},$$

则方程组 (4.6) 可以写为

$$\boldsymbol{AX} = \mathbf{0}.$$

若 $x_1 = c_1, x_2 = c_2, \cdots, x_n = c_n$ 是 (4.6) 的解, 则向量

$$\boldsymbol{X} = \boldsymbol{\eta} = \begin{pmatrix} c_1 \\ c_2 \\ \vdots \\ c_n \end{pmatrix}$$

称为齐次线性方程组 (4.6) 的**解向量**, 它当然也是 $\boldsymbol{AX} = \mathbf{0}$ 的解. 解向量有时候也直接称为解.

齐次线性方程组 (4.6) 的解向量具有下列性质.

定理 4.2.1　若 $\boldsymbol{\eta}_1$ 和 $\boldsymbol{\eta}_2$ 是齐次线性方程组 (4.6) 的解向量, 则

(1) $\boldsymbol{\eta}_1 + \boldsymbol{\eta}_2$ 是 (4.6) 的解向量;

(2) 对任意的常数 k, $k\boldsymbol{\eta}_1$ 是 (4.6) 的解向量.

证明 (1) 因为 $\boldsymbol{\eta}_1$ 和 $\boldsymbol{\eta}_2$ 是 (4.6) 的解向量, 因此 $\boldsymbol{A}\boldsymbol{\eta}_1=\mathbf{0}$, $\boldsymbol{A}\boldsymbol{\eta}_2=\mathbf{0}$, 于是 $\boldsymbol{A}(\boldsymbol{\eta}_1+\boldsymbol{\eta}_2)=\boldsymbol{A}\boldsymbol{\eta}_1+\boldsymbol{A}\boldsymbol{\eta}_2=\mathbf{0}$, 即 $\boldsymbol{\eta}_1+\boldsymbol{\eta}_2$ 是 (4.6) 的解向量.

(2) 因为 $\boldsymbol{A}(k\boldsymbol{\eta}_1)=k\boldsymbol{A}\boldsymbol{\eta}_1=\mathbf{0}$, 所以 $k\boldsymbol{\eta}_1$ 是 (4.6) 的解向量. ■

这个定理表明, 齐次线性方程组解向量的线性组合还是解向量. 换言之, 我们有下面的推论.

推论 4.2.1 若 $\boldsymbol{\eta}_1,\boldsymbol{\eta}_2,\cdots,\boldsymbol{\eta}_s$ 是齐次线性方程组 (4.6) 的解向量, 则对任意的 s 个数 $k_1,k_2,\cdots,k_s$,

$$\boldsymbol{\eta}=k_1\boldsymbol{\eta}_1+k_2\boldsymbol{\eta}_2+\cdots+k_s\boldsymbol{\eta}_s$$

也是 (4.6) 的解向量.

我们看到, 如果齐次线性方程组有几个解向量, 那么这些解向量的所有可能的线性组合就给出了很多解向量. 因此我们自然想到, 能否用齐次线性方程组的有限个解向量通过线性组合而构造出方程组的所有解向量? 对这个问题的回答是肯定的. 为此我们引进所谓基础解系的概念.

定义 4.2.1 齐次线性方程组 (4.6) 的解向量 $\boldsymbol{\eta}_1,\boldsymbol{\eta}_2,\cdots,\boldsymbol{\eta}_s$ 称为 (4.6) 的**基础解系**, 如果

(1) $\boldsymbol{\eta}_1,\boldsymbol{\eta}_2,\cdots,\boldsymbol{\eta}_s$ 线性无关;

(2) (4.6) 的任意解向量 $\boldsymbol{\eta}$ 都可被 $\boldsymbol{\eta}_1,\boldsymbol{\eta}_2,\cdots,\boldsymbol{\eta}_s$ 线性表出.

现在的问题是: 齐次线性方程组 (4.6) 是否一定有基础解系, 如果有, 那又如何来求基础解系呢?

设齐次线性方程组 (4.6) 的系数矩阵 $\boldsymbol{A}$ 的行向量组为 $\boldsymbol{\beta}_1,\boldsymbol{\beta}_2,\cdots,\boldsymbol{\beta}_m$, 并设 $R(\boldsymbol{A})=s<n$, 则 $\boldsymbol{A}$ 中有一个不为零的 s 阶子式, 不失一般性, 不妨设

$$D=\begin{vmatrix} a_{11} & a_{12} & \cdots & a_{1s} \\ a_{21} & a_{22} & \cdots & a_{2s} \\ \vdots & \vdots & & \vdots \\ a_{s1} & a_{s2} & \cdots & a_{ss} \end{vmatrix}\neq 0.$$

这时易见, $\boldsymbol{\beta}_1,\boldsymbol{\beta}_2,\cdots,\boldsymbol{\beta}_s$ 是向量组 $\boldsymbol{\beta}_1,\boldsymbol{\beta}_2,\cdots,\boldsymbol{\beta}_m$ 的极大线性无关组. 于是将矩阵 $\boldsymbol{A}$ 施行适当的初等行变换可使其化为如下矩阵

$$\boldsymbol{A}=\begin{pmatrix} \boldsymbol{\beta}_1 \\ \boldsymbol{\beta}_2 \\ \vdots \\ \boldsymbol{\beta}_m \end{pmatrix}\longrightarrow\begin{pmatrix} \boldsymbol{\beta}_1 \\ \vdots \\ \boldsymbol{\beta}_s \\ \mathbf{0} \\ \vdots \\ \mathbf{0} \end{pmatrix}=\boldsymbol{B}.$$

这样, 以 $\boldsymbol{A}$ 为系数矩阵的齐次线性方程组和以 $\boldsymbol{B}$ 为系数矩阵的齐次线性方程组是同解的, 也就是方程组 (4.6) 就变为同解方程组

$$\begin{cases} a_{11}x_1+a_{12}x_2+\cdots+a_{1n}x_n=0, \\ a_{21}x_1+a_{22}x_2+\cdots+a_{2n}x_n=0, \\ \cdots\cdots \\ a_{s1}x_1+a_{s2}x_2+\cdots+a_{sn}x_n=0, \end{cases} \tag{4.7}$$

也即

$$\begin{cases} a_{11}x_1+a_{12}x_2+\cdots+a_{1s}x_s=-a_{1,s+1}x_{s+1}-\cdots-a_{1n}x_n, \\ a_{21}x_1+a_{22}x_2+\cdots+a_{2s}x_s=-a_{2,s+1}x_{s+1}-\cdots-a_{2n}x_n, \\ \cdots\cdots \\ a_{s1}x_1+a_{s2}x_2+\cdots+a_{ss}x_s=-a_{s,s+1}x_{s+1}-\cdots-a_{sn}x_n. \end{cases} \tag{4.8}$$

注意到 $D\neq 0$, 因此由克拉默法则, 对于 $x_{s+1},x_{s+2},\cdots,x_n$ 的任意一组值 $c_1,c_2,\cdots,c_{n-s}$ 代入方程组 (4.8), 就唯一地确定了方程组 (4.8), 也就是方程组 (4.6) 的一个解. 换句话说, 一旦方程组 (4.6) 的两个解的 $x_{s+1},x_{s+2},\cdots,x_n$ 的取值一样, 那么这两个解就完全一样. 这里的变量 $x_{s+1},x_{s+2},\cdots,x_n$ 通常叫做方程组的**自由变量**.

如果在方程组 (4.8) 中分别用 $n-s$ 维数组

$$\begin{pmatrix}1\\0\\\vdots\\0\end{pmatrix},\ \begin{pmatrix}0\\1\\\vdots\\0\end{pmatrix},\ \cdots,\begin{pmatrix}0\\0\\\vdots\\1\end{pmatrix}$$

代替

$$\begin{pmatrix}x_{s+1}\\x_{s+2}\\\vdots\\x_n\end{pmatrix},$$

那么就得到方程组 (4.8), 也就是方程组 (4.6) 的 $n-s$ 个解向量

$$\boldsymbol{\eta}_1=\begin{pmatrix}c_{11}\\\vdots\\c_{s1}\\1\\0\\\vdots\\0\end{pmatrix},\ \boldsymbol{\eta}_2=\begin{pmatrix}c_{12}\\\vdots\\c_{s2}\\0\\1\\\vdots\\0\end{pmatrix},\ \cdots,\ \boldsymbol{\eta}_{n-s}=\begin{pmatrix}c_{1,n-s}\\\vdots\\c_{s,n-s}\\0\\0\\\vdots\\1\end{pmatrix}.$$

现在来证明 $\boldsymbol{\eta}_1,\boldsymbol{\eta}_2,\cdots,\boldsymbol{\eta}_{n-s}$ 就是方程组 (4.6) 的基础解系. 事实上, 首先由定理 3.2.5 即知 $\boldsymbol{\eta}_1,\boldsymbol{\eta}_2,\cdots,\boldsymbol{\eta}_{n-s}$ 线性无关. 其次, 再证明方程组 (4.6) 的任意一个解可以被 $\boldsymbol{\eta}_1,\boldsymbol{\eta}_2,\cdots,\boldsymbol{\eta}_{n-s}$ 线性表出. 设

$$\boldsymbol{\eta}=\begin{pmatrix} c_1\\ \vdots \\ c_s \\ c_{s+1} \\ \vdots \\ c_n \end{pmatrix}$$

是方程组 (4.6) 的解. 由于 $\boldsymbol{\eta}_1,\boldsymbol{\eta}_2,\cdots,\boldsymbol{\eta}_{n-s}$ 是 (4.6) 的解, 所以

$$\boldsymbol{\xi}=c_{s+1}\boldsymbol{\eta}_1+c_{s+2}\boldsymbol{\eta}_2+\cdots+c_n\boldsymbol{\eta}_{n-s}$$

也是 (4.6) 的解.

显然, $\boldsymbol{\xi}$ 和 $\boldsymbol{\eta}$ 的最后 $n-s$ 个分量完全一样, 也就是说自由变量 $x_{s+1},x_{s+2},\cdots,x_n$ 的取值完全一样, 因此这两个解也一样, 也即

$$\boldsymbol{\eta}=\boldsymbol{\xi}=c_{s+1}\boldsymbol{\eta}_1+c_{s+2}\boldsymbol{\eta}_2+\cdots+c_n\boldsymbol{\eta}_{n-s}.$$

这就证明了方程组 (4.6) 的任意一个解向量可以被 $\boldsymbol{\eta}_1,\boldsymbol{\eta}_2,\cdots,\boldsymbol{\eta}_{n-s}$ 线性表出, 故 $\boldsymbol{\eta}_1,\boldsymbol{\eta}_2,\cdots,\boldsymbol{\eta}_{n-s}$ 就是方程组 (4.6) 的基础解系.

以上分析不仅说明了有无穷多解的齐次线性方程组一定存在基础解系, 同时也给出了具体找齐次线性方程组基础解系的方法.

定理 4.2.2 若齐次线性方程组 (4.6) 的系数矩阵 $\boldsymbol{A}$ 的秩 $R(\boldsymbol{A})=s<n$, 则方程组 (4.6) 一定有基础解系, 并且基础解系所含向量的个数恰好为 $n-s$.

由基础解系的定义以及推论 4.2.1 即知, 如果方程组 (4.6) 的系数矩阵的秩为 s, 而 $\boldsymbol{\eta}_1,\boldsymbol{\eta}_2,\cdots,\boldsymbol{\eta}_{n-s}$ 是其基础解系, 那么方程组 (4.6) 的全部解可以表示为

$$c_1\boldsymbol{\eta}_1+c_2\boldsymbol{\eta}_2+\cdots+c_{n-s}\boldsymbol{\eta}_{n-s}, \tag{4.9}$$

其中 $c_1,c_2,\cdots,c_{n-s}$ 是任意一组数. (4.9) 式通常称为方程组 (4.6) 的**通解**.

如果用 W 表示齐次线性方程组 (4.6) 的所有解向量的集合, 即

$$W=\{\boldsymbol{\eta}\mid \boldsymbol{A}\boldsymbol{\eta}=\boldsymbol{0}\},$$

W 通常称为齐次线性方程组 (4.6) 的**解空间**. 显然, 方程组 (4.6) 的基础解系就是 W 的极大线性无关组; 反之, W 的任何极大线性无关组也一定是 (4.6) 的基础解系. 换句话说, 与 (4.6) 的基础解系等价的向量组都是 (4.6) 的基础解系.

例 4.2.1　求齐次线性方程组

$$\begin{cases} x_1 + 2x_2 - x_3 + 3x_4 + x_5 = 0, \\ 2x_1 + 4x_2 - 2x_3 + 6x_4 + 3x_5 = 0, \\ -x_1 - 2x_2 + x_3 - x_4 + 3x_5 = 0 \end{cases}$$

的基础解系.

解　将系数矩阵只实施初等行变换:

$$\begin{pmatrix} 1 & 2 & -1 & 3 & 1 \\ 2 & 4 & -2 & 6 & 3 \\ -1 & -2 & 1 & -1 & 3 \end{pmatrix} \xrightarrow[\text{分别加到第二行, 第三行}]{\text{第一行的 } -2,1 \text{ 倍}} \begin{pmatrix} 1 & 2 & -1 & 3 & 1 \\ 0 & 0 & 0 & 0 & 1 \\ 0 & 0 & 0 & 2 & 4 \end{pmatrix}$$

$$\xrightarrow{\text{对换第二行和第三行}} \begin{pmatrix} 1 & 2 & -1 & 3 & 1 \\ 0 & 0 & 0 & 2 & 4 \\ 0 & 0 & 0 & 0 & 1 \end{pmatrix}.$$

现在不难看出, $R(A) = 3$, 并把 x_1, x_2 看为自由变量, 则方程组变为

$$\begin{cases} -x_3 + 3x_4 + x_5 = -x_1 - 2x_2, \\ x_4 + 2x_5 = 0, \\ x_5 = 0. \end{cases}$$

当 $x_1 = 1, x_2 = 0$ 和 $x_1 = 0, x_2 = 1$ 时, 分别计算得 $x_3 = 1, x_4 = 0, x_5 = 0$ 和 $x_3 = 2, x_4 = 0, x_5 = 0$, 因此方程组基础解系为

$$\boldsymbol{\eta}_1 = \begin{pmatrix} 1 \\ 0 \\ 1 \\ 0 \\ 0 \end{pmatrix}, \quad \boldsymbol{\eta}_2 = \begin{pmatrix} 0 \\ 1 \\ 2 \\ 0 \\ 0 \end{pmatrix}.$$

4.3　非齐次线性方程组的通解

现在我们再来讨论非齐次线性方程组的通解问题.

设有非齐次线性方程组

$$\begin{cases} a_{11}x_1 + a_{12}x_2 + \cdots + a_{1n}x_n = b_1, \\ a_{21}x_1 + a_{22}x_2 + \cdots + a_{2n}x_n = b_2, \\ \cdots\cdots \\ a_{m1}x_1 + a_{m2}x_2 + \cdots + a_{mn}x_n = b_m, \end{cases} \tag{4.10}$$

其系数矩阵仍记为 $\boldsymbol{A} = (a_{ij})_{m\times n}$, 增广矩阵记为 $\widetilde{\boldsymbol{A}}$.

在 2.1 节我们知道, 非齐次线性方程组 (4.10) 可等价地写为

$$\boldsymbol{AX} = \boldsymbol{\beta},$$

其中

$$\boldsymbol{X} = \begin{pmatrix} x_1 \\ x_2 \\ \vdots \\ x_n \end{pmatrix}, \quad \boldsymbol{\beta} = \begin{pmatrix} b_1 \\ b_2 \\ \vdots \\ b_m \end{pmatrix}.$$

这里 $\boldsymbol{\beta}$ 一般不为零. 当 $\boldsymbol{\beta} = \boldsymbol{0}$ 时, (4.10) 就成了齐次线性方程组

$$\begin{cases} a_{11}x_1 + a_{12}x_2 + \cdots + a_{1n}x_n = 0, \\ a_{21}x_1 + a_{22}x_2 + \cdots + a_{2n}x_n = 0, \\ \cdots\cdots \\ a_{m1}x_1 + a_{m2}x_2 + \cdots + a_{mn}x_n = 0, \end{cases} \tag{4.11}$$

或者

$$\boldsymbol{AX} = \boldsymbol{0}. \tag{4.12}$$

这个方程组通常称为非齐次线性方程组 (4.10) 的**导出组**.

非齐次线性方程组 (4.10) 的解和它的导出组 (4.11) 的解之间有密切关系. 和齐次线性方程组一样, 如果 $c_1, c_2, \cdots, c_n$ 是非齐次线性方程组 (4.10) 的解, 那么也称列向量 $(c_1, c_2, \cdots, c_n)'$ 为其解向量, 或者也直接叫解.

定理 4.3.1 若 $\boldsymbol{\gamma}_1$ 和 $\boldsymbol{\gamma}_2$ 是方程组 (4.10) 的解向量, $\boldsymbol{\eta}$ 是其导出组 (4.11) 的解向量, 则

(1) $\boldsymbol{\gamma}_1 - \boldsymbol{\gamma}_2$ 是导出组 (4.11) 的解向量;

(2) $\boldsymbol{\eta} + \boldsymbol{\gamma}_1$ 是 (4.10) 的解向量.

证明 (1) 因为 $\boldsymbol{\gamma}_1$ 和 $\boldsymbol{\gamma}_2$ 是 (4.10) 的解向量, 因此 $\boldsymbol{A\gamma}_1 = \boldsymbol{\beta}$, $\boldsymbol{A\gamma}_2 = \boldsymbol{\beta}$. 于是 $\boldsymbol{A}(\boldsymbol{\gamma}_1 - \boldsymbol{\gamma}_2) = \boldsymbol{A\gamma}_1 - A\boldsymbol{\gamma}_2 = \boldsymbol{0}$, 即 $\boldsymbol{\gamma}_1 - \boldsymbol{\gamma}_2$ 是导出组 (4.11) 的解向量.

(2) 因为 $\boldsymbol{A}(\boldsymbol{\eta}+\boldsymbol{\gamma}_1)=\boldsymbol{A\eta}+\boldsymbol{A\gamma}_1=\boldsymbol{0}+\boldsymbol{\beta}=\boldsymbol{\beta}$, 所以 $\boldsymbol{\eta}+\boldsymbol{\gamma}_1$ 是 (4.10) 的解向量. ■

由这个定理我们马上可以证明下面的定理.

定理4.3.2 设 γ_0 是方程组 (4.10) 的某个解向量 (通常称之为特解), 则方程组 (4.10) 的任意一个解向量 γ 都可以写成

$$\boldsymbol{\gamma} = \boldsymbol{\gamma}_0 + \boldsymbol{\eta},$$

其中 $\boldsymbol{\eta}$ 是导出组 (4.11) 的一个解向量.

证明 (1) 显然

$$\boldsymbol{\gamma} = \boldsymbol{\gamma}_0 + (\boldsymbol{\gamma} - \boldsymbol{\gamma}_0),$$

而由定理 4.3.1 知, $\boldsymbol{\gamma} - \boldsymbol{\gamma}_0$ 是导出组 (4.11) 的解向量. 若记 $\boldsymbol{\gamma} - \boldsymbol{\gamma}_0 = \boldsymbol{\eta}$, 则就得到了定理的结论. ■

这个定理是说, 如果知道了方程组 (4.10) 的一个特解, 则方程组 (4.10) 的任一解都可以写成这个特解与导出组 (4.11) 的某个解的和. 另一方面, 根据定理 4.3.1 的 (2), 方程组 (4.10) 的任一解与其导出组 (4.11) 的任一解的和还是 (4.10) 的解. 因此, 当 $\boldsymbol{\eta}$ 取遍导出组 (4.11) 的全部解时, $\boldsymbol{\gamma} = \boldsymbol{\gamma}_0 + \boldsymbol{\eta}$ 就给出了方程组 (4.10) 的全部解.

通过以上分析我们看到, 为了求方程组 (4.10) 的全部解, 我们只需要找出它的一个特殊的解以及它的导出组的全部解就够了. 而导出组是一个齐次线性方程组, 在 4.2 节我们知道, 一个齐次线性方程组的全部解可以用基础解系来表示.

这样, 如果方程组 (4.10) 的系数矩阵的秩为 s, $\boldsymbol{\gamma}_0$ 是它的一个特解, $\boldsymbol{\eta}_1, \boldsymbol{\eta}_2, \cdots, \boldsymbol{\eta}_{n-s}$ 是其导出组 (4.11) 的基础解系, 那么方程组 (4.10) 的全部解可以表示为

$$\boldsymbol{\gamma}_0 + c_1\boldsymbol{\eta}_1 + c_2\boldsymbol{\eta}_2 + \cdots + c_{n-s}\boldsymbol{\eta}_{n-s}, \tag{4.13}$$

其中 $c_1, c_2, \cdots, c_{n-s}$ 是任意一组数. (4.13) 通常称为方程组 (4.10) 的**通解**.

例4.3.1 求非齐次线性方程组

$$\begin{cases} x_1 + x_2 - 3x_3 - x_4 = 1, \\ 3x_1 - x_2 - 3x_3 + 4x_4 = 7, \\ x_1 + 5x_2 - 9x_3 - 8x_4 = -3 \end{cases}$$

的通解.

解 对增广矩阵实施如下的初等行变换:

$$\left(\begin{array}{cccc|c} 1 & 1 & -3 & -1 & 1 \\ 3 & -1 & -3 & 4 & 7 \\ 1 & 5 & -9 & -8 & -3 \end{array}\right) \xrightarrow[\text{分别加到第二行, 第三行}]{\text{第一行的 } -3,-1 \text{ 倍}} \left(\begin{array}{cccc|c} 1 & 1 & -3 & -1 & 1 \\ 0 & -4 & 6 & 7 & 4 \\ 0 & 4 & -6 & -7 & -4 \end{array}\right)$$

$$\xrightarrow{\text{第二行加到第三行}} \left(\begin{array}{cccc|c} 1 & 1 & -3 & -1 & 1 \\ 0 & -4 & 6 & 7 & 4 \\ 0 & 0 & 0 & 0 & 0 \end{array}\right).$$

此时, 方程组变为

$$\begin{cases} x_1 + x_2 - 3x_3 - x_4 = 1, \\ -4x_2 + 6x_3 + 7x_4 = 4. \end{cases}$$

由此不难看出, 方程组的导出组的基础解系为

$$\boldsymbol{\eta}_1 = \begin{pmatrix} 3 \\ 3 \\ 2 \\ 0 \end{pmatrix}, \quad \boldsymbol{\eta}_2 = \begin{pmatrix} -3 \\ 7 \\ 0 \\ 4 \end{pmatrix}.$$

而其特解为

$$\boldsymbol{\gamma}_0 = \begin{pmatrix} 2 \\ -1 \\ 0 \\ 0 \end{pmatrix},$$

故通解为

$$\boldsymbol{\gamma} = \boldsymbol{\gamma}_0 + c_1\boldsymbol{\eta}_1 + c_2\boldsymbol{\eta}_2 = \begin{pmatrix} 3c_1 - 3c_2 + 2 \\ 3c_1 + 7c_2 - 1 \\ 2c_1 \\ 4c_2 \end{pmatrix},$$

其中 c_1, c_2 为任意常数.

例 4.3.2 k 为何值时, 线性方程组

$$\begin{cases} x_1 + x_2 + kx_3 = 4, \\ -x_1 + kx_2 + x_3 = k^2, \\ x_1 - x_2 + 2x_3 = -4 \end{cases}$$

有 (1) 唯一解; (2) 无解; (3) 无穷多组解. 并在有解时, 试写出其全部解.

解 因为系数行列式

$$D = \begin{vmatrix} 1 & 1 & k \\ -1 & k & 1 \\ 1 & -1 & 2 \end{vmatrix} = -(k-4)(k+1),$$

所以, 当 $k \neq 4$ 且 $k \neq -1$ 时, 方程组有唯一解. 由克拉默法则可求得

$$x_1 = \frac{k^2 + 2k}{k+1}, \quad x_2 = \frac{k^2 + 2k + 4}{k+1}, \quad x_3 = -\frac{2k}{k+1}.$$

当 $k=-1$ 时, 将增广矩阵实施初等行变换：

$$\begin{pmatrix}1 & 1 & -1 & 4\\ -1 & -1 & 1 & 1\\ 1 & -1 & 2 & -4\end{pmatrix}\longrightarrow\begin{pmatrix}1 & 1 & -1 & 4\\ 0 & 0 & 0 & 5\\ 0 & -2 & 3 & -8\end{pmatrix}\longrightarrow\begin{pmatrix}1 & 1 & -1 & 4\\ 0 & -2 & 3 & -8\\ 0 & 0 & 0 & 5\end{pmatrix},$$

显然, 系数矩阵的秩等于 2, 而增广矩阵的秩为 3, 因此方程组无解.

当 $k=4$ 时, 将增广矩阵实施初等行变换：

$$\begin{pmatrix}1 & 1 & 4 & 4\\ -1 & 4 & 1 & 16\\ 1 & -1 & 2 & -4\end{pmatrix}\longrightarrow\begin{pmatrix}1 & 1 & 4 & 4\\ 0 & 5 & 5 & 20\\ 0 & -2 & -2 & -8\end{pmatrix}$$

$$\longrightarrow\begin{pmatrix}1 & 1 & 4 & 4\\ 0 & 1 & 1 & 4\\ 0 & -2 & -2 & -8\end{pmatrix}\longrightarrow\begin{pmatrix}1 & 1 & 4 & 4\\ 0 & 1 & 1 & 4\\ 0 & 0 & 0 & 0\end{pmatrix},$$

易见, 系数矩阵的秩等于增广矩阵的秩都为 2, 因此方程组有无穷多解. 此时, 方程组可写为

$$\begin{cases}x_1+x_2+4x_3=4,\\ \qquad\quad x_2+x_3=4.\end{cases}$$

可以求得其一个特解

$$\boldsymbol{\gamma}_0=\begin{pmatrix}0\\4\\0\end{pmatrix},$$

其导出组的基础解系为

$$\boldsymbol{\eta}=\begin{pmatrix}-3\\-1\\1\end{pmatrix},$$

所以方程组的通解, 也即全部解为 $\boldsymbol{\gamma}=\boldsymbol{\gamma}_0+c\boldsymbol{\eta}$, 其中 c 为任意常数.

例4.3.3 设四元线性方程组 $\boldsymbol{AX}=\boldsymbol{\beta}$ 的系数矩阵 $\boldsymbol{A}$ 的秩为 3, 已知 $\boldsymbol{\xi}_1,\boldsymbol{\xi}_2,\boldsymbol{\xi}_3$ 是它的三个解向量, 且

$$\boldsymbol{\xi}_1=\begin{pmatrix}2\\0\\1\\-1\end{pmatrix},\quad \boldsymbol{\xi}_2+\boldsymbol{\xi}_3=\begin{pmatrix}1\\2\\3\\0\end{pmatrix},$$

求该方程组 $\boldsymbol{AX}=\boldsymbol{\beta}$ 的通解.

解 因为 $R(\boldsymbol{A})=3$, 所以导出组 $\boldsymbol{AX}=\boldsymbol{0}$ 的基础解系只含一个向量. 又

$$\boldsymbol{\eta}=(\boldsymbol{\xi}_2-\boldsymbol{\xi}_1)+(\boldsymbol{\xi}_3-\boldsymbol{\xi}_1)=(\boldsymbol{\xi}_2+\boldsymbol{\xi}_3)-2\boldsymbol{\xi}_1=\begin{pmatrix}-3\\2\\1\\2\end{pmatrix}$$

是导出组 $\boldsymbol{AX}=\boldsymbol{0}$ 的解向量, 因此也是基础解系. 故 $\boldsymbol{AX}=\boldsymbol{\beta}$ 的通解为

$$\boldsymbol{\xi}=\boldsymbol{\xi}_1+c\boldsymbol{\eta},$$

其中 c 为任意常数.

例 4.3.4 设线性方程组

$$\begin{cases}x_1+x_2+x_3=0,\\x_1+2x_2+ax_3=0,\\x_1+4x_2+a^2x_3=0\end{cases}\tag{4.14}$$

与方程

$$x_1+2x_2+x_3=a-1\tag{4.15}$$

有公共解, 求 a 的值及所有公共解.

解 方程组 (4.14) 和方程 (4.15) 有公共解意味着方程组

$$\begin{cases}x_1+x_2+x_3=0,\\x_1+2x_2+ax_3=0,\\x_1+4x_2+a^2x_3=0,\\x_1+2x_2+x_3=a-1\end{cases}\tag{4.16}$$

有解. 将方程组 (4.16) 的增广矩阵 $\widetilde{\boldsymbol{A}}$ 实施初等行变换：

$$\widetilde{\boldsymbol{A}}=\begin{pmatrix}1&1&1&0\\1&2&a&0\\1&4&a^2&0\\1&2&1&a-1\end{pmatrix}\longrightarrow\begin{pmatrix}1&1&1&0\\0&1&a-1&0\\0&3&a^2-1&0\\0&1&0&a-1\end{pmatrix}$$

$$\longrightarrow\begin{pmatrix}1&1&1&0\\0&1&a-1&0\\0&0&(a-1)(a-2)&0\\0&0&1-a&a-1\end{pmatrix}.$$

显然, 当 $a\neq 1$ 且 $a\neq 2$ 时, 方程组 (4.16) 的系数矩阵的秩不等于增广矩阵的秩, 即方程组 (4.16) 无解. 所以, 要使方程组 (4.16) 有解, 必须要 $a=1$ 或者 $a=2$.

若 $a=1$, 则

$$\widetilde{\boldsymbol{A}}\longrightarrow\begin{pmatrix}1&1&1&0\\0&1&0&0\\0&0&0&0\\0&0&0&0\end{pmatrix}.$$

从而方程组 (4.16) 的通解为 $k(1,0,-1)'$, 其中 k 为任意常数, 它即为 (4.14) 和 (4.15) 的所有公共解.

若 $a=2$, 则

$$\widetilde{\boldsymbol{A}}\longrightarrow\begin{pmatrix}1&1&1&0\\0&1&1&0\\0&0&-1&1\\0&0&0&0\end{pmatrix},$$

此时方程组 (4.16) 有唯一解 $(0,1,-1)'$, 它即为 (4.14) 和 (4.15) 的所有公共解.

习　题　4

1. 判别线性方程组是否有解:

$$\begin{cases}x_1-x_2+4x_3+3x_4=1,\\2x_1+7x_2+x_3-x_4=2,\\x_1+8x_2-3x_3-4x_4=3.\end{cases}$$

2. 当 k 取何值时方程组

$$\begin{cases}kx_1+x_2+x_3=0,\\x_1+kx_2-x_3=0,\\2x_1-x_2+x_3=0\end{cases}$$

有非零解.

3. 求下列齐次线性方程组的通解:

(1) $\begin{cases}x_1+2x_2+2x_3+x_4=0,\\2x_1+x_2-x_3-2x_4=0,\\x_1-x_2-4x_3-3x_4=0;\end{cases}$　　(2) $\begin{cases}x_1+x_2+x_5=0,\\x_1+x_2-x_3=0,\\x_3+x_4+x_5=0;\end{cases}$

(3) $\begin{cases} x_1+x_2-3x_3+x_4+2x_5=0, \\ 3x_1-x_2-3x_3-5x_4+7x_5=0, \\ x_1+5x_2-9x_3+9x_4+x_5=0; \end{cases}$

(4) $nx_1+(n-1)x_2+\cdots+2x_{n-1}+x_n=0$.

4. 设四元齐次线性方程组（Ⅰ）为：$\begin{cases} x_1+x_2=0, \\ x_2-x_4=0. \end{cases}$ 又已知某齐次线性方程组（Ⅱ）的基础解系为 $(0,1,1,0)'$, $(-1,2,2,1)'$.

(1) 求线性方程组（Ⅰ）的基础解系;

(2) 问线性方程组（Ⅰ）和（Ⅱ）是否有非零公共解? 若有, 则求出所有的非零公共解, 若没有, 则说明理由.

5. 求下列非齐次线性方程组的通解：

(1) $\begin{cases} x_1-x_2+2x_3+x_4-x_5=1, \\ x_1-x_2+x_3+x_4=2, \\ x_1-x_2-x_3+x_5=1; \end{cases}$ (2) $\begin{cases} x_1-x_2+x_3=3, \\ -2x_1+3x_2+x_3=-8, \\ 2x_1-x_2+5x_3=5; \end{cases}$

(3) $\begin{cases} x_2+2x_3=7, \\ x_1-2x_2-6x_3=-18, \\ x_1-x_2-2x_3=-5, \\ 2x_1-5x_2-15x_3=-46. \end{cases}$

6. k,a,b 为何值时, 下列线性方程组有 (1) 唯一解; (2) 无解; (3) 无穷多组解. 并在有解时, 试写出其全部解.

(1) $\begin{cases} kx_1+x_2+x_3=1, \\ x_1+kx_2+x_3=k, \\ x_1+x_2+kx_3=k^2; \end{cases}$ (2) $\begin{cases} ax_1+x_2+x_3=4, \\ x_1+bx_2+x_3=3, \\ x_1+2bx_2+x_3=4; \end{cases}$

(3) $\begin{cases} x_1+2x_2+kx_3=1, \\ -x_1+kx_2+x_3=k, \\ (k+1)x_1+kx_2+(k^2-1)x_3=0. \end{cases}$

7. 设非齐次线性方程组

$$\begin{cases} x_1+x_2+x_3+x_4=-1, \\ 4x_1+3x_2+5x_3-x_4=-1, \\ ax_1+x_2+3x_3+bx_4=1 \end{cases}$$

有三个线性无关的解.

(1) 证明方程组的系数矩阵 $\boldsymbol{A}$ 的秩 $R(\boldsymbol{A})=2$;

(2) 求 a,b 的值及方程组的基础解系.

8. 设 n 阶方阵 $\boldsymbol{A}$ 的各行元素之和均为零, 且 $\boldsymbol{A}$ 的秩 $R(\boldsymbol{A})=n-1$, 求线性方程组 $\boldsymbol{AX}=\boldsymbol{0}$ 的通解.

9. 设 $\boldsymbol{A}, \boldsymbol{B}$ 都是 n 阶方阵, 且 $\boldsymbol{AB}=\boldsymbol{O}$, 证明

$$R(\boldsymbol{A})+R(\boldsymbol{B})\leqslant n.$$

10. 设 $\boldsymbol{A}$ 是 n 阶方阵, 证明

$$R(\boldsymbol{A}^*)=\begin{cases} n, & \text{如果} R(\boldsymbol{A})=n, \\ 1, & \text{如果} R(\boldsymbol{A})=n-1, \\ 0, & \text{如果} R(\boldsymbol{A})<n-1. \end{cases}$$

11. 设 $\boldsymbol{A}$ 是 n 阶方阵, 且 $\boldsymbol{A}^2=\boldsymbol{A}$, 证明

$$R(\boldsymbol{A})+R(\boldsymbol{A}-\boldsymbol{E})=n.$$

12. 已知三阶矩阵 $\boldsymbol{A}$ 的第一行是 (a,b,c), 而 a,b,c 不全为零. 又矩阵

$$\boldsymbol{B}=\begin{pmatrix} 1 & 2 & 3 \\ 2 & 4 & 6 \\ 3 & 6 & k \end{pmatrix},$$

其中 k 为常数, 且 $\boldsymbol{AB}=\boldsymbol{O}$. 求线性方程组 $\boldsymbol{AX}=\boldsymbol{0}$ 的通解.

13. 已知线性方程组

$$(\text{I})\begin{cases} a_{11}x_1+a_{12}x_2+\cdots+a_{1,2n}x_{2n}=0, \\ a_{21}x_1+a_{22}x_2+\cdots+a_{2,2n}x_{2n}=0, \\ \cdots\cdots \\ a_{n1}x_1+a_{n2}x_2+\cdots+a_{n,2n}x_{2n}=0 \end{cases}$$

的一个基础解系为 $(b_{11},b_{12},\cdots,b_{1,2n})'$, $(b_{21},b_{22},\cdots,b_{2,2n})'$, $\cdots$, $(b_{n1},b_{n2},\cdots,b_{n,2n})'$, 试写出线性方程组

$$(\text{II})\begin{cases} b_{11}y_1+b_{12}y_2+\cdots+b_{1,2n}y_{2n}=0, \\ b_{21}y_1+b_{22}y_2+\cdots+b_{2,2n}y_{2n}=0, \\ \cdots\cdots \\ b_{n1}y_1+b_{n2}y_2+\cdots+b_{n,2n}y_{2n}=0 \end{cases}$$

的基础解系和通解, 并说明理由.

14. 设 $\boldsymbol{\eta}_1,\boldsymbol{\eta}_2,\cdots,\boldsymbol{\eta}_s$ 是线性方程组 $\boldsymbol{AX}=\boldsymbol{0}$ 的基础解系, 而

$$\boldsymbol{\alpha}_1=t_1\boldsymbol{\eta}_1+t_2\boldsymbol{\eta}_2,\ \ \boldsymbol{\alpha}_2=t_1\boldsymbol{\eta}_2+t_2\boldsymbol{\eta}_3,\ \ \cdots,\ \ \boldsymbol{\alpha}_s=t_1\boldsymbol{\eta}_s+t_2\boldsymbol{\eta}_1,$$

其中 t_1,t_2 为实常数. 试问 t_1,t_2 满足什么关系时, $\boldsymbol{\alpha}_1,\boldsymbol{\alpha}_2,\cdots,\boldsymbol{\alpha}_s$ 也是 $\boldsymbol{AX}=\boldsymbol{0}$ 的基础解系.

15. 设有齐次线性方程组

$$\begin{cases}(1+a)x_1+x_2+\cdots+x_n=0,\\ 2x_1+(2+a)x_2+\cdots+2x_n=0,\\ \cdots\cdots\\ nx_1+nx_2+\cdots+(n+a)x_n=0,\end{cases}$$

试问 a 为何值时, 该方程组有非零解, 并求其通解.

16. 设 $\boldsymbol{\eta}^*$ 是非齐次线性方程组 $\boldsymbol{AX}=\boldsymbol{\beta}$ 的一个解, $\boldsymbol{\xi}_1,\boldsymbol{\xi}_2,\cdots,\boldsymbol{\xi}_{n-r}$ 是导出组 $\boldsymbol{AX}=\boldsymbol{0}$ 的基础解系. 证明

(1) $\boldsymbol{\eta}^*,\boldsymbol{\xi}_1,\boldsymbol{\xi}_2,\cdots,\boldsymbol{\xi}_{n-r}$ 线性无关;

(2) $\boldsymbol{\eta}^*,\boldsymbol{\eta}^*+\boldsymbol{\xi}_1,\boldsymbol{\eta}^*+\boldsymbol{\xi}_2,\cdots,\boldsymbol{\eta}^*+\boldsymbol{\xi}_{n-r}$ 线性无关.

17. 设 $\boldsymbol{\eta}_1,\boldsymbol{\eta}_2,\cdots,\boldsymbol{\eta}_s$ 是齐次线性方程组 $\boldsymbol{AX}=\boldsymbol{0}$ 的基础解系, 向量 $\boldsymbol{\alpha}$ 不是 $\boldsymbol{AX}=\boldsymbol{0}$ 的解, 即 $\boldsymbol{A\alpha}\neq\boldsymbol{0}$, 试证明: 向量组 $\boldsymbol{\alpha},\boldsymbol{\alpha}+\boldsymbol{\eta}_1,\boldsymbol{\alpha}+\boldsymbol{\eta}_2,\cdots,\boldsymbol{\alpha}+\boldsymbol{\eta}_s$ 线性无关.

18. 已知四阶方阵 $\boldsymbol{A}$ 的列向量组为 $\boldsymbol{\alpha}_1,\boldsymbol{\alpha}_2,\boldsymbol{\alpha}_3,\boldsymbol{\alpha}_4$, 其中 $\boldsymbol{\alpha}_2,\boldsymbol{\alpha}_3,\boldsymbol{\alpha}_4$ 线性无关, $\boldsymbol{\alpha}_1=2\boldsymbol{\alpha}_2-\boldsymbol{\alpha}_3$. 如果 $\boldsymbol{\beta}=\boldsymbol{\alpha}_1+\boldsymbol{\alpha}_2+\boldsymbol{\alpha}_3+\boldsymbol{\alpha}_4$, 求线性方程组 $\boldsymbol{AX}=\boldsymbol{\beta}$ 的通解.

19. 设 $\boldsymbol{\eta}_1,\boldsymbol{\eta}_2,\cdots,\boldsymbol{\eta}_s$ 是非齐次线性方程组 $\boldsymbol{AX}=\boldsymbol{\beta}$ 的 s 个解, $k_1,k_2,\cdots,k_s$ 是满足 $k_1+k_2+\cdots+k_s=1$ 的任意实数. 证明

$$\boldsymbol{\eta}=k_1\boldsymbol{\eta}_1+k_2\boldsymbol{\eta}_2+\cdots+k_s\boldsymbol{\eta}_s$$

是 $\boldsymbol{AX}=\boldsymbol{\beta}$ 的解.

20. 设非齐次线性方程组 $\boldsymbol{AX}=\boldsymbol{\beta}$ 的系数矩阵的秩为 r, 并设 $\boldsymbol{\eta}_1,\boldsymbol{\eta}_2,\cdots,\boldsymbol{\eta}_{n-r},\boldsymbol{\eta}_{n-r+1}$ 是 $\boldsymbol{AX}=\boldsymbol{\beta}$ 的 $n-r+1$ 个线性无关的解. 证明 $\boldsymbol{AX}=\boldsymbol{\beta}$ 的任一解 $\boldsymbol{\eta}$ 可表示为

$$\boldsymbol{\eta}=k_1\boldsymbol{\eta}_1+k_2\boldsymbol{\eta}_2+\cdots+k_{n-r+1}\boldsymbol{\eta}_{n-r+1},$$

其中 $k_1+k_2+\cdots+k_{n-r+1}=1$.

21. 已知平面上三条不同直线的方程分别为

$$\begin{aligned}l_1:&\quad ax+2by+3c=0;\\ l_2:&\quad bx+2cy+3a=0;\\ l_3:&\quad cx+2ay+3b=0.\end{aligned}$$

证明: 这三条直线交于一点的充分必要条件是 $a+b+c=0$.

22. 设 $x_1^*, x_2^*, \cdots, x_n^*$ 和 $y_1^*, y_2^*, \cdots, y_m^*$ 分别是线性方程组

$$\begin{cases} a_{11}x_1 + a_{12}x_2 + \cdots + a_{1n}x_n = b_1, \\ a_{21}x_1 + a_{22}x_2 + \cdots + a_{2n}x_n = b_2, \\ \cdots\cdots \\ a_{m1}x_1 + a_{m2}x_2 + \cdots + a_{mn}x_n = b_m \end{cases} \quad 和 \quad \begin{cases} a_{11}y_1 + a_{21}y_2 + \cdots + a_{m1}y_m = c_1, \\ a_{12}y_1 + a_{22}y_2 + \cdots + a_{m2}y_m = c_2, \\ \cdots\cdots \\ a_{1n}y_1 + a_{2n}y_2 + \cdots + a_{mn}y_m = c_n \end{cases}$$

的解, 证明

$$b_1y_1^* + b_2y_2^* + \cdots + b_my_m^* = c_1x_1^* + c_2x_2^* + \cdots + c_nx_n^*,$$

且等式两边的这个数与方程组解的选择无关.

第 5 章　n 维向量空间

第 3 章中主要介绍了 n 维向量的概念和性质, 这一章我们要从总体上来研究 n 维向量的性质, 为此需引进 n 维向量空间或称 n 维线性空间的概念. 线性空间的概念是近代数学最重要的基本概念之一, 这里我们仅介绍它的最基本性质.

5.1　n 维向量空间

用 $\mathbf{R}^n$ 表示由所有 n 维实行向量构成的集合, 即

$$\mathbf{R}^n = \{(x_1, x_2, \cdots, x_n) \mid x_i \in \mathbf{R}\}.$$

因为 n 维行向量和 n 维列向量在结构上是完全相同的, 因此所有 n 维实列向量的集合我们也记为 $\mathbf{R}^n$. 那么 $\mathbf{R}^n$ 何时表示 n 维行向量的集合, 何时表示 n 维列向量的集合要看具体情况而定. 以后凡是提到 $\mathbf{R}^n$, 那是泛指 n 维向量的集合, 也就是说, 既可以是所有 n 维行向量的集合, 也可以是所有 n 维列向量的集合.

定义 5.1.1　设 V 是 $\mathbf{R}^n$ 的子集, 称 V 为**向量空间**, 如果 V 关于向量的加法和数乘封闭, 也即对任意 $\boldsymbol{\alpha}, \boldsymbol{\beta} \in V$ 以及 $k \in \mathbf{R}$, 都有 $\boldsymbol{\alpha} + \boldsymbol{\beta} \in V$, $k\boldsymbol{\alpha} \in V$. 向量空间也叫做**线性空间**.

根据这个定义, 显然 $\mathbf{R}^n$ 是一个向量空间, 我们称其为**n 维向量空间**. 当 $n = 3$ 时, $\mathbf{R}^3$ 就是三维空间, 当 $n = 2$ 时, $\mathbf{R}^2$ 就是平面二维空间, 当 $n > 3$ 时它没有直观的几何意义.

例如, 设集合

$$V_1 = \{(x_1, x_2, \cdots, x_n) \in \mathbf{R}^n \mid x_1 + x_2 + \cdots + x_n = 0\},$$

并设 $\boldsymbol{\alpha} = (x_1, x_2, \cdots, x_n)$, $\boldsymbol{\beta} = (y_1, y_2, \cdots, y_n) \in V_1$, $k \in \mathbf{R}$, 则

$$x_1 + x_2 + \cdots + x_n = 0, \quad y_1 + y_2 + \cdots + y_n = 0,$$

进而显然有

$$\boldsymbol{\alpha} + \boldsymbol{\beta} = (x_1 + y_1, x_2 + y_2, \cdots, x_n + y_n) \in V_1,$$

$$k\boldsymbol{\alpha} = (kx_1, kx_2, \cdots, kx_n) \in V_1,$$

故 V_1 是向量空间.

再例如, 设 $\boldsymbol{A}$ 为 $m\times n$ 阶矩阵, 且

$$V_2=\{\boldsymbol{\xi}\in\mathbf{R}^n\mid \boldsymbol{A}\boldsymbol{\xi}=\mathbf{0}\},$$

那么对任意 $\boldsymbol{\xi}_1,\boldsymbol{\xi}_2\in V_2$ 以及 $k\in\mathbf{R}$, 由于 $\boldsymbol{A}\boldsymbol{\xi}_1=\mathbf{0}$, $\boldsymbol{A}\boldsymbol{\xi}_2=\mathbf{0}$, 因此

$$\boldsymbol{A}(\boldsymbol{\xi}_1+\boldsymbol{\xi}_2)=\boldsymbol{A}\boldsymbol{\xi}_1+\boldsymbol{A}\boldsymbol{\xi}_2=\mathbf{0},\quad \boldsymbol{A}(k\boldsymbol{\xi}_1)=k\boldsymbol{A}\boldsymbol{\xi}_1=\mathbf{0},$$

即 $\boldsymbol{\xi}_1+\boldsymbol{\xi}_2\in V_2$, $k\boldsymbol{\xi}_1\in V_2$. 这说明 V_2 也是向量空间. 显然, V_2 实际上是由齐次线性方程组 $\boldsymbol{AX}=\mathbf{0}$ 的所有解向量构成的, 所以它是 $\boldsymbol{AX}=\mathbf{0}$ 的解空间.

设 $\boldsymbol{\alpha}_1,\boldsymbol{\alpha}_2,\cdots,\boldsymbol{\alpha}_s$ 是 $\mathbf{R}^n$ 中的一组向量, 令

$$V=\{k_1\boldsymbol{\alpha}_1+k_2\boldsymbol{\alpha}_2+\cdots+k_s\boldsymbol{\alpha}_s\mid k_1,k_2,\cdots,k_s\in\mathbf{R}\},$$

也就是 V 是由 $\boldsymbol{\alpha}_1,\boldsymbol{\alpha}_2,\cdots,\boldsymbol{\alpha}_s$ 的所有可能的线性组合构成的集合, 那么 V 也是向量空间. 这是因为, 若 $\boldsymbol{\alpha}=k_1\boldsymbol{\alpha}_1+k_2\boldsymbol{\alpha}_2+\cdots+k_s\boldsymbol{\alpha}_s\in V$, $\boldsymbol{\beta}=l_1\boldsymbol{\alpha}_1+l_2\boldsymbol{\alpha}_2+\cdots+l_s\boldsymbol{\alpha}_s\in V$, $k\in\mathbf{R}$, 那么

$$\boldsymbol{\alpha}+\boldsymbol{\beta}=(k_1+l_1)\boldsymbol{\alpha}_1+(k_2+l_2)\boldsymbol{\alpha}_2+\cdots+(k_s+l_s)\boldsymbol{\alpha}_s\in V,$$

$$k\boldsymbol{\alpha}=kk_1\boldsymbol{\alpha}_1+kk_2\boldsymbol{\alpha}_2+\cdots+kk_s\boldsymbol{\alpha}_s\in V.$$

这个向量空间通常叫做由 $\boldsymbol{\alpha}_1,\boldsymbol{\alpha}_2,\cdots,\boldsymbol{\alpha}_s$**生成的向量空间**, 并记为

$$L(\boldsymbol{\alpha}_1,\boldsymbol{\alpha}_2,\cdots,\boldsymbol{\alpha}_s)=\{k_1\boldsymbol{\alpha}_1+k_2\boldsymbol{\alpha}_2+\cdots+k_s\boldsymbol{\alpha}_s\mid k_1,k_2,\cdots,k_s\in\mathbf{R}\}.$$

设 W 是向量空间 V 的子集, 若 W 自身也是向量空间, 则称 W 为 V 的**向量子空间**(简称**子空间**). 显然, 任何向量空间 V 都是 n 维向量空间 $\mathbf{R}^n$ 的子空间. 不难证明, $\mathbf{R}^n$ 的子集 U 是子空间的充分必要条件是对任意 $\boldsymbol{\alpha},\boldsymbol{\beta}\in U$ 以及 $k,l\in\mathbf{R}$, 都有

$$k\boldsymbol{\alpha}+l\boldsymbol{\beta}\in U.$$

定义 5.1.2　设 V 为向量空间, V 中的一组向量 $\boldsymbol{\alpha}_1,\boldsymbol{\alpha}_2,\cdots,\boldsymbol{\alpha}_s$ 称为 V 的**基**, 如果

(1) $\boldsymbol{\alpha}_1,\boldsymbol{\alpha}_2,\cdots,\boldsymbol{\alpha}_s$ 线性无关;

(2) V 中的每个向量都可以被 $\boldsymbol{\alpha}_1,\boldsymbol{\alpha}_2,\cdots,\boldsymbol{\alpha}_s$ 线性表出.

我们注意到, 向量空间 V 的基实际上就是把 V 看成向量组时的极大线性无关组. 因此, 向量空间的基未必唯一, 但任意两个基一定含有相同的向量个数. 我们称向量空间 V 的基含有的向量个数为 V 的**维数**. 这样, 向量空间 V 的维数实际上就

是把 V 看成向量组时的秩. 显然, $\mathbf{R}^n$ 的维数是 n, 而任意向量空间 V 的维数都不超过 n.

不难理解, 由 $\boldsymbol{\alpha}_1,\boldsymbol{\alpha}_2,\cdots,\boldsymbol{\alpha}_s$ 生成的向量空间 $L(\boldsymbol{\alpha}_1,\boldsymbol{\alpha}_2,\cdots,\boldsymbol{\alpha}_s)$ 的维数就是向量组 $\boldsymbol{\alpha}_1,\boldsymbol{\alpha}_2,\cdots,\boldsymbol{\alpha}_s$ 的秩.

因为向量空间的任意向量都可由它的基线性表出, 所以某种程度上, 研究向量空间只要研究它的基就可以了. 比如, 若 $\boldsymbol{\alpha}_1,\boldsymbol{\alpha}_2,\cdots,\boldsymbol{\alpha}_s$ 是向量空间 V 的基, 则一定有

$$V=L(\boldsymbol{\alpha}_1,\boldsymbol{\alpha}_2,\cdots,\boldsymbol{\alpha}_s).$$

这就较清楚地显示出了向量空间 V 的结构.

设 V 是维数为 s 的向量空间, $\boldsymbol{\alpha}_1,\boldsymbol{\alpha}_2,\cdots,\boldsymbol{\alpha}_s$ 是它的一组基, $\boldsymbol{\alpha}$ 是 V 中任一向量, 于是存在唯一一组数 $x_1,x_2,\cdots,x_s$ 使得

$$\boldsymbol{\alpha}=x_1\boldsymbol{\alpha}_1+x_2\boldsymbol{\alpha}_2+\cdots+x_s\boldsymbol{\alpha}_s.$$

这组数就称为向量 $\boldsymbol{\alpha}$ 在基 $\boldsymbol{\alpha}_1,\boldsymbol{\alpha}_2,\cdots,\boldsymbol{\alpha}_s$ 下的**坐标**.

在维数是 s 的向量空间中, 任意 s 个线性无关的向量都可以作为它的基. 对不同的基, 同一个向量的坐标一般是不同的. 现在我们关心, 随着基的改变, 向量的坐标是怎样变化的?

设 $\boldsymbol{\alpha}_1,\boldsymbol{\alpha}_2,\cdots,\boldsymbol{\alpha}_s$ 及 $\boldsymbol{\beta}_1,\boldsymbol{\beta}_2,\cdots,\boldsymbol{\beta}_s$ 都是维数为 s 的向量空间 V 的两组基, 它们的关系是

$$\begin{cases}\boldsymbol{\beta}_1=a_{11}\boldsymbol{\alpha}_1+a_{21}\boldsymbol{\alpha}_2+\cdots+a_{s1}\boldsymbol{\alpha}_s=\displaystyle\sum_{i=1}^{s}a_{i1}\boldsymbol{\alpha}_i,\\ \boldsymbol{\beta}_2=a_{12}\boldsymbol{\alpha}_1+a_{22}\boldsymbol{\alpha}_2+\cdots+a_{s2}\boldsymbol{\alpha}_s=\displaystyle\sum_{i=1}^{s}a_{i2}\boldsymbol{\alpha}_i,\\ \cdots\cdots\\ \boldsymbol{\beta}_s=a_{1s}\boldsymbol{\alpha}_1+a_{2s}\boldsymbol{\alpha}_2+\cdots+a_{ss}\boldsymbol{\alpha}_s=\displaystyle\sum_{i=1}^{s}a_{is}\boldsymbol{\alpha}_i.\end{cases}\tag{5.1}$$

再设 V 中任一向量 $\boldsymbol{\alpha}$ 在这两组基下的坐标分别是 $x_1,x_2,\cdots,x_s$ 和 $x_1',x_2',\cdots,x_s'$, 也即

$$\boldsymbol{\alpha}=x_1\boldsymbol{\alpha}_1+x_2\boldsymbol{\alpha}_2+\cdots+x_s\boldsymbol{\alpha}_s=\sum_{i=1}^{s}x_i\boldsymbol{\alpha}_i,\tag{5.2}$$

$$\boldsymbol{\alpha}=x_1'\boldsymbol{\beta}_1+x_2'\boldsymbol{\beta}_2+\cdots+x_s'\boldsymbol{\beta}_s=\sum_{j=1}^{s}x_j'\boldsymbol{\beta}_j.\tag{5.3}$$

现在的问题就是要找出 $x_1, x_2, \cdots, x_s$ 和 $x'_1, x'_2, \cdots, x'_s$ 的关系. 为此, 将 (5.1) 代入 (5.3),

$$\begin{aligned}\boldsymbol{\alpha} &= \sum_{j=1}^{s} x'_j \boldsymbol{\beta}_j = \sum_{j=1}^{s} x'_j \left(\sum_{i=1}^{s} a_{ij}\boldsymbol{\alpha}_i\right) = \sum_{j=1}^{s}\sum_{i=1}^{s} a_{ij}x'_j\boldsymbol{\alpha}_i \\ &= \sum_{i=1}^{s}\sum_{j=1}^{s} a_{ij}x'_j\boldsymbol{\alpha}_i = \sum_{i=1}^{s}\left(\sum_{j=1}^{s} a_{ij}x'_j\right)\boldsymbol{\alpha}_i.\end{aligned}$$

上式和 (5.2) 比较可知,

$$x_i = \sum_{j=1}^{s} x'_j a_{ij} = a_{i1}x'_1 + a_{i2}x'_2 + \cdots + a_{is}x'_s, \quad i = 1, 2, \cdots, s.$$

这用矩阵表示就是

$$\begin{pmatrix} x_1 \\ x_2 \\ \vdots \\ x_s \end{pmatrix} = \boldsymbol{A} \begin{pmatrix} x'_1 \\ x'_2 \\ \vdots \\ x'_s \end{pmatrix}, \tag{5.4}$$

其中矩阵

$$\boldsymbol{A} = \begin{pmatrix} a_{11} & a_{12} & \cdots & a_{1s} \\ a_{21} & a_{22} & \cdots & a_{2s} \\ \vdots & \vdots & & \vdots \\ a_{s1} & a_{s2} & \cdots & a_{ss} \end{pmatrix}$$

称为由基 $\boldsymbol{\alpha}_1, \boldsymbol{\alpha}_2, \cdots, \boldsymbol{\alpha}_s$ 到基 $\boldsymbol{\beta}_1, \boldsymbol{\beta}_2, \cdots, \boldsymbol{\beta}_s$ 的**过渡矩阵**. 由基向量的线性无关性容易证明, 过渡矩阵 $\boldsymbol{A}$ 是可逆的. 因此 (5.4) 式又可写为

$$\begin{pmatrix} x'_1 \\ x'_2 \\ \vdots \\ x'_s \end{pmatrix} = \boldsymbol{A}^{-1} \begin{pmatrix} x_1 \\ x_2 \\ \vdots \\ x_s \end{pmatrix}. \tag{5.5}$$

这就是同一向量在不同基下的坐标之间的变换关系.

例 5.1.1 设四维向量空间 $\mathbf{R}^4$ 的两组基 (Ⅰ): $\boldsymbol{\alpha}_1, \boldsymbol{\alpha}_2, \boldsymbol{\alpha}_3, \boldsymbol{\alpha}_4$ 和 (Ⅱ): $\boldsymbol{\beta}_1, \boldsymbol{\beta}_2,$

$\boldsymbol{\beta}_3, \boldsymbol{\beta}_4$ 满足

$$\begin{cases}\boldsymbol{\alpha}_1+2\boldsymbol{\alpha}_2=\boldsymbol{\beta}_3,\\ \boldsymbol{\alpha}_2+2\boldsymbol{\alpha}_3=\boldsymbol{\beta}_4,\\ \boldsymbol{\beta}_1+2\boldsymbol{\beta}_2=\boldsymbol{\alpha}_3,\\ \boldsymbol{\beta}_2+2\boldsymbol{\beta}_3=\boldsymbol{\alpha}_4.\end{cases}$$

(1) 求由基 (Ⅰ) 到基 (Ⅱ) 的过渡矩阵;

(2) 求向量 $\boldsymbol{\alpha}=2\boldsymbol{\beta}_1-\boldsymbol{\beta}_2+\boldsymbol{\beta}_3+\boldsymbol{\beta}_4$ 在基 (Ⅰ) 下的坐标.

解 由两组基的关系不难得

$$\begin{cases}\boldsymbol{\beta}_1=4\boldsymbol{\alpha}_1+8\boldsymbol{\alpha}_2+\boldsymbol{\alpha}_3-2\boldsymbol{\alpha}_4,\\ \boldsymbol{\beta}_2=-2\boldsymbol{\alpha}_1-4\boldsymbol{\alpha}_2+\boldsymbol{\alpha}_4,\\ \boldsymbol{\beta}_3=\boldsymbol{\alpha}_1+2\boldsymbol{\alpha}_2,\\ \boldsymbol{\beta}_4=\boldsymbol{\alpha}_2+2\boldsymbol{\alpha}_3.\end{cases}$$

所以由基 (Ⅰ) 到基 (Ⅱ) 的过渡矩阵矩阵为

$$\boldsymbol{A}=\begin{pmatrix}4 & -2 & 1 & 0\\ 8 & -4 & 2 & 1\\ 1 & 0 & 0 & 2\\ -2 & 1 & 0 & 0\end{pmatrix}.$$

因为 $\boldsymbol{\alpha}$ 在基 (Ⅱ) 下的坐标为 $2,-1,1,1$, 因此根据 (5.4) 式知, $\boldsymbol{\alpha}$ 在基 (Ⅰ) 下的坐标为

$$\boldsymbol{A}\begin{pmatrix}2\\ -1\\ 1\\ 1\end{pmatrix}=\begin{pmatrix}11\\ 23\\ 4\\ -5\end{pmatrix},$$

所以 $\boldsymbol{\alpha}=11\alpha_1+23\alpha_2+4\alpha_3-5\alpha_4$.

5.2 内积、长度与夹角

在空间解析几何中我们定义过三维向量的数量积 (也就是点积)、长度以及夹角等, 现在要将这些概念推广到 n 维向量空间 $\mathbf{R}^n$ 上.

定义 5.2.1　设 n 维向量

$$\boldsymbol{\alpha}=(x_1,x_2,\cdots,x_n),\quad \boldsymbol{\beta}=(y_1,y_2,\cdots,y_n),$$

定义 $\boldsymbol{\alpha}$ 与 $\boldsymbol{\beta}$ 的**内积**为

$$(\boldsymbol{\alpha},\boldsymbol{\beta})=x_1y_1+x_2y_2+\cdots+x_ny_n.$$

对列向量可类似定义内积. 向量的内积是两个向量之间的一种运算, 其结果是一个实数. 易见, 若 $\boldsymbol{\alpha}$ 和 $\boldsymbol{\beta}$ 是行向量, 则可把它们看作是行矩阵, 因此

$$(\boldsymbol{\alpha},\boldsymbol{\beta})=\boldsymbol{\alpha}\boldsymbol{\beta}'=\boldsymbol{\beta}\boldsymbol{\alpha}';$$

若 $\boldsymbol{\alpha}$ 和 $\boldsymbol{\beta}$ 是列向量, 则可把它们看作是列矩阵, 因此

$$(\boldsymbol{\alpha},\boldsymbol{\beta})=\boldsymbol{\alpha}'\boldsymbol{\beta}=\boldsymbol{\beta}'\boldsymbol{\alpha}.$$

不难验证, 内积具有以下性质:

(1) $(\boldsymbol{\alpha},\boldsymbol{\beta})=(\boldsymbol{\beta},\boldsymbol{\alpha})$ (交换性);

(2) $(\boldsymbol{\alpha}+\boldsymbol{\beta},\boldsymbol{\gamma})=(\boldsymbol{\alpha},\boldsymbol{\gamma})+(\boldsymbol{\beta},\boldsymbol{\gamma})$ (分配性);

(3) $(k\boldsymbol{\alpha},\boldsymbol{\beta})=k(\boldsymbol{\alpha},\boldsymbol{\beta})$ (齐次性);

(4) $(\boldsymbol{\alpha},\boldsymbol{\alpha})\geqslant 0$, 且等号成立的充分必要条件是 $\boldsymbol{\alpha}=\mathbf{0}$ (非负性);

(5) $(\boldsymbol{\alpha},\boldsymbol{\beta})^2\leqslant(\boldsymbol{\alpha},\boldsymbol{\alpha})(\boldsymbol{\beta},\boldsymbol{\beta})$, 且等号成立的充分必要条件是 $\boldsymbol{\alpha}$ 与 $\boldsymbol{\beta}$ 线性相关 (施瓦茨 (Schwarz) 不等式).

性质 (1)~(4) 直接根据内积的定义即可证明, 这里我们仅证明性质 (5).

事实上, 设 t 是一个实参数, 则由性质 (1)~(4) 可得

$$0\leqslant(t\boldsymbol{\alpha}+\boldsymbol{\beta},t\boldsymbol{\alpha}+\boldsymbol{\beta})=(\boldsymbol{\alpha},\boldsymbol{\alpha})t^2+2(\boldsymbol{\alpha},\boldsymbol{\beta})t+(\boldsymbol{\beta},\boldsymbol{\beta}).$$

由于 $(\boldsymbol{\alpha},\boldsymbol{\alpha})$, $(\boldsymbol{\alpha},\boldsymbol{\beta})$ 和 $(\boldsymbol{\beta},\boldsymbol{\beta})$ 都是实数, 因此有

$$\Delta=4(\boldsymbol{\alpha},\boldsymbol{\beta})^2-4(\boldsymbol{\alpha},\boldsymbol{\alpha})(\boldsymbol{\beta},\boldsymbol{\beta})\leqslant 0,$$

即

$$(\boldsymbol{\alpha},\boldsymbol{\beta})^2\leqslant(\boldsymbol{\alpha},\boldsymbol{\alpha})(\boldsymbol{\beta},\boldsymbol{\beta}).$$

再证明, 等号成立当且仅当 $\boldsymbol{\alpha}$ 与 $\boldsymbol{\beta}$ 线性相关. 设 $\boldsymbol{\alpha}$ 与 $\boldsymbol{\beta}$ 线性相关, 并不妨设存在数 k 使得 $\boldsymbol{\alpha}=k\boldsymbol{\beta}$, 那么

$$(\boldsymbol{\alpha},\boldsymbol{\beta})^2=(k\boldsymbol{\beta},\boldsymbol{\beta})^2=k^2(\boldsymbol{\beta},\boldsymbol{\beta})^2=(k\boldsymbol{\beta},k\boldsymbol{\beta})(\boldsymbol{\beta},\boldsymbol{\beta})=(\boldsymbol{\alpha},\boldsymbol{\alpha})(\boldsymbol{\beta},\boldsymbol{\beta}).$$

反之, 设 $(\boldsymbol{\alpha},\boldsymbol{\beta})^2=(\boldsymbol{\alpha},\boldsymbol{\alpha})(\boldsymbol{\beta},\boldsymbol{\beta})$. 若 $\boldsymbol{\alpha}=\mathbf{0}$, 则显然 $\boldsymbol{\alpha}$ 与 $\boldsymbol{\beta}$ 线性相关; 若 $\boldsymbol{\alpha}\neq\mathbf{0}$, 取 $t=-\dfrac{(\boldsymbol{\alpha},\boldsymbol{\beta})}{(\boldsymbol{\alpha},\boldsymbol{\alpha})}$, 则

$$(t\boldsymbol{\alpha}+\boldsymbol{\beta},t\boldsymbol{\alpha}+\boldsymbol{\beta})=(\boldsymbol{\alpha},\boldsymbol{\alpha})t^2+2(\boldsymbol{\alpha},\boldsymbol{\beta})t+(\boldsymbol{\beta},\boldsymbol{\beta})=0,$$

于是, $t\boldsymbol{\alpha}+\boldsymbol{\beta}=\mathbf{0}$, 即 $\boldsymbol{\alpha}$ 与 $\boldsymbol{\beta}$ 线性相关.

有了内积的概念我们可以定义向量的长度以及两个向量的夹角.

定义 5.2.2 设 n 维向量

$$\boldsymbol{\alpha}=(x_1,x_2,\cdots,x_n),\quad \boldsymbol{\beta}=(y_1,y_2,\cdots,y_n),$$

则称

$$|\boldsymbol{\alpha}|=\sqrt{(\boldsymbol{\alpha},\boldsymbol{\alpha})}=\sqrt{x_1^2+x_2^2+\cdots+x_n^2}$$

为向量 $\boldsymbol{\alpha}$ 的**长度**(或者称为**模**).

长度等于 1 的向量称为**单位向量**.

显然, 在 $n=3$ 时,

$$|\boldsymbol{\alpha}|=\sqrt{x_1^2+x_2^2+x_3^2},$$

这个公式和空间解析几何中向量的长度公式完全一致. 因此, $\mathbf{R}^n$ 中向量的长度的概念是三维空间中向量长度概念的推广.

显然, 用长度的概念, 施瓦茨不等式又可以表示为

$$(\boldsymbol{\alpha},\boldsymbol{\beta})^2\leqslant|\boldsymbol{\alpha}|^2|\boldsymbol{\beta}|^2,$$

或者

$$|(\boldsymbol{\alpha},\boldsymbol{\beta})|\leqslant|\boldsymbol{\alpha}||\boldsymbol{\beta}|.$$

向量的长度具有下列性质:

(1) $|\boldsymbol{\alpha}|\geqslant 0$, 且 $|\boldsymbol{\alpha}|=0$ 的充分必要条件是 $\boldsymbol{\alpha}=\mathbf{0}$;

(2) $|k\boldsymbol{\alpha}|=|k||\boldsymbol{\alpha}|$;

(3) $|\boldsymbol{\alpha}+\boldsymbol{\beta}|\leqslant|\boldsymbol{\alpha}|+|\boldsymbol{\beta}|$.

性质 (1) 和性质 (2) 由长度的定义直接可证明, 现在我们证明 (3). 事实上, 根据施瓦茨不等式可知,

$$\begin{aligned}|\boldsymbol{\alpha}+\boldsymbol{\beta}|^2&=(\boldsymbol{\alpha}+\boldsymbol{\beta},\boldsymbol{\alpha}+\boldsymbol{\beta})\\&=(\boldsymbol{\alpha},\boldsymbol{\alpha})+2(\boldsymbol{\alpha},\boldsymbol{\beta})+(\boldsymbol{\beta},\boldsymbol{\beta})\\&\leqslant(\boldsymbol{\alpha},\boldsymbol{\alpha})+2|(\boldsymbol{\alpha},\boldsymbol{\beta})|+(\boldsymbol{\beta},\boldsymbol{\beta})\\&\leqslant|\boldsymbol{\alpha}|^2+2|\boldsymbol{\alpha}||\boldsymbol{\beta}|+|\boldsymbol{\beta}|^2\\&=(|\boldsymbol{\alpha}|+|\boldsymbol{\beta}|)^2,\end{aligned}$$

即 $|\boldsymbol{\alpha}+\boldsymbol{\beta}|\leqslant|\boldsymbol{\alpha}|+|\boldsymbol{\beta}|$.

对任意 n 维非零向量 $\boldsymbol{\alpha}$, 若令

$$\varepsilon = \frac{1}{|\boldsymbol{\alpha}|}\boldsymbol{\alpha},$$

则显然有 $|\varepsilon| = 1$. 这说明任何非零向量和它的长度的倒数作数乘后就得到一个单位向量, 这个过程通常叫做把向量 α**单位化**.

由施瓦茨不等式可得

$$\left|\frac{(\boldsymbol{\alpha},\boldsymbol{\beta})}{|\boldsymbol{\alpha}||\boldsymbol{\beta}|}\right| \leqslant 1.$$

于是又有两个向量夹角的定义.

定义 5.2.3　设 $\boldsymbol{\alpha}$ 和 $\boldsymbol{\beta}$ 都是 n 维非零向量, 则定义 $\boldsymbol{\alpha}$ 与 $\boldsymbol{\beta}$ 的**夹角** θ 为

$$\theta = \arccos\frac{(\boldsymbol{\alpha},\boldsymbol{\beta})}{|\boldsymbol{\alpha}||\boldsymbol{\beta}|},$$

也即

$$\cos\theta = \frac{(\boldsymbol{\alpha},\boldsymbol{\beta})}{|\boldsymbol{\alpha}||\boldsymbol{\beta}|}.$$

定义 5.2.4　如果 n 维向量 $\boldsymbol{\alpha}$ 与 $\boldsymbol{\beta}$ 的内积为零, 即

$$(\boldsymbol{\alpha},\boldsymbol{\beta}) = 0,$$

则称 $\boldsymbol{\alpha}$ 与 $\boldsymbol{\beta}$**正交**或者**相互垂直**, 并记为 $\boldsymbol{\alpha}\perp\boldsymbol{\beta}$.

显然, 这种正交的定义和空间解析几何中对于正交的说法是完全一致的. 由定义容易看出, 两个非零向量正交的充分必要条件是它们的夹角为 $\pi/2$, 且只有零向量才与自身正交.

如果 $\boldsymbol{\alpha}$ 与 $\boldsymbol{\beta}$ 正交, 即 $(\boldsymbol{\alpha},\boldsymbol{\beta}) = 0$, 则必有

$$|\boldsymbol{\alpha}+\boldsymbol{\beta}|^2 = |\boldsymbol{\alpha}|^2 + |\boldsymbol{\beta}|^2.$$

事实上,

$$|\boldsymbol{\alpha}+\boldsymbol{\beta}|^2 = (\boldsymbol{\alpha}+\boldsymbol{\beta},\boldsymbol{\alpha}+\boldsymbol{\beta}) = (\boldsymbol{\alpha},\boldsymbol{\alpha}) + (\boldsymbol{\beta},\boldsymbol{\beta}) = |\boldsymbol{\alpha}|^2 + |\boldsymbol{\beta}|^2.$$

这个结果容易推广到多个向量的情形, 即若向量 $\boldsymbol{\alpha}_1,\boldsymbol{\alpha}_2,\cdots,\boldsymbol{\alpha}_s$ 两两正交, 则

$$|\boldsymbol{\alpha}_1+\boldsymbol{\alpha}_2+\cdots+\boldsymbol{\alpha}_s|^2 = |\boldsymbol{\alpha}_1|^2 + |\boldsymbol{\alpha}_2|^2 + \cdots + |\boldsymbol{\alpha}_s|^2.$$

定理 5.2.1　两两正交的非零向量构成的向量组线性无关.

证明　设向量 $\boldsymbol{\alpha}_1,\boldsymbol{\alpha}_2,\cdots,\boldsymbol{\alpha}_s$ 两两正交, 并设存在一组数 $k_1,k_2,\cdots,k_s$, 使得

$$k_1\boldsymbol{\alpha}_1 + k_2\boldsymbol{\alpha}_2 + \cdots + k_s\boldsymbol{\alpha}_s = \mathbf{0}.$$

用 $\boldsymbol{\alpha}_i$ 和上式两边作内积即得

$$k_i(\boldsymbol{\alpha}_i,\boldsymbol{\alpha}_i)=0,$$

但 $\boldsymbol{\alpha}_i\neq\mathbf{0}$, 所以 $(\boldsymbol{\alpha}_i,\boldsymbol{\alpha}_i)>0$, 进而 $k_i=0\ (i=1,2,\cdots,s)$. 这就证明了 $\boldsymbol{\alpha}_1,\boldsymbol{\alpha}_2,\cdots,\boldsymbol{\alpha}_s$ 线性无关. ∎

5.3 向量组的正交化

两两正交的非零向量组称为**正交向量组**(简称**正交组**). 线性空间的基如果是正交向量组, 那么这组基就称为**正交基**. 定理 5.2.1 表明, 正交向量组是线性无关的. 因此, 在 n 维线性空间 $\mathbf{R}^n$ 中, 两两正交的非零向量的个数最多为 n 个, 例如, 由空间解析几何的知识我们知道, 在三维空间中找不到 4 个两两正交的非零向量.

定义 5.3.1 由单位向量组成的正交向量组称为**标准正交向量组**, 或者简称为**标准正交组**. 线性空间的基如果是标准正交向量组, 那么这组基就称为**标准正交基**.

显然, 将正交向量组单位化就得到了标准正交向量组. 由任何一组线性无关的向量组都可以构造出含有相同向量个数的标准正交向量组.

事实上, 设 n 维向量 $\boldsymbol{\alpha}_1,\boldsymbol{\alpha}_2,\cdots,\boldsymbol{\alpha}_s$ 线性无关. 首先构造向量如下：

$$\begin{aligned}
&\boldsymbol{\beta}_1=\boldsymbol{\alpha}_1,\\
&\boldsymbol{\beta}_2=\boldsymbol{\alpha}_2-\frac{(\boldsymbol{\alpha}_2,\boldsymbol{\beta}_1)}{(\boldsymbol{\beta}_1,\boldsymbol{\beta}_1)}\boldsymbol{\beta}_1,\\
&\boldsymbol{\beta}_3=\boldsymbol{\alpha}_3-\frac{(\boldsymbol{\alpha}_3,\boldsymbol{\beta}_2)}{(\boldsymbol{\beta}_2,\boldsymbol{\beta}_2)}\boldsymbol{\beta}_2-\frac{(\boldsymbol{\alpha}_3,\boldsymbol{\beta}_1)}{(\boldsymbol{\beta}_1,\boldsymbol{\beta}_1)}\boldsymbol{\beta}_1,\\
&\cdots\cdots\\
&\boldsymbol{\beta}_s=\boldsymbol{\alpha}_s-\frac{(\boldsymbol{\alpha}_s,\boldsymbol{\beta}_{s-1})}{(\boldsymbol{\beta}_{s-1},\boldsymbol{\beta}_{s-1})}\boldsymbol{\beta}_{s-1}-\frac{(\boldsymbol{\alpha}_s,\boldsymbol{\beta}_{s-2})}{(\boldsymbol{\beta}_{s-2},\boldsymbol{\beta}_{s-2})}\boldsymbol{\beta}_{s-2}-\cdots-\frac{(\boldsymbol{\alpha}_s,\boldsymbol{\beta}_1)}{(\boldsymbol{\beta}_1,\boldsymbol{\beta}_1)}\boldsymbol{\beta}_1.
\end{aligned}$$

注意到, $\boldsymbol{\beta}_i\ (i=1,2,\cdots,s)$ 是 $\boldsymbol{\alpha}_1,\boldsymbol{\alpha}_2,\cdots,\boldsymbol{\alpha}_i$ 的线性组合, 因此根据 $\boldsymbol{\alpha}_1,\boldsymbol{\alpha}_2,\cdots,\boldsymbol{\alpha}_i$ 的线性无关性可知 $\boldsymbol{\beta}_i\neq\mathbf{0}$. 现在用归纳法证明向量组 $\boldsymbol{\beta}_1,\boldsymbol{\beta}_2,\cdots,\boldsymbol{\beta}_s$ 两两正交. 因为

$$(\boldsymbol{\beta}_1,\boldsymbol{\beta}_2)=(\boldsymbol{\beta}_1,\boldsymbol{\alpha}_2-\frac{(\boldsymbol{\alpha}_2,\boldsymbol{\beta}_1)}{(\boldsymbol{\beta}_1,\boldsymbol{\beta}_1)}\boldsymbol{\beta}_1)=(\boldsymbol{\beta}_1,\boldsymbol{\alpha}_2)-\frac{(\boldsymbol{\alpha}_2,\boldsymbol{\beta}_1)}{(\boldsymbol{\beta}_1,\boldsymbol{\beta}_1)}(\boldsymbol{\beta}_1,\boldsymbol{\beta}_1)=0,$$

所以 $\boldsymbol{\beta}_1\perp\boldsymbol{\beta}_2$. 现在假设 $t(t<s)$ 个向量 $\boldsymbol{\beta}_1,\boldsymbol{\beta}_2,\cdots,\boldsymbol{\beta}_t$ 两两正交, 于是, 对任意的 $1\leqslant i\leqslant t$ 都有

$$(\boldsymbol{\beta}_{t+1},\boldsymbol{\beta}_i)=\left(\boldsymbol{\alpha}_{t+1}-\frac{(\boldsymbol{\alpha}_{t+1},\boldsymbol{\beta}_t)}{(\boldsymbol{\beta}_t,\boldsymbol{\beta}_t)}\boldsymbol{\beta}_t-\cdots-\frac{(\boldsymbol{\alpha}_{t+1},\boldsymbol{\beta}_i)}{(\boldsymbol{\beta}_i,\boldsymbol{\beta}_i)}\boldsymbol{\beta}_i-\cdots-\frac{(\boldsymbol{\alpha}_{t+1},\boldsymbol{\beta}_1)}{(\boldsymbol{\beta}_1,\boldsymbol{\beta}_1)}\boldsymbol{\beta}_1,\boldsymbol{\beta}_i\right)$$

$$= (\boldsymbol{\alpha}_{t+1},\boldsymbol{\beta}_i) - \frac{(\boldsymbol{\alpha}_{t+1},\boldsymbol{\beta}_i)}{(\boldsymbol{\beta}_i,\boldsymbol{\beta}_i)}(\boldsymbol{\beta}_i,\boldsymbol{\beta}_i) = 0.$$

这就是说, $\boldsymbol{\beta}_{t+1} \perp \boldsymbol{\beta}_i \ (i = 1,2,\cdots,t)$, 即 $\boldsymbol{\beta}_1,\boldsymbol{\beta}_2,\cdots,\boldsymbol{\beta}_t,\boldsymbol{\beta}_{t+1}$ 两两正交. 由此知 $\boldsymbol{\beta}_1,\boldsymbol{\beta}_2,\cdots,\boldsymbol{\beta}_s$ 两两正交.

作出了正交向量组 $\boldsymbol{\beta}_1,\boldsymbol{\beta}_2,\cdots,\boldsymbol{\beta}_s$ 后, 再把它们单位化, 即令

$$\boldsymbol{\gamma}_1 = \frac{1}{|\boldsymbol{\beta}_1|}\boldsymbol{\beta}_1,\ \ \boldsymbol{\gamma}_2 = \frac{1}{|\boldsymbol{\beta}_2|}\boldsymbol{\beta}_2,\ \ \cdots,\boldsymbol{\gamma}_s = \frac{1}{|\boldsymbol{\beta}_s|}\boldsymbol{\beta}_s,$$

那么 $\boldsymbol{\gamma}_1,\boldsymbol{\gamma}_2,\cdots,\boldsymbol{\gamma}_s$ 就是标准正交向量组.

上述从线性无关的向量组构造出正交向量组的方法通常称为**施密特** (Schimidt) **正交化方法**.

例 5.3.1 由线性无关的向量组

$$\boldsymbol{\alpha}_1 = (1,1,0,0), \quad \boldsymbol{\alpha}_2 = (1,0,1,0),$$
$$\boldsymbol{\alpha}_3 = (-1,0,0,1), \quad \boldsymbol{\alpha}_4 = (1,-1,-1,1)$$

构造出两两正交的单位向量组.

解 直接用施密特正交化方法. 先正交化:

$$\begin{aligned}
\boldsymbol{\beta}_1 &= \boldsymbol{\alpha}_1 = (1,1,0,0),\\
\boldsymbol{\beta}_2 &= \boldsymbol{\alpha}_2 - \frac{(\boldsymbol{\alpha}_2,\boldsymbol{\beta}_1)}{(\boldsymbol{\beta}_1,\boldsymbol{\beta}_1)}\boldsymbol{\beta}_1 = \left(\frac{1}{2},-\frac{1}{2},1,0\right),\\
\boldsymbol{\beta}_3 &= \boldsymbol{\alpha}_3 - \frac{(\boldsymbol{\alpha}_3,\boldsymbol{\beta}_2)}{(\boldsymbol{\beta}_2,\boldsymbol{\beta}_2)}\boldsymbol{\beta}_2 - \frac{(\boldsymbol{\alpha}_3,\boldsymbol{\beta}_1)}{(\boldsymbol{\beta}_1,\boldsymbol{\beta}_1)}\boldsymbol{\beta}_1 = \left(-\frac{1}{3},\frac{1}{3},\frac{1}{3},1\right),\\
\boldsymbol{\beta}_4 &= \boldsymbol{\alpha}_4 - \frac{(\boldsymbol{\alpha}_4,\boldsymbol{\beta}_3)}{(\boldsymbol{\beta}_3,\boldsymbol{\beta}_3)}\boldsymbol{\beta}_3 - \frac{(\boldsymbol{\alpha}_4,\boldsymbol{\beta}_2)}{(\boldsymbol{\beta}_2,\boldsymbol{\beta}_2)}\boldsymbol{\beta}_2 - \frac{(\boldsymbol{\alpha}_4,\boldsymbol{\beta}_1)}{(\boldsymbol{\beta}_1,\boldsymbol{\beta}_1)}\boldsymbol{\beta}_1 = (1,-1,-1,1).
\end{aligned}$$

再单位化:

$$\begin{aligned}
\boldsymbol{\gamma}_1 &= \frac{1}{|\boldsymbol{\beta}_1|}\boldsymbol{\beta}_1 = \left(\frac{1}{\sqrt{2}},\frac{1}{\sqrt{2}},0,0\right),\\
\boldsymbol{\gamma}_2 &= \frac{1}{|\boldsymbol{\beta}_2|}\boldsymbol{\beta}_2 = \left(\frac{1}{\sqrt{6}},-\frac{1}{\sqrt{6}},\frac{2}{\sqrt{6}},0\right),\\
\boldsymbol{\gamma}_3 &= \frac{1}{|\boldsymbol{\beta}_3|}\boldsymbol{\beta}_3 = \left(-\frac{1}{\sqrt{12}},\frac{1}{\sqrt{12}},\frac{1}{\sqrt{12}},\frac{3}{\sqrt{12}}\right),\\
\boldsymbol{\gamma}_4 &= \frac{1}{|\boldsymbol{\beta}_4|}\boldsymbol{\beta}_4 = \left(\frac{1}{2},-\frac{1}{2},-\frac{1}{2},\frac{1}{2}\right).
\end{aligned}$$

施密特正交化方法告诉我们, 线性空间都有正交基, 进而也有标准正交基. 下面的例子还说明, $\mathbf{R}^n$ 中的任何一个单位向量都可以扩充成 $\mathbf{R}^n$ 的标准正交基 (这个事实在定理 6.3.2 的证明中将用到).

例5.3.2 已知单位向量

$$\boldsymbol{\alpha}_1=\begin{pmatrix}\frac{1}{3}\\ \frac{2}{3}\\ \frac{2}{3}\end{pmatrix},$$

求一组向量 $\boldsymbol{\alpha}_2,\boldsymbol{\alpha}_3$, 使得 $\boldsymbol{\alpha}_1,\boldsymbol{\alpha}_2,\boldsymbol{\alpha}_3$ 是标准正交组, 从而也是 $\mathbf{R}^3$ 的标准正交基.

解 要使 $\boldsymbol{\alpha}_1,\boldsymbol{\alpha}_2,\boldsymbol{\alpha}_3$ 是标准正交组, 则必须有 $(\boldsymbol{\alpha}_1,\boldsymbol{\alpha}_2)=0$, 且 $(\boldsymbol{\alpha}_1,\boldsymbol{\alpha}_3)=0$, 所以 $\boldsymbol{\alpha}_2$ 和 $\boldsymbol{\alpha}_3$ 的分量都应该满足方程

$$\frac{1}{3}x_1+\frac{2}{3}x_2+\frac{2}{3}x_3=0,$$

也即

$$x_1+2x_2+2x_3=0.$$

可以求得其基础解系为

$$\boldsymbol{\eta}_1=\begin{pmatrix}-2\\1\\0\end{pmatrix},\quad \boldsymbol{\eta}_2=\begin{pmatrix}-2\\0\\1\end{pmatrix}.$$

把基础解系 $\boldsymbol{\eta}_1,\boldsymbol{\eta}_2$ 正交化:

$$\boldsymbol{\beta}_1=\boldsymbol{\eta}_1=\begin{pmatrix}-2\\1\\0\end{pmatrix},\quad \boldsymbol{\beta}_2=\boldsymbol{\eta}_2-\frac{(\boldsymbol{\eta}_2,\boldsymbol{\beta}_1)}{(\boldsymbol{\beta}_1,\boldsymbol{\beta}_1)}\boldsymbol{\beta}_1=\begin{pmatrix}-\frac{2}{5}\\-\frac{4}{5}\\1\end{pmatrix}.$$

再把 $\boldsymbol{\beta}_1,\boldsymbol{\beta}_2$ 分别单位化即为所求, 即

$$\boldsymbol{\alpha}_2=\frac{1}{|\boldsymbol{\beta}_1|}\boldsymbol{\beta}_1=\begin{pmatrix}-\frac{2}{\sqrt{5}}\\ \frac{1}{\sqrt{5}}\\0\end{pmatrix},\quad \boldsymbol{\alpha}_3=\frac{1}{|\boldsymbol{\beta}_2|}\boldsymbol{\beta}_2=\begin{pmatrix}-\frac{2}{\sqrt{45}}\\-\frac{4}{\sqrt{45}}\\ \frac{5}{\sqrt{45}}\end{pmatrix}.$$

显然, $\boldsymbol{\alpha}_1,\boldsymbol{\alpha}_2,\boldsymbol{\alpha}_3$ 是 $\mathbf{R}^3$ 的标准正交基. 这样, 就把 $\boldsymbol{\alpha}_1$ 扩充成 $\mathbf{R}^3$ 的标准正交基 $\boldsymbol{\alpha}_1,\boldsymbol{\alpha}_2,\boldsymbol{\alpha}_3$.

5.4 正交矩阵

设 $\boldsymbol{\alpha}_1, \boldsymbol{\alpha}_2, \cdots, \boldsymbol{\alpha}_n$ 和 $\boldsymbol{\beta}_1, \boldsymbol{\beta}_2, \cdots, \boldsymbol{\beta}_n$ 是 n 维向量空间 $\mathbf{R}^n$ 的两组标准正交基,

$$\boldsymbol{A} = \begin{pmatrix} a_{11} & a_{12} & \cdots & a_{1n} \\ a_{21} & a_{22} & \cdots & a_{2n} \\ \vdots & \vdots & & \vdots \\ a_{n1} & a_{n2} & \cdots & a_{nn} \end{pmatrix}$$

是由 $\boldsymbol{\alpha}_1, \boldsymbol{\alpha}_2, \cdots, \boldsymbol{\alpha}_n$ 到 $\boldsymbol{\beta}_1, \boldsymbol{\beta}_2, \cdots, \boldsymbol{\beta}_n$ 的过渡矩阵, 即

$$\begin{cases} \boldsymbol{\beta}_1 = a_{11}\boldsymbol{\alpha}_1 + a_{21}\boldsymbol{\alpha}_2 + \cdots + a_{n1}\boldsymbol{\alpha}_n = \sum\limits_{i=1}^{n} a_{i1}\boldsymbol{\alpha}_i, \\ \boldsymbol{\beta}_2 = a_{12}\boldsymbol{\alpha}_1 + a_{22}\boldsymbol{\alpha}_2 + \cdots + a_{n2}\boldsymbol{\alpha}_n = \sum\limits_{i=1}^{n} a_{i2}\boldsymbol{\alpha}_i, \\ \cdots\cdots \\ \boldsymbol{\beta}_n = a_{1n}\boldsymbol{\alpha}_1 + a_{2n}\boldsymbol{\alpha}_2 + \cdots + a_{nn}\boldsymbol{\alpha}_n = \sum\limits_{i=1}^{n} a_{in}\boldsymbol{\alpha}_i. \end{cases} \tag{5.6}$$

由于 $\boldsymbol{\alpha}_1, \boldsymbol{\alpha}_2, \cdots, \boldsymbol{\alpha}_n$ 和 $\boldsymbol{\beta}_1, \boldsymbol{\beta}_2, \cdots, \boldsymbol{\beta}_n$ 是标准正交基, 因此

$$(\boldsymbol{\alpha}_i, \boldsymbol{\alpha}_j) = \begin{cases} 1, & 当 i = j, \\ 0, & 当 i \neq j, \end{cases}$$

$$(\boldsymbol{\beta}_i, \boldsymbol{\beta}_j) = \begin{cases} 1, & 当 i = j, \\ 0, & 当 i \neq j. \end{cases}$$

于是由内积的性质不难得出

$$\sum_{k=1}^{n} a_{ki}a_{kj} = (\boldsymbol{\beta}_i, \boldsymbol{\beta}_j) = \begin{cases} 1, & 当 i = j, \\ 0, & 当 i \neq j, \end{cases}$$

其中 $i, j = 1, 2, \cdots, n$. 这也就是说, 矩阵 $\boldsymbol{A}$ 的列向量组是两两正交的单位向量组. 由此有

$$\boldsymbol{A}'\boldsymbol{A} = \boldsymbol{E}.$$

把满足 $\boldsymbol{A}'\boldsymbol{A} = \boldsymbol{E}$ 的 n 阶实矩阵称为**正交矩阵**(或简称**正交阵**). 关于正交阵, 不难证明下面的定理.

定理5.4.1 设 $\boldsymbol{A}$ 为 n 阶方阵, 则下列条件等价：

(1) $\boldsymbol{A}$ 是正交阵;

(2) $\boldsymbol{AA}'=\boldsymbol{E}$;

(3) $\boldsymbol{A}^{-1}=\boldsymbol{A}'$;

(4) $\boldsymbol{A}$ 的行向量组是两两正交的单位向量组;

(5) $\boldsymbol{A}$ 的列向量组是两两正交的单位向量组.

习 题 5

1. 在 $\mathbf{R}^4$ 中求一单位向量与向量 $(1,1,-1,1)$, $(1,-1,-1,1)$, $(2,1,1,3)$ 正交.

2. 将下列向量组正交单位化：

(1) $\boldsymbol{\alpha}_1=(1,1,1)$, $\boldsymbol{\alpha}_2=(1,2,3)$, $\boldsymbol{\alpha}_3=(1,4,9)$;

(2) $\boldsymbol{\beta}_1=\begin{pmatrix}1\\0\\-1\\1\end{pmatrix}$, $\boldsymbol{\beta}_2=\begin{pmatrix}1\\-1\\0\\1\end{pmatrix}$, $\boldsymbol{\beta}_3=\begin{pmatrix}-1\\1\\1\\0\end{pmatrix}$.

3. 求齐次线性方程组

$$\begin{cases}2x_1+x_2-x_3+x_4-3x_5=0,\\ x_1+x_2-x_3+x_5=0\end{cases}$$

的解空间的一组标准正交基.

4. 设 $\boldsymbol{B}$ 是秩为 2 的 5×4 矩阵, $\boldsymbol{\alpha}_1=(1,1,2,3)'$, $\boldsymbol{\alpha}_2=(-1,1,4,-1)'$, $\boldsymbol{\alpha}_3=(5,-1,-8,9)'$ 是齐次线性方程组 $\boldsymbol{BX}=\mathbf{0}$ 的解向量, 求 $\boldsymbol{BX}=\mathbf{0}$ 的解空间的标准正交基.

5. 验证下列矩阵是否是正交矩阵：

(1) $\begin{pmatrix}1&-\dfrac{1}{2}&\dfrac{1}{3}\\-\dfrac{1}{2}&1&\dfrac{1}{2}\\\dfrac{1}{3}&\dfrac{1}{3}&-1\end{pmatrix}$; (2) $\begin{pmatrix}\dfrac{1}{2}&\dfrac{1}{\sqrt{2}}&0&\dfrac{1}{2}\\-\dfrac{1}{2}&\dfrac{1}{\sqrt{2}}&0&-\dfrac{1}{2}\\-\dfrac{1}{2}&0&\dfrac{1}{\sqrt{2}}&\dfrac{1}{2}\\\dfrac{1}{2}&0&\dfrac{1}{\sqrt{2}}&-\dfrac{1}{2}\end{pmatrix}$.

6. 证明：上三角的正交矩阵一定为对角矩阵, 且其对角线元素为 ±1.

7. 设 $\boldsymbol{A}$, $\boldsymbol{B}$ 均为 n 阶正交矩阵, 证明 $\boldsymbol{AB}$ 也为正交矩阵.

8. 已知 $\mathbf{R}^3$ 的两组基

$$\boldsymbol{\alpha}_1=\begin{pmatrix}1\\1\\1\end{pmatrix},\ \boldsymbol{\alpha}_2=\begin{pmatrix}1\\0\\-1\end{pmatrix},\ \boldsymbol{\alpha}_3=\begin{pmatrix}1\\0\\1\end{pmatrix}\quad 与\quad \boldsymbol{\beta}_1=\begin{pmatrix}1\\2\\1\end{pmatrix},\ \boldsymbol{\beta}_2=\begin{pmatrix}2\\3\\4\end{pmatrix},\ \boldsymbol{\beta}_3=\begin{pmatrix}3\\4\\3\end{pmatrix}.$$

求由基 $\boldsymbol{\alpha}_1,\boldsymbol{\alpha}_2,\boldsymbol{\alpha}_3$ 到基 $\boldsymbol{\beta}_1,\boldsymbol{\beta}_2,\boldsymbol{\beta}_3$ 的过渡矩阵.

9. 证明在 $\mathbf{R}^4$ 中, 由向量 $(1,1,0,0)$ 和 $(1,0,1,1)$ 生成的子空间与由向量 $(2,-1,3,3)$ 和 $(0,1,-1,-1)$ 生成的子空间相同.

10. 设 $\boldsymbol{\alpha}_1, \boldsymbol{\alpha}_2, \cdots, \boldsymbol{\alpha}_n$ 是线性无关的 n 维向量. 证明：

(1) 如果 $\boldsymbol{\beta}$ 是任一 n 维向量, 且对每个 $i\ (i=1,2,\cdots,n)$, $(\boldsymbol{\beta}, \boldsymbol{\alpha}_i)=0$, 那么 $\boldsymbol{\beta}=\mathbf{0}$;

(2) 如果 $\boldsymbol{\beta}_1, \boldsymbol{\beta}_2$ 是任意 n 维向量, 且对任一 n 维向量 $\boldsymbol{\alpha}$ 都有 $(\boldsymbol{\beta}_1, \boldsymbol{\alpha})=(\boldsymbol{\beta}_2, \boldsymbol{\alpha})$, 那么 $\boldsymbol{\beta}_1=\boldsymbol{\beta}_2$.

11. 证明：n 阶方阵 $\boldsymbol{A}$ 为正交矩阵的充分必要条件是对任意的 n 维列向量 $\boldsymbol{\alpha}$ 都有 $|\boldsymbol{A}\boldsymbol{\alpha}|=|\boldsymbol{\alpha}|$.

12. 设 $\boldsymbol{A}$ 为 n 阶实矩阵, 且 $|\boldsymbol{A}| \neq 0$. 证明 $\boldsymbol{A}$ 可分解为一个正交矩阵 $\boldsymbol{Q}$ 与一个对角线元素为正数的上三角矩阵 $\boldsymbol{T}$ 的乘积, 即 $\boldsymbol{A}=\boldsymbol{Q}\boldsymbol{T}$, 且分解是唯一的.

第 6 章　矩阵的相似与二次型

这一章介绍矩阵的特征值、特征向量以及实二次型等理论. 这些内容是线性代数中比较困难但又十分重要的一部分, 它们在工程技术、经济理论以及其他许多学科中都有广泛的应用.

6.1　矩阵的特征值与特征向量

这一节主要讨论矩阵的特征值和特征向量问题, 它们对于矩阵的研究起着十分重要的作用, 比如, 矩阵的相似对角化问题就与矩阵的特征值和特征向量有关.

定义 6.1.1　设 $\boldsymbol{A}$ 是 n 阶方阵, 如果存在一个数 λ_0 以及一个非零 n 维列向量 $\boldsymbol{\xi}$ 使得

$$\boldsymbol{A\xi} = \lambda_0 \boldsymbol{\xi},$$

则称 λ_0 为矩阵 $\boldsymbol{A}$ 的**特征值**, 向量 $\boldsymbol{\xi}$ 称为矩阵 $\boldsymbol{A}$ 的属于特征值 λ_0 的**特征向量** (或称为特征值 λ_0 对应的特征向量).

显然, 若 $\boldsymbol{A\xi} = \lambda_0\boldsymbol{\xi}$, 则对任意常数 k 都有

$$\boldsymbol{A}(k\boldsymbol{\xi}) = \lambda_0(k\boldsymbol{\xi}).$$

也就是说, 如果 $\boldsymbol{\xi}$ 是 $\boldsymbol{A}$ 的属于特征值 λ_0 的特征向量, 那么对任一数 $k \neq 0$ 与 $\boldsymbol{\xi}$ 的数乘 $k\boldsymbol{\xi}$ 也是属于 λ_0 的特征向量. 这表明, 特征向量不是被特征值唯一确定的, 但是, 特征值却是被特征向量唯一确定的. 这是因为一个特征向量只能属于一个特征值的缘故. 事实上, 如果 $\boldsymbol{\xi}$ 是属于特征值 λ_1 的特征向量, 同时也是属于特征值 λ_2 的特征向量, 即

$$\boldsymbol{A\xi} = \lambda_1\boldsymbol{\xi}, \quad \boldsymbol{A\xi} = \lambda_2\boldsymbol{\xi},$$

那么 .

$$(\lambda_1 - \lambda_2)\boldsymbol{\xi} = \boldsymbol{0}.$$

于是根据 $\boldsymbol{\xi} \neq \boldsymbol{0}$, 我们有 $\lambda_1 = \lambda_2$.

现在关心的是如何来求一个矩阵的特征值及其对应的特征向量.

设

$$\boldsymbol{\xi} = \begin{pmatrix} x_1 \\ x_2 \\ \vdots \\ x_n \end{pmatrix}$$

是矩阵 $\boldsymbol{A}$ 的特征值 λ_0 对应的特征向量, 即 $\boldsymbol{A\xi} = \lambda_0\boldsymbol{\xi}$, 那么

$$\boldsymbol{A}\begin{pmatrix} x_1 \\ x_2 \\ \vdots \\ x_n \end{pmatrix} = \lambda_0 \begin{pmatrix} x_1 \\ x_2 \\ \vdots \\ x_n \end{pmatrix}.$$

上式等价地可写为

$$(\lambda_0\boldsymbol{E} - \boldsymbol{A})\begin{pmatrix} x_1 \\ x_2 \\ \vdots \\ x_n \end{pmatrix} = \boldsymbol{0}. \tag{6.1}$$

(6.1) 式实际上是一个有 n 个变量 n 个方程的齐次线性方程组, 而特征向量 $\boldsymbol{\xi}$ 就是这个方程组的非零解向量.

因此, 如果矩阵 $\boldsymbol{A}$ 的特征值 λ_0 对应的特征向量是 $\boldsymbol{\xi}$, 那么 $\boldsymbol{\xi}$ 一定是以 $\lambda_0\boldsymbol{E}-\boldsymbol{A}$ 为系数矩阵的齐次线性方程组 $(\lambda_0\boldsymbol{E} - \boldsymbol{A})\boldsymbol{X} = \boldsymbol{0}$ 的非零解. 反过来, 以 $\lambda_0\boldsymbol{E} - \boldsymbol{A}$ 为系数矩阵的齐次线性方程组 $(\lambda_0\boldsymbol{E} - \boldsymbol{A})\boldsymbol{X} = \boldsymbol{0}$ 的任意一个非零解也必然是 $\boldsymbol{A}$ 的特征值 λ_0 对应的特征向量. 这样一来, 求矩阵的特征向量问题归结为 (6.1) 式是否有非零解的问题. 由线性方程组解的理论知道, (6.1) 式有非零解的充分必要条件是其系数矩阵 $\lambda_0\boldsymbol{E} - \boldsymbol{A}$ 的行列式 $|\lambda_0\boldsymbol{E} - \boldsymbol{A}| = 0$.

于是我们说, $\boldsymbol{\xi}$ 是矩阵 $\boldsymbol{A}$ 的特征值 λ_0 对应的特征向量, 当且仅当行列式 $|\lambda_0\boldsymbol{E}-\boldsymbol{A}| = 0$, 即 λ_0 是方程 $|\lambda\boldsymbol{E} - \boldsymbol{A}| = 0$ 的根, 且 $\boldsymbol{\xi}$ 是齐次线性方程组 $(\lambda_0\boldsymbol{E} - \boldsymbol{A})\boldsymbol{X} = \boldsymbol{0}$ 的非零解.

例6.1.1 求上三角矩阵

$$\boldsymbol{A} = \begin{pmatrix} a_{11} & a_{12} & \cdots & a_{1n} \\ 0 & a_{22} & \cdots & a_{2n} \\ \vdots & \vdots & & \vdots \\ 0 & 0 & \cdots & a_{nn} \end{pmatrix}$$

的特征值.

解 显然,

$$|\lambda\boldsymbol{E} - \boldsymbol{A}| = \begin{vmatrix} \lambda - a_{11} & -a_{12} & \cdots & -a_{1n} \\ 0 & \lambda - a_{22} & \cdots & -a_{2n} \\ \vdots & \vdots & & \vdots \\ 0 & 0 & \cdots & \lambda - a_{nn} \end{vmatrix}$$

$$= (\lambda - a_{11})(\lambda - a_{22})\cdots(\lambda - a_{nn}),$$

因此 $\boldsymbol{A}$ 的特征值是 $a_{11}, a_{22}, \cdots, a_{nn}$.

由这个例子我们看到, n 阶上三角矩阵的特征值就等于矩阵的主对角线上的 n 个元素. 对下三角矩阵也有相同的结论. 由于对角矩阵是特殊的上三角矩阵, 所以 n 阶对角矩阵的特征值就是主对角线上的 n 个元素.

例6.1.2 设矩阵

$$\boldsymbol{A} = \begin{pmatrix} 1 & 2 & 2 \\ 2 & 1 & 2 \\ 2 & 2 & 1 \end{pmatrix},$$

求 $\boldsymbol{A}$ 的特征值和特征向量.

解 因为

$$|\lambda \boldsymbol{E} - \boldsymbol{A}| = \begin{vmatrix} \lambda - 1 & -2 & -2 \\ -2 & \lambda - 1 & -2 \\ -2 & -2 & \lambda - 1 \end{vmatrix} = (\lambda + 1)^2(\lambda - 5),$$

因此, $\boldsymbol{A}$ 的特征值 $\lambda_1 = \lambda_2 = -1$, $\lambda_3 = 5$.

可以求得, 齐次线性方程组 $(\lambda_1 \boldsymbol{E} - \boldsymbol{A})\boldsymbol{X} = \boldsymbol{0}$ 的基础解系是

$$\boldsymbol{\xi}_1 = \begin{pmatrix} 1 \\ 0 \\ -1 \end{pmatrix}, \quad \boldsymbol{\xi}_2 = \begin{pmatrix} 0 \\ 1 \\ -1 \end{pmatrix}.$$

这样, $k_1\boldsymbol{\xi}_1 + k_2\boldsymbol{\xi}_2$ 就是矩阵 $\boldsymbol{A}$ 的属于特征值 -1 的所有特征向量, 其中 k_1, k_2 为任意常数, 且 k_1, k_2 不同时为零.

同样可以求出齐次线性方程组 $(\lambda_3 \boldsymbol{E} - \boldsymbol{A})\boldsymbol{X} = \boldsymbol{0}$ 的基础解系是

$$\boldsymbol{\xi}_3 = \begin{pmatrix} 1 \\ 1 \\ 1 \end{pmatrix},$$

于是, $k\boldsymbol{\xi}_3$ 就是矩阵 $\boldsymbol{A}$ 的属于特征值 5 的所有特征向量, 其中 k 为任意常数, 且 $k \neq 0$.

不难验证, 一个矩阵的某个特征值对应的若干个特征向量的任意线性组合还是这个特征值对应的特征向量, 所以对于矩阵 $\boldsymbol{A}$ 的任一个特征值 λ_0, $\boldsymbol{A}$ 的属于 λ_0 的全部特征向量再添上零向量所成的集合, 也即集合

$$V_{\lambda_0} = \{\boldsymbol{\xi} \in \mathbf{R}^n \mid \boldsymbol{A}\boldsymbol{\xi} = \lambda_0 \boldsymbol{\xi}\}$$

是 $\mathbf{R}^n$ 的一个子空间, 它称为 $\boldsymbol{A}$ 的一个**特征子空间**.

关于不同特征值的特征向量我们有下面的结论.

定理 6.1.1　设 $\lambda_1,\lambda_2,\cdots,\lambda_s$ 是矩阵 $\boldsymbol{A}$ 的 s 个两两互不相同的特征值, 而 $\boldsymbol{\xi}_1,\boldsymbol{\xi}_2,\cdots,\boldsymbol{\xi}_s$ 分别是 $\lambda_1,\lambda_2,\cdots,\lambda_s$ 对应的特征向量, 则 $\boldsymbol{\xi}_1,\boldsymbol{\xi}_2,\cdots,\boldsymbol{\xi}_s$ 线性无关.

证明　由假设,

$$\boldsymbol{A}\boldsymbol{\xi}_i=\lambda_i\boldsymbol{\xi}_i,\quad i=1,2,\cdots,s.$$

对特征值的个数 s 作数学归纳法.

$s=1$ 时, 由于特征向量是非零向量, 所以结论显然成立. 今假设结论对 $s-1$ 正确, 也即 $\boldsymbol{\xi}_1,\boldsymbol{\xi}_2,\cdots,\boldsymbol{\xi}_{s-1}$ 线性无关. 现在要证 $\boldsymbol{\xi}_1,\boldsymbol{\xi}_2,\cdots,\boldsymbol{\xi}_s$ 也线性无关. 假设

$$x_1\boldsymbol{\xi}_1+x_2\boldsymbol{\xi}_2+\cdots+x_{s-1}\boldsymbol{\xi}_{s-1}+x_s\boldsymbol{\xi}_s=\mathbf{0}.\tag{6.2}$$

(6.2) 式两边分别乘 λ_s 和左乘矩阵 $\boldsymbol{A}$, 则得

$$x_1\lambda_s\boldsymbol{\xi}_1+x_2\lambda_s\boldsymbol{\xi}_2+\cdots+x_{s-1}\lambda_s\boldsymbol{\xi}_{s-1}+x_s\lambda_s\boldsymbol{\xi}_s=\mathbf{0},\tag{6.3}$$

$$x_1\lambda_1\boldsymbol{\xi}_1+x_2\lambda_2\boldsymbol{\xi}_2+\cdots+x_{s-1}\lambda_{s-1}\boldsymbol{\xi}_{s-1}+x_s\lambda_s\boldsymbol{\xi}_s=\mathbf{0}.\tag{6.4}$$

(6.3) 式减去 (6.4) 式得

$$x_1(\lambda_s-\lambda_1)\boldsymbol{\xi}_1+x_2(\lambda_s-\lambda_2)\boldsymbol{\xi}_2+\cdots+x_{s-1}(\lambda_s-\lambda_{s-1})\boldsymbol{\xi}_{s-1}=\mathbf{0}.$$

根据归纳假设, $\boldsymbol{\xi}_1,\boldsymbol{\xi}_2,\cdots,\boldsymbol{\xi}_{s-1}$ 线性无关, 因此

$$x_i(\lambda_s-\lambda_i)=0,\quad i=1,2,\cdots,s-1.$$

但 $\lambda_s-\lambda_i\neq 0\ (i=1,2,\cdots,s-1)$, 所以 $x_1=x_2=\cdots=x_{s-1}=0$. 进一步, 再由 (6.2) 式以及 $\boldsymbol{\xi}_s$ 是非零向量即可知 $x_s=0$. 这就证明了 $\boldsymbol{\xi}_1,\boldsymbol{\xi}_2,\cdots,\boldsymbol{\xi}_s$ 线性无关. ■

这个定理是说, 一个矩阵的不同特征值的特征向量一定线性无关. 但不能说属于同一个特征值的特征向量一定就线性相关, 当然, 更不能说属于同一个特征值的特征向量线性无关.

定理 6.1.1 还可以推广如下.

定理 6.1.2　设 $\lambda_1,\lambda_2,\cdots,\lambda_s$ 是矩阵 $\boldsymbol{A}$ 的 s 个两两互不相同的特征值, 而 $\boldsymbol{\xi}_{i1},\boldsymbol{\xi}_{i2},\cdots,\boldsymbol{\xi}_{ik_i}$ 是属于 λ_i 的线性无关的特征向量, 其中 $i=1,2,\cdots,s$, 那么向量组 $\boldsymbol{\xi}_{11},\cdots,\boldsymbol{\xi}_{1k_1},\boldsymbol{\xi}_{21},\cdots,\boldsymbol{\xi}_{2k_2},\cdots,\boldsymbol{\xi}_{s1},\cdots,\boldsymbol{\xi}_{sk_s}$ 也线性无关.

这个定理的证明和定理 6.1.1 完全类似, 也对 s 作数学归纳法就可以证明, 所以留给读者自己去完成.

现在我们再来看行列式 $|\lambda\boldsymbol{E}-\boldsymbol{A}|$. 设 $\boldsymbol{A}=(a_{ij})_{n\times n}$, 并记

$$f(\lambda)=|\lambda\boldsymbol{E}-\boldsymbol{A}|=\begin{vmatrix}\lambda-a_{11} & -a_{12} & \cdots & -a_{1n}\\ -a_{21} & \lambda-a_{22} & \cdots & -a_{2n}\\ \vdots & \vdots & & \vdots\\ -a_{n1} & -a_{n2} & \cdots & \lambda-a_{nn}\end{vmatrix},\tag{6.5}$$

那么由行列式定义可知, $f(\lambda)$ 是一个以 λ 为变量的 n 次多项式. 这个多项式通常称为矩阵 $\boldsymbol{A}$ 的**特征多项式**, 而方程 $|\lambda\boldsymbol{E}-\boldsymbol{A}|=0$ 称为矩阵 $\boldsymbol{A}$ 的**特征方程**. 显然, $\boldsymbol{A}$ 的特征值就是特征方程的根. 通常还称矩阵 $\lambda\boldsymbol{E}-\boldsymbol{A}$ 为 $\boldsymbol{A}$ 的**特征矩阵**.

在矩阵的研究中, 矩阵 $\boldsymbol{A}$ 的特征多项式是重要的, 下面再来看它的一些性质. 在 (6.5) 式右端行列式的展开式中, 有一项是主对角线上元素的连乘积:

$$(\lambda-a_{11})(\lambda-a_{22})\cdots(\lambda-a_{nn}),$$

而展开式中的其余各项至多包含 $n-2$ 个主对角线上的元素, 它对 λ 的次数最多是 $n-2$, 因此特征多项式 $f(\lambda)$ 中含 λ 的 n 次与 $n-1$ 次的项只能在主对角线上元素的连乘积中出现, 它们就是

$$\lambda^n-(a_{11}+a_{22}+\cdots+a_{nn})\lambda^{n-1}.$$

若特征多项式中令 $\lambda=0$, 即得常数项 $|-\boldsymbol{A}|=(-1)^n|\boldsymbol{A}|$. 于是, 如果只写出特征多项式的前两项与常数项, 就有

$$f(\lambda)=|\lambda\boldsymbol{E}-\boldsymbol{A}|=\lambda^n-(a_{11}+a_{22}+\cdots+a_{nn})\lambda^{n-1}+\cdots+(-1)^n|\boldsymbol{A}|.$$

通常, $a_{11}+a_{22}+\cdots+a_{nn}$ 称为矩阵 $\boldsymbol{A}$ 的**迹**, 记为 $\mathrm{tr}\boldsymbol{A}$, 即

$$\mathrm{tr}\boldsymbol{A}=a_{11}+a_{22}+\cdots+a_{nn}.$$

由根与系数的关系可知, $\boldsymbol{A}$ 的全体特征值的和为 $a_{11}+a_{22}+\cdots+a_{nn}$, 而 $\boldsymbol{A}$ 的全体特征值的乘积为 $|\boldsymbol{A}|$. 也就是说, 如果 $\lambda_1,\lambda_2,\cdots,\lambda_n$ 是 $\boldsymbol{A}$ 的特征值, 那么

$$\lambda_1+\lambda_2+\cdots+\lambda_n=a_{11}+a_{22}+\cdots+a_{nn},$$

$$\lambda_1\lambda_2\cdots\lambda_n=|\boldsymbol{A}|.$$

关于矩阵的特征多项式还有下面一个重要而有趣的性质, 不过这个性质的证明比较复杂, 所以读者可以略去不看.

定理6.1.3(凯莱－哈密顿 (Cayley-Hamilton) 定理)　设 $\boldsymbol{A}$ 是 n 阶方阵,

$$f(\lambda)=|\lambda\boldsymbol{E}-\boldsymbol{A}|$$

是 $\boldsymbol{A}$ 的特征多项式, 则 $f(\boldsymbol{A})=\boldsymbol{O}$.

证明　设 $\boldsymbol{B}(\lambda)$ 是 $\lambda\boldsymbol{E}-\boldsymbol{A}$ 的伴随矩阵, 则

$$\boldsymbol{B}(\lambda)(\lambda\boldsymbol{E}-\boldsymbol{A})=(\lambda\boldsymbol{E}-\boldsymbol{A})\boldsymbol{B}(\lambda)=|\lambda\boldsymbol{E}-\boldsymbol{A}|\boldsymbol{E}=f(\lambda)\boldsymbol{E}.$$

因为矩阵 $\boldsymbol{B}(\lambda)$ 的元素是 $\lambda\boldsymbol{E}-\boldsymbol{A}$ 的各个元素的代数余子式, 它们都是 λ 的多项式, 而其次数不超过 $n-1$, 因此由矩阵的运算性质, 可将 $\boldsymbol{B}(\lambda)$ 写为

$$\boldsymbol{B}(\lambda)=\lambda^{n-1}\boldsymbol{B}_{n-1}+\lambda^{n-2}\boldsymbol{B}_{n-2}+\cdots+\lambda\boldsymbol{B}_1+\boldsymbol{B}_0,$$

其中 $\boldsymbol{B}_{n-1},\boldsymbol{B}_{n-2},\cdots,\boldsymbol{B}_0$ 为数域 P 上的 n 阶方阵.

再令

$$f(\lambda)=\lambda^n+a_{n-1}\lambda^{n-1}+\cdots+a_1\lambda+a_0,$$

则

$$f(\lambda)\boldsymbol{E}=\lambda^n\boldsymbol{E}+a_{n-1}\lambda^{n-1}\boldsymbol{E}+\cdots+a_1\lambda\boldsymbol{E}+a_0\boldsymbol{E}.$$

另一方面,

$$\begin{aligned}\boldsymbol{B}(\lambda)(\lambda\boldsymbol{E}-\boldsymbol{A})=&\lambda^n\boldsymbol{B}_{n-1}+\lambda^{n-1}(\boldsymbol{B}_{n-2}-\boldsymbol{B}_{n-1}\boldsymbol{A})\\&+\lambda^{n-2}(\boldsymbol{B}_{n-3}-\boldsymbol{B}_{n-2}\boldsymbol{A})+\cdots\\&+\lambda(\boldsymbol{B}_0-\boldsymbol{B}_1\boldsymbol{A})-\boldsymbol{B}_0\boldsymbol{A}.\end{aligned}$$

比较上面两式有

$$\begin{cases}\boldsymbol{B}_{n-1}=\boldsymbol{E},\\\boldsymbol{B}_{n-2}-\boldsymbol{B}_{n-1}\boldsymbol{A}=a_{n-1}\boldsymbol{E},\\\boldsymbol{B}_{n-3}-\boldsymbol{B}_{n-2}\boldsymbol{A}=a_{n-2}\boldsymbol{E},\\\cdots\cdots\\\boldsymbol{B}_0-\boldsymbol{B}_1\boldsymbol{A}=a_1\boldsymbol{E},\\-\boldsymbol{B}_0\boldsymbol{A}=a_0\boldsymbol{E}.\end{cases}\tag{6.6}$$

用 $\boldsymbol{A}^n$, $\boldsymbol{A}^{n-1}$, $\cdots$, $\boldsymbol{A}$, $\boldsymbol{E}$ 依次右乘 (6.6) 的第一、第二、……、第 $n+1$ 式, 得

$$\begin{cases}\boldsymbol{B}_{n-1}\boldsymbol{A}^n=\boldsymbol{A}^n,\\\boldsymbol{B}_{n-2}\boldsymbol{A}^{n-1}-\boldsymbol{B}_{n-1}\boldsymbol{A}^n=a_{n-1}\boldsymbol{A}^{n-1},\\\boldsymbol{B}_{n-3}\boldsymbol{A}^{n-2}-\boldsymbol{B}_{n-2}\boldsymbol{A}^{n-1}=a_{n-2}\boldsymbol{A}^{n-2},\\\cdots\cdots\\\boldsymbol{B}_0\boldsymbol{A}-\boldsymbol{B}_1\boldsymbol{A}^2=a_1\boldsymbol{A},\\-\boldsymbol{B}_0\boldsymbol{A}=a_0\boldsymbol{E}.\end{cases}\tag{6.7}$$

将 (6.7) 的 $n+1$ 个式子两端相加, 左端恰好为零, 而右端即为 $f(\boldsymbol{A})$. 这样, $f(\boldsymbol{A})=\boldsymbol{O}$, 从而定理得证. ∎

6.2 矩阵的相似对角化

对角矩阵可以认为是矩阵中最简单的一种, 这一节我们要讨论一个矩阵能否和对角矩阵相似. 这个问题在许多实际问题中很关键.

定义 6.2.1 设 $\boldsymbol{A}$ 和 $\boldsymbol{B}$ 都为 n 阶方阵, 若存在可逆矩阵 $\boldsymbol{P}$ 使得

$$\boldsymbol{P}^{-1}\boldsymbol{A}\boldsymbol{P}=\boldsymbol{B},$$

则称 $\boldsymbol{A}$ 与 $\boldsymbol{B}$ **相似**, 或者说 $\boldsymbol{A}$ **相似于**$\boldsymbol{B}$, 并记为 $\boldsymbol{A}\simeq\boldsymbol{B}$. 这里的可逆矩阵 $\boldsymbol{P}$ 通常称为**相似变换矩阵**.

比如, 若

$$\boldsymbol{A}=\begin{pmatrix}1&2\\1&1\end{pmatrix},\quad \boldsymbol{B}=\begin{pmatrix}-3&-7\\2&5\end{pmatrix},\quad \boldsymbol{P}=\begin{pmatrix}2&5\\1&3\end{pmatrix},$$

则 $\boldsymbol{P}^{-1}=\begin{pmatrix}3&-5\\-1&2\end{pmatrix}$, 且

$$\boldsymbol{P}^{-1}\boldsymbol{A}\boldsymbol{P}=\begin{pmatrix}3&-5\\-1&2\end{pmatrix}\begin{pmatrix}1&2\\1&1\end{pmatrix}\begin{pmatrix}2&5\\1&3\end{pmatrix}=\begin{pmatrix}-3&-7\\2&5\end{pmatrix}=\boldsymbol{B},$$

所以 $\boldsymbol{A}$ 与 $\boldsymbol{B}$ 相似.

由定义不难得到矩阵的相似关系有如下的性质.

(1) 反身性: $\boldsymbol{A}\simeq\boldsymbol{A}$. 这是因为 $\boldsymbol{A}=\boldsymbol{E}^{-1}\boldsymbol{A}\boldsymbol{E}$.

(2) 对称性: 若 $\boldsymbol{A}\simeq\boldsymbol{B}$, 则 $\boldsymbol{B}\simeq\boldsymbol{A}$. 事实上, 若 $\boldsymbol{P}^{-1}\boldsymbol{A}\boldsymbol{P}=\boldsymbol{B}$, 则 $(\boldsymbol{P}^{-1})^{-1}\boldsymbol{B}\boldsymbol{P}^{-1}=\boldsymbol{P}\boldsymbol{B}\boldsymbol{P}^{-1}=\boldsymbol{A}$, 所以 $\boldsymbol{B}\simeq\boldsymbol{A}$.

(3) 传递性: 若 $\boldsymbol{A}\simeq\boldsymbol{B}$, $\boldsymbol{B}\simeq\boldsymbol{C}$, 则 $\boldsymbol{A}\simeq\boldsymbol{C}$. 事实上, 若 $\boldsymbol{A}\simeq\boldsymbol{B}$, 且 $\boldsymbol{B}\simeq\boldsymbol{C}$, 即存在可逆矩阵 $\boldsymbol{P}_1$ 和 $\boldsymbol{P}_2$, 使得 $\boldsymbol{P}_1^{-1}\boldsymbol{A}\boldsymbol{P}_1=\boldsymbol{B}$, $\boldsymbol{P}_2^{-1}\boldsymbol{B}\boldsymbol{P}_2=\boldsymbol{C}$, 则 $\boldsymbol{P}=\boldsymbol{P}_1\boldsymbol{P}_2$ 时, $\boldsymbol{P}^{-1}\boldsymbol{A}\boldsymbol{P}=\boldsymbol{P}_2^{-1}\boldsymbol{P}_1^{-1}\boldsymbol{A}\boldsymbol{P}_1\boldsymbol{P}_2=\boldsymbol{C}$, 所以 $\boldsymbol{A}\simeq\boldsymbol{C}$.

例 6.2.1 已知三阶方阵 $\boldsymbol{A}$ 与三维列向量 $\boldsymbol{\xi}$ 满足 $\boldsymbol{A}^3\boldsymbol{\xi}=3\boldsymbol{A}\boldsymbol{\xi}-2\boldsymbol{A}^2\boldsymbol{\xi}$, 且向量组 $\boldsymbol{\xi},\boldsymbol{A}\boldsymbol{\xi},\boldsymbol{A}^2\boldsymbol{\xi}$ 线性无关.

(1) 记 $\boldsymbol{P}=(\boldsymbol{\xi},\boldsymbol{A}\boldsymbol{\xi},\boldsymbol{A}^2\boldsymbol{\xi})$, 求三阶矩阵 $\boldsymbol{B}$, 使 $\boldsymbol{A}=\boldsymbol{P}\boldsymbol{B}\boldsymbol{P}^{-1}$;

(2) 计算行列式 $|\boldsymbol{A}+\boldsymbol{E}|$.

解　(1) 由 $\boldsymbol{A}=\boldsymbol{PBP}^{-1}$ 得 $\boldsymbol{AP}=\boldsymbol{PB}$, 于是

$$\begin{aligned}\boldsymbol{PB}=\boldsymbol{AP}&=\boldsymbol{A}(\boldsymbol{\xi},\boldsymbol{A\xi},\boldsymbol{A}^2\boldsymbol{\xi})=(\boldsymbol{A\xi},\boldsymbol{A}^2\boldsymbol{\xi},\boldsymbol{A}^3\boldsymbol{\xi})=(\boldsymbol{A\xi},\boldsymbol{A}^2\boldsymbol{\xi},3\boldsymbol{A\xi}-2\boldsymbol{A}^2\boldsymbol{\xi})\\&=(\boldsymbol{\xi},\boldsymbol{A\xi},\boldsymbol{A}^2\boldsymbol{\xi})\begin{pmatrix}0&0&0\\1&0&3\\0&1&-2\end{pmatrix}=\boldsymbol{P}\begin{pmatrix}0&0&0\\1&0&3\\0&1&-2\end{pmatrix}.\end{aligned}$$

故

$$\boldsymbol{B}=\begin{pmatrix}0&0&0\\1&0&3\\0&1&-2\end{pmatrix}.$$

(2) 由 $\boldsymbol{A}=\boldsymbol{PBP}^{-1}$ 即得 $\boldsymbol{A}+\boldsymbol{E}=\boldsymbol{PBP}^{-1}+\boldsymbol{E}=\boldsymbol{P}(\boldsymbol{B}+\boldsymbol{E})\boldsymbol{P}^{-1}$, 于是

$$|\boldsymbol{A}+\boldsymbol{E}|=|\boldsymbol{P}(\boldsymbol{B}+\boldsymbol{E})\boldsymbol{P}^{-1}|=|\boldsymbol{B}+\boldsymbol{E}|=\begin{vmatrix}1&0&0\\1&1&3\\0&1&-1\end{vmatrix}=-4.$$ ■

相似矩阵具有下面的重要性质.

定理6.2.1　相似的矩阵有相同的特征多项式, 进而有完全相同的特征值.

证明　设 $\boldsymbol{A}\simeq\boldsymbol{B}$, 即有可逆矩阵 $\boldsymbol{P}$ 使得 $\boldsymbol{B}=\boldsymbol{P}^{-1}\boldsymbol{AP}$, 于是,

$$|\lambda\boldsymbol{E}-\boldsymbol{B}|=|\lambda\boldsymbol{E}-\boldsymbol{P}^{-1}\boldsymbol{AP}|=|\boldsymbol{P}^{-1}||\lambda\boldsymbol{E}-\boldsymbol{A}||\boldsymbol{P}|=|\lambda\boldsymbol{E}-\boldsymbol{A}|,$$

从而定理得证. ■

显然, 若矩阵 $\boldsymbol{A}$ 和对角矩阵

$$\boldsymbol{\Lambda}=\begin{pmatrix}\lambda_1&&&\\&\lambda_2&&\\&&\ddots&\\&&&\lambda_n\end{pmatrix}$$

相似, 则 $\lambda_1,\lambda_2,\cdots,\lambda_n$ 就是 $\boldsymbol{A}$ 的全部特征值.

应该指出, 定理 6.2.1 的逆是不对的, 也就是说, 特征多项式相同的矩阵不一定是相似的. 比如, 容易计算出, 矩阵 $\boldsymbol{A}=\begin{pmatrix}1&0\\0&1\end{pmatrix}$ 和 $\boldsymbol{B}=\begin{pmatrix}-3&-8\\2&5\end{pmatrix}$ 的特征多项式都为 $(\lambda-1)^2$, 但 $\boldsymbol{A}$ 与 $\boldsymbol{B}$ 不相似. 这是因为, 假设 $\boldsymbol{A}$ 与 $\boldsymbol{B}$ 相似, 即存在可逆矩阵 $\boldsymbol{P}$ 使得 $\boldsymbol{P}^{-1}\boldsymbol{AP}=\boldsymbol{B}$, 注意到 $\boldsymbol{A}$ 实际上是单位阵, 所以 $\boldsymbol{A}=\boldsymbol{P}^{-1}\boldsymbol{AP}=\boldsymbol{B}$, 这当然不可能.

还要注意的是, 虽然相似矩阵有完全相同的特征值, 但特征向量未必相同.

定理6.2.2 设 $\boldsymbol{P}$ 是可逆矩阵, 且 $\boldsymbol{P}^{-1}\boldsymbol{AP}=\boldsymbol{B}$, 而 λ_0 是矩阵 $\boldsymbol{A}$ 的特征值, $\boldsymbol{\xi}$ 是 $\boldsymbol{A}$ 的特征值 λ_0 对应的特征向量, 则 $\boldsymbol{P}^{-1}\boldsymbol{\xi}$ 是 $\boldsymbol{B}$ 的特征值 λ_0 对应的特征向量.

证明 由已知, $\boldsymbol{A\xi}=\lambda_0\boldsymbol{\xi}$, 于是由 $\boldsymbol{P}^{-1}\boldsymbol{AP}=\boldsymbol{B}$ 得

$$\boldsymbol{B}(\boldsymbol{P}^{-1}\boldsymbol{\xi})=(\boldsymbol{P}^{-1}\boldsymbol{AP})(\boldsymbol{P}^{-1}\boldsymbol{\xi})=\boldsymbol{P}^{-1}(\boldsymbol{A\xi})=\boldsymbol{P}^{-1}(\lambda_0\boldsymbol{\xi})=\lambda_0(\boldsymbol{P}^{-1}\boldsymbol{\xi}),$$

这就是说 $\boldsymbol{P}^{-1}\boldsymbol{\xi}$ 是 $\boldsymbol{B}$ 的特征值 λ_0 对应的特征向量. ■

如果矩阵 $\boldsymbol{A}$ 与一个对角矩阵相似, 那么就说矩阵 $\boldsymbol{A}$ 可**相似对角化**. 现在要讨论的问题是一个矩阵能否相似对角化? 而当一个矩阵能相似对角化时, 又如何找到相似变换矩阵 $\boldsymbol{P}$?

定理6.2.3 n 阶方阵 $\boldsymbol{A}$ 可相似对角化的充分必要条件是 $\boldsymbol{A}$ 有 n 个线性无关的特征向量.

证明 必要性 设 $\boldsymbol{A}$ 可相似对角化, 即存在可逆矩阵 $\boldsymbol{P}$ 使得 $\boldsymbol{P}^{-1}\boldsymbol{AP}=\boldsymbol{\Lambda}$, 其中

$$\boldsymbol{\Lambda}=\begin{pmatrix}\lambda_1 & & & \\ & \lambda_2 & & \\ & & \ddots & \\ & & & \lambda_n\end{pmatrix}.$$

记 $\boldsymbol{P}$ 的列向量组为 $\boldsymbol{\xi}_1,\boldsymbol{\xi}_2,\cdots,\boldsymbol{\xi}_n$, 则

$$\boldsymbol{P}=(\boldsymbol{\xi}_1,\boldsymbol{\xi}_2,\cdots,\boldsymbol{\xi}_n).$$

由 $\boldsymbol{P}^{-1}\boldsymbol{AP}=\boldsymbol{\Lambda}$ 可得 $\boldsymbol{AP}=\boldsymbol{P\Lambda}$, 即

$$(\boldsymbol{A\xi}_1,\boldsymbol{A\xi}_2,\cdots,\boldsymbol{A\xi}_n)=\boldsymbol{AP}=\boldsymbol{P\Lambda}=(\lambda_1\boldsymbol{\xi}_1,\lambda_2\boldsymbol{\xi}_2,\cdots,\lambda_n\boldsymbol{\xi}_n),$$

于是有

$$\boldsymbol{A\xi}_1=\lambda_1\boldsymbol{\xi}_1,\ \ \boldsymbol{A\xi}_2=\lambda_2\boldsymbol{\xi}_2,\ \ \cdots,\boldsymbol{A\xi}_n=\lambda_n\boldsymbol{\xi}_n.$$

这就是说 $\lambda_1,\lambda_2,\cdots,\lambda_n$ 是 $\boldsymbol{A}$ 的特征值, 而 $\boldsymbol{\xi}_1,\boldsymbol{\xi}_2,\cdots,\boldsymbol{\xi}_n$ 恰好是这些特征值对应的特征向量. 注意到 $\boldsymbol{P}$ 可逆, 所以 $\boldsymbol{\xi}_1,\boldsymbol{\xi}_2,\cdots,\boldsymbol{\xi}_n$ 还线性无关.

充分性 设 $\boldsymbol{\eta}_1,\boldsymbol{\eta}_2,\cdots,\boldsymbol{\eta}_n$ 是 $\boldsymbol{A}$ 的 n 个线性无关的特征向量, 并设它们分别属于 $\boldsymbol{A}$ 的特征值 $\mu_1,\mu_2,\cdots,\mu_n$, 则有

$$\boldsymbol{A\eta}_1=\mu_1\boldsymbol{\eta}_1,\ \ \boldsymbol{A\eta}_2=\mu_2\boldsymbol{\eta}_2,\ \ \cdots,\ \ \boldsymbol{A\eta}_n=\mu_n\boldsymbol{\eta}_n.$$

记

$$Q=(\boldsymbol{\eta}_1,\boldsymbol{\eta}_2,\cdots,\boldsymbol{\eta}_n),\quad \boldsymbol{\Delta}=\begin{pmatrix}\mu_1&&&\\&\mu_2&&\\&&\ddots&\\&&&\mu_n\end{pmatrix},$$

那么

$$\boldsymbol{AQ}=\boldsymbol{A}(\boldsymbol{\eta}_1,\boldsymbol{\eta}_2,\cdots,\boldsymbol{\eta}_n)=(\boldsymbol{A\eta}_1,\boldsymbol{A\eta}_2,\cdots,\boldsymbol{A\eta}_n)=(\mu_1\boldsymbol{\eta}_1,\mu_2\boldsymbol{\eta}_2,\cdots,\mu_n\boldsymbol{\eta}_n)=\boldsymbol{Q\Delta}.$$

又显然 $\boldsymbol{Q}$ 可逆, 于是有

$$\boldsymbol{Q}^{-1}\boldsymbol{AQ}=\boldsymbol{\Delta}.$$

这证明了 $\boldsymbol{A}$ 和对角矩阵 $\boldsymbol{\Delta}$ 相似. ■

从定理的证明可以看出, 如果矩阵 $\boldsymbol{A}$ 有 n 个线性无关的特征向量 $\boldsymbol{\xi}_1,\boldsymbol{\xi}_2,\cdots,\boldsymbol{\xi}_n$, 且它们分别属于特征值 $\lambda_1,\lambda_2,\cdots,\lambda_n$, 那么矩阵

$$\boldsymbol{P}=(\boldsymbol{\xi}_1,\boldsymbol{\xi}_2,\cdots,\boldsymbol{\xi}_n)$$

就是使 $\boldsymbol{A}$ 相似于对角矩阵 $\boldsymbol{\Lambda}=\mathrm{diag}(\lambda_1,\lambda_2,\cdots,\lambda_n)$ 的相似变换矩阵, 也即一定有

$$\boldsymbol{P}^{-1}\boldsymbol{AP}=\begin{pmatrix}\lambda_1&&&\\&\lambda_2&&\\&&\ddots&\\&&&\lambda_n\end{pmatrix}=\boldsymbol{\Lambda}.$$

要注意的是矩阵 $\boldsymbol{P}$ 的列和对角矩阵 $\boldsymbol{\Lambda}$ 的对角线元素的对应关系：若 $\boldsymbol{A}$ 的某个特征值写在对角矩阵 $\boldsymbol{\Lambda}$ 的第 i 行第 i 列上, 则这个特征值对应的特征向量一定要写在相似变换矩阵 $\boldsymbol{P}$ 的第 i 列上.

推论 6.2.1　有 n 个不同特征值的 n 阶矩阵一定可相似对角化.

值得注意的是, 可相似对角化的 n 阶矩阵未必有 n 个不同的特征值.

例 6.2.2　证明矩阵

$$\boldsymbol{A}=\begin{pmatrix}1&0&0\\-2&5&-2\\-2&4&-1\end{pmatrix}$$

可相似对角化, 并求出相似变换矩阵 $\boldsymbol{P}$.

证明 先来求 $\boldsymbol{A}$ 的特征值. 由

$$|\lambda\boldsymbol{E}-\boldsymbol{A}|=\begin{vmatrix}\lambda-1&0&0\\2&\lambda-5&2\\2&-4&\lambda+1\end{vmatrix}=(\lambda-1)^2(\lambda-3)=0$$

知, $\boldsymbol{A}$ 的特征值为 $1,1,3$. 令 $\lambda=1$ 得齐次线性方程组

$$\begin{pmatrix}0&0&0\\2&-4&2\\2&-4&2\end{pmatrix}\begin{pmatrix}x_1\\x_2\\x_3\end{pmatrix}=\begin{pmatrix}0\\0\\0\end{pmatrix},$$

可以求得其基础解系是

$$\boldsymbol{\xi}_1=\begin{pmatrix}2\\1\\0\end{pmatrix},\quad \boldsymbol{\xi}_2=\begin{pmatrix}-1\\0\\1\end{pmatrix}.$$

对 $\lambda=3$, 也可求得齐次线性方程组

$$\begin{pmatrix}2&0&0\\2&-2&2\\2&-4&4\end{pmatrix}\begin{pmatrix}x_1\\x_2\\x_3\end{pmatrix}=\begin{pmatrix}0\\0\\0\end{pmatrix}$$

的基础解系是

$$\boldsymbol{\xi}_3=\begin{pmatrix}0\\1\\1\end{pmatrix}.$$

根据定理 6.1.2 可知, $\boldsymbol{\xi}_1,\boldsymbol{\xi}_2,\boldsymbol{\xi}_3$ 是 $\boldsymbol{A}$ 的三个线性无关的特征向量, 所以 $\boldsymbol{A}$ 可相似对角化.

进一步, 令

$$\boldsymbol{P}=(\boldsymbol{\xi}_1,\boldsymbol{\xi}_2,\boldsymbol{\xi}_3)=\begin{pmatrix}2&-1&0\\1&0&1\\0&1&1\end{pmatrix},$$

则

$$\boldsymbol{P}^{-1}=\begin{pmatrix}1&-1&1\\1&-2&2\\-1&2&-1\end{pmatrix}.$$

现在直接计算知, 一定有

$$P^{-1}AP=\begin{pmatrix}1&0&0\\0&1&0\\0&0&3\end{pmatrix},$$

即 $\boldsymbol{P}$ 就是相似变换矩阵. ∎

6.3 实对称矩阵的相似对角化

现在我们知道, 并不是任何矩阵都和某个对角矩阵相似. 但是对于实对称矩阵, 我们将要证明, 它一定可相似对角化, 不仅如此, 还可以要求相似变换矩阵 $\boldsymbol{P}$ 是正交矩阵.

实对称矩阵的特征值和特征向量有特殊的性质.

定理 6.3.1 设 $\boldsymbol{A}$ 为实对称矩阵, 则

(1) $\boldsymbol{A}$ 的特征值都是实数;

(2) $\boldsymbol{A}$ 的不同特征值对应的特征向量正交.

证明 (1) 设 λ 是实对称矩阵 $\boldsymbol{A}$ 的特征值,

$$\boldsymbol{\xi}=\begin{pmatrix}x_1\\x_2\\\vdots\\x_n\end{pmatrix}$$

是特征值 λ 对应的特征向量, 即

$$\boldsymbol{A\xi}=\lambda\boldsymbol{\xi}.$$

上式两边取共轭得

$$\overline{\boldsymbol{A\xi}}=\overline{\lambda\boldsymbol{\xi}}.$$

因为 $\boldsymbol{A}$ 是实对称矩阵, 所以 $\boldsymbol{A}'=\boldsymbol{A}$, $\overline{\boldsymbol{A}}=\boldsymbol{A}$. 于是,

$$\lambda\boldsymbol{\xi}'\overline{\boldsymbol{\xi}}=(\lambda\boldsymbol{\xi})'\overline{\boldsymbol{\xi}}=(\boldsymbol{A\xi})'\overline{\boldsymbol{\xi}}=\boldsymbol{\xi}'\boldsymbol{A}'\overline{\boldsymbol{\xi}}=\boldsymbol{\xi}'(\overline{\boldsymbol{A\xi}})=\boldsymbol{\xi}'\overline{\lambda\boldsymbol{\xi}}=\overline{\lambda}\boldsymbol{\xi}'\overline{\boldsymbol{\xi}}.$$

由此有

$$(\lambda-\overline{\lambda})\boldsymbol{\xi}'\overline{\boldsymbol{\xi}}=0.$$

但

$$\boldsymbol{\xi}'\overline{\boldsymbol{\xi}}=\sum_{i=1}^{n}x_i\overline{x}_i=\sum_{i=1}^{n}|x_i|^2\neq 0,$$

所以, $\lambda=\overline{\lambda}$, 即 λ 是实数. ∎

(2) 设 λ_1,λ_2 是实对称矩阵 $\boldsymbol{A}$ 的两个不同的特征值, $\boldsymbol{\xi}_1,\boldsymbol{\xi}_2$ 分别是 λ_1,λ_2 对应的特征向量, 那么

$$\lambda_1\boldsymbol{\xi}_1'\boldsymbol{\xi}_2=(\lambda_1\boldsymbol{\xi}_1)'\boldsymbol{\xi}_2=(\boldsymbol{A}\boldsymbol{\xi}_1)'\boldsymbol{\xi}_2=\boldsymbol{\xi}_1'\boldsymbol{A}'\boldsymbol{\xi}_2=\boldsymbol{\xi}_1'(\boldsymbol{A}\boldsymbol{\xi}_2)=\boldsymbol{\xi}_1'(\lambda_2\boldsymbol{\xi}_2)=\lambda_2\boldsymbol{\xi}_1'\boldsymbol{\xi}_2.$$

由此有

$$(\lambda_1-\lambda_2)\boldsymbol{\xi}_1'\boldsymbol{\xi}_2=0.$$

因为 $\lambda_1\neq\lambda_2$, 所以 $\boldsymbol{\xi}_1'\boldsymbol{\xi}_2=0$, 也即 $(\boldsymbol{\xi}_1,\boldsymbol{\xi}_2)=0$. 这表明 $\boldsymbol{\xi}_1$ 与 $\boldsymbol{\xi}_2$ 正交.

例 6.3.1 设三阶实对称矩阵 $\boldsymbol{A}$ 的特征值 $\lambda_1=1$, $\lambda_2=2$, $\lambda_3=-2$, 而 $\boldsymbol{\xi}_1=(1,-1,1)'$ 是 $\boldsymbol{A}$ 的属于 λ_1 的一个特征向量. 记 $\boldsymbol{B}=\boldsymbol{A}^5-4\boldsymbol{A}^3+\boldsymbol{E}$.

(1) 验证 $\boldsymbol{\xi}_1$ 是矩阵 $\boldsymbol{B}$ 的特征向量, 并求 $\boldsymbol{B}$ 的全部特征值的特征向量;

(2) 求矩阵 $\boldsymbol{B}$.

解 (1) 由 $\boldsymbol{A}\boldsymbol{\xi}_1=\lambda_1\boldsymbol{\xi}_1$ 容易得, 对任意的正整数 n 都有 $\boldsymbol{A}^n\boldsymbol{\xi}_1=\lambda_1^n\boldsymbol{\xi}_1$. 于是

$$\boldsymbol{B}\boldsymbol{\xi}_1=(\boldsymbol{A}^5-4\boldsymbol{A}^3+\boldsymbol{E})\boldsymbol{\xi}_1=\boldsymbol{A}^5\boldsymbol{\xi}_1-4\boldsymbol{A}^3\boldsymbol{\xi}_1+\boldsymbol{E}\boldsymbol{\xi}_1=(\lambda_1^5-4\lambda_1^3+1)\boldsymbol{\xi}_1=-2\boldsymbol{\xi}_1,$$

所以 $\boldsymbol{\xi}_1$ 是 $\boldsymbol{B}$ 的属于特征值 $\mu_1=-2$ 的特征向量.

完全类似, 若 $\boldsymbol{A}\boldsymbol{\xi}_2=\lambda_2\boldsymbol{\xi}_2$, $\boldsymbol{A}\boldsymbol{\xi}_3=\lambda_3\boldsymbol{\xi}_3$, 则

$$\boldsymbol{B}\boldsymbol{\xi}_2=(\lambda_2^5-4\lambda_2^3+1)\boldsymbol{\xi}_2=\boldsymbol{\xi}_2,\quad \boldsymbol{B}\boldsymbol{\xi}_3=(\lambda_3^5-4\lambda_3^3+1)\boldsymbol{\xi}_3=\boldsymbol{\xi}_3.$$

因此 $\boldsymbol{B}$ 的特征值为 $\mu_1=-2$, $\mu_2=\mu_3=1$.

由 $\boldsymbol{A}$ 是实对称阵知 $\boldsymbol{B}$ 也是实对称阵. 若设 $\boldsymbol{\xi}=(x_1,x_2,x_3)'$ 是 $\boldsymbol{B}$ 的属于特征值 $\mu_2=\mu_3=1$ 的特征向量, 那么 $(\boldsymbol{\xi}_1,\boldsymbol{\xi})=0$, 即

$$x_1-x_2+x_3=0.$$

这个方程的基础解系为 $(1,1,0)'$ 和 $(-1,0,1)'$, 由此得 $\boldsymbol{B}$ 的属于特征值 $\mu_2=\mu_3=1$ 的线性无关的特征向量就为 $(1,1,0)'$ 和 $(-1,0,1)'$.

这样, $\boldsymbol{B}$ 的属于特征值 $\mu_1=-2$ 全部特征向量为 $k(1,-1,1)'$, 而属于特征值 $\mu_2=\mu_3=1$ 的全部特征向量为 $k_1(1,1,0)'+k_2(-1,0,1)'$, 其中 k 是不为零的任意常数, k_1,k_2 是不全为零的任意常数.

(2) 令

$$\boldsymbol{P}=\begin{pmatrix}1&1&-1\\-1&1&0\\1&0&1\end{pmatrix},$$

则必有

$$\boldsymbol{P}^{-1}\boldsymbol{B}\boldsymbol{P}=\begin{pmatrix}-2&0&0\\0&1&0\\0&0&1\end{pmatrix},$$

故

$$\boldsymbol{B}=\boldsymbol{P}\begin{pmatrix}-2&0&0\\0&1&0\\0&0&1\end{pmatrix}\boldsymbol{P}^{-1}=\begin{pmatrix}0&3&-3\\3&0&3\\-3&3&0\end{pmatrix}.$$

应该注意的是, 实对称矩阵的属于同一特征值的线性无关的特征向量不一定是正交的. 但可以使用施密特正交化方法将它们正交化.

如果存在正交矩阵 $\boldsymbol{P}$ 使得 $\boldsymbol{P}^{-1}\boldsymbol{A}\boldsymbol{P}=\boldsymbol{B}$, 那么就说 $\boldsymbol{A}$ **正交相似**于 $\boldsymbol{B}$. 对于正交矩阵 $\boldsymbol{P}$ 来说, 由于 $\boldsymbol{P}^{-1}=\boldsymbol{P}'$, 因此这时

$$\boldsymbol{P}^{-1}\boldsymbol{A}\boldsymbol{P}=\boldsymbol{P}'\boldsymbol{A}\boldsymbol{P}=\boldsymbol{B}.$$

定义 6.3.1 若 $\boldsymbol{A}$ 正交相似于对角矩阵, 则称 $\boldsymbol{A}$ **可正交相似对角化**.

定理 6.3.2 任何实对称矩阵都可正交相似对角化.

证明 设 $\boldsymbol{A}$ 是 n 阶实对称矩阵, 对 n 用归纳法.

若 $n=1$, 则结论显然成立. 现在假设对 $n-1$ 阶实对称矩阵结论成立, 即任何 $n-1$ 阶实对称矩阵可正交相似对角化. 下证 n 阶实对称矩阵也可正交相似对角化. 事实上, 设 $\boldsymbol{A}\boldsymbol{\xi}_1=\lambda_1\boldsymbol{\xi}_1$, 且 $|\boldsymbol{\xi}_1|=1$. 将 $\boldsymbol{\xi}_1$ 扩充成 $\mathbf{R}^n$ 的一组标准正交基 $\boldsymbol{\xi}_1,\boldsymbol{\xi}_2,\cdots,\boldsymbol{\xi}_n$, 并记

$$\boldsymbol{P}_1=(\boldsymbol{\xi}_1,\boldsymbol{\xi}_2,\cdots,\boldsymbol{\xi}_n),$$

则 $\boldsymbol{P}_1$ 是正交矩阵, 且

$$\boldsymbol{P}_1'\boldsymbol{A}\boldsymbol{P}_1=\begin{pmatrix}\boldsymbol{\xi}_1'\boldsymbol{A}\boldsymbol{\xi}_1&\boldsymbol{\xi}_1'\boldsymbol{A}\boldsymbol{\xi}_2&\cdots&\boldsymbol{\xi}_1'\boldsymbol{A}\boldsymbol{\xi}_n\\\boldsymbol{\xi}_2'\boldsymbol{A}\boldsymbol{\xi}_1&\boldsymbol{\xi}_2'\boldsymbol{A}\boldsymbol{\xi}_2&\cdots&\boldsymbol{\xi}_2'\boldsymbol{A}\boldsymbol{\xi}_n\\\vdots&\vdots&&\vdots\\\boldsymbol{\xi}_n'\boldsymbol{A}\boldsymbol{\xi}_1&\boldsymbol{\xi}_n'\boldsymbol{A}\boldsymbol{\xi}_2&\cdots&\boldsymbol{\xi}_n'\boldsymbol{A}\boldsymbol{\xi}_n\end{pmatrix}.$$

因为

$$\boldsymbol{\xi}_i'\boldsymbol{A}\boldsymbol{\xi}_1=\boldsymbol{\xi}_i'(\lambda_1\boldsymbol{\xi}_1)=\lambda_1(\boldsymbol{\xi}_i'\boldsymbol{\xi}_1)=\begin{cases}\lambda_1, & 若 i=1,\\0, & 若 i\neq 1,\end{cases}$$

$$\boldsymbol{\xi}_1'\boldsymbol{A}\boldsymbol{\xi}_i=(\boldsymbol{A}\boldsymbol{\xi}_1)'\boldsymbol{\xi}_i=\lambda_1(\boldsymbol{\xi}_i'\boldsymbol{\xi}_1)=\begin{cases}\lambda_1, & 若 i=1,\\0, & 若 i\neq 1,\end{cases}$$

所以,

$$\boldsymbol{P}_1'\boldsymbol{A}\boldsymbol{P}_1=\begin{pmatrix}\lambda_1 & \boldsymbol{O}\\ \boldsymbol{O} & \boldsymbol{A}_1\end{pmatrix}.$$

这里 $\boldsymbol{A}_1$ 是 $n-1$ 阶实对称矩阵. 根据归纳假设, 存在正交矩阵 $\boldsymbol{Q}$ 使得

$$\boldsymbol{Q}'\boldsymbol{A}_1\boldsymbol{Q}=\begin{pmatrix}\lambda_2 & & \\ & \ddots & \\ & & \lambda_n\end{pmatrix}$$

是对角矩阵. 令

$$\boldsymbol{P}_2=\begin{pmatrix}1 & \boldsymbol{O}\\ \boldsymbol{O} & \boldsymbol{Q}\end{pmatrix},\quad \boldsymbol{P}=\boldsymbol{P}_1\boldsymbol{P}_2,$$

那么

$$\boldsymbol{P}'\boldsymbol{A}\boldsymbol{P}=\boldsymbol{P}_2'\boldsymbol{P}_1'\boldsymbol{A}\boldsymbol{P}_1\boldsymbol{P}_2=\begin{pmatrix}\lambda_1 & & & \\ & \lambda_2 & & \\ & & \ddots & \\ & & & \lambda_n\end{pmatrix}$$

是对角矩阵, 且显然 $\boldsymbol{P}$ 是正交矩阵. ∎

根据这个定理以及定理 6.2.3 的必要性的证明, 我们容易得到下面的推论.

推论 6.3.1 设 $\boldsymbol{A}$ 为 n 阶实对称矩阵, 若 λ 是 $\boldsymbol{A}$ 的特征方程的 k 重根, 则 λ 一定对应 k 个线性无关的特征向量, 进而 $R(\lambda\boldsymbol{E}-\boldsymbol{A})=n-k$.

在一些实际问题中, 有时候需要求出正交相似变换矩阵 $\boldsymbol{P}$ 使得 $\boldsymbol{P}^{-1}\boldsymbol{A}\boldsymbol{P}$ 是对角矩阵. 由正交矩阵的等价条件 (定理 5.4.1) 知, 一个矩阵 $\boldsymbol{P}$ 是正交阵当且仅当 $\boldsymbol{P}$ 的列向量组是两两正交的单位向量, 即标准正交组. 由定理 6.3.1 知, 实对称阵 $\boldsymbol{A}$ 的不同特征值对应的特征向量是正交的, 但 $\boldsymbol{A}$ 可能有重特征值, 这时求出的特征向量虽然线性无关 (作为 $(\lambda\boldsymbol{E}-\boldsymbol{A})\boldsymbol{X}=\boldsymbol{0}$ 的基础解系), 但不一定正交. 这就需要用施密特正交化方法将属于同一个特征值的线性无关的特征向量正交化, 再单位化. 具体来说, 求正交阵 $\boldsymbol{P}$ 的方法如下.

第一步: 求出实对称阵 $\boldsymbol{A}$ 的全部特征值, 即求出特征方程 $|\lambda\boldsymbol{E}-\boldsymbol{A}|=0$ 的全部根 $\lambda_1,\lambda_2,\cdots,\lambda_n$ (可能有重根).

第二步: 对每个 λ_i (相同的只需计算一次), 求出齐次线性方程组 $(\lambda_i\boldsymbol{E}-\boldsymbol{A})\boldsymbol{X}=\boldsymbol{0}$ 的基础解系, 它们就是属于特征值 λ_i 的线性无关的特征向量.

第三步: 将每个 λ_i 对应的线性无关的特征向量用施密特正交化方法正交化单位化. 这时若某个 λ_i 只对应一个线性无关的特征向量, 则只需将其单位化即可.

第四步：将所有属于不同特征值的已标准正交化的特征向量 (就是第三步正交化单位化后所得到的向量) 放在与特征值在对角阵相应的位置就得到了正交阵 $\boldsymbol{P}$.

例6.3.2　求一正交阵 $\boldsymbol{P}$, 使得 $\boldsymbol{P}'\boldsymbol{A}\boldsymbol{P}=\boldsymbol{\Lambda}$ 为对角阵, 其中

$$\boldsymbol{A}=\begin{pmatrix}3 & -1 & 0\\ -1 & 3 & 0\\ 0 & 0 & 6\end{pmatrix}.$$

解　先求 $\boldsymbol{A}$ 的特征值. 因为

$$|\lambda\boldsymbol{E}-\boldsymbol{A}|=\begin{vmatrix}\lambda-3 & 1 & 0\\ 1 & \lambda-3 & 0\\ 0 & 0 & \lambda-6\end{vmatrix}=(\lambda-2)(\lambda-4)(\lambda-6),$$

所以 $\boldsymbol{A}$ 的特征值为 $\lambda_1=2,\ \lambda_2=4,\ \lambda_3=6$.

再求特征向量. $\lambda=2,4,6$ 时分别求解齐次线性方程 $(\lambda\boldsymbol{E}-\boldsymbol{A})\boldsymbol{X}=\boldsymbol{0}$ 相应的特征向量依次为

$$\begin{pmatrix}1\\1\\0\end{pmatrix},\quad \begin{pmatrix}-1\\1\\0\end{pmatrix},\quad \begin{pmatrix}0\\0\\1\end{pmatrix}.$$

将它们单位化得

$$\begin{pmatrix}\frac{1}{\sqrt{2}}\\ \frac{1}{\sqrt{2}}\\ 0\end{pmatrix},\quad \begin{pmatrix}-\frac{1}{\sqrt{2}}\\ \frac{1}{\sqrt{2}}\\ 0\end{pmatrix},\quad \begin{pmatrix}0\\0\\1\end{pmatrix}.$$

这样, 变换矩阵 $\boldsymbol{P}$ 为

$$\boldsymbol{P}=\begin{pmatrix}\frac{1}{\sqrt{2}} & -\frac{1}{\sqrt{2}} & 0\\ \frac{1}{\sqrt{2}} & \frac{1}{\sqrt{2}} & 0\\ 0 & 0 & 1\end{pmatrix}.$$

不难验证

$$\boldsymbol{P}^{-1}\boldsymbol{A}\boldsymbol{P}=\boldsymbol{P}'\boldsymbol{A}\boldsymbol{P}=\begin{pmatrix}2 & 0 & 0\\ 0 & 4 & 0\\ 0 & 0 & 6\end{pmatrix}=\boldsymbol{\Lambda}.$$

这个例子中, 如果令

$$Q=\begin{pmatrix}1&-1&0\\1&1&0\\0&0&1\end{pmatrix},$$

则一定有 $Q^{-1}AQ=\Lambda$, 但是 $Q'AQ\neq\Lambda$.

例6.3.3 已知

$$A=\begin{pmatrix}0&1&1&-1\\1&0&-1&1\\1&-1&0&1\\-1&1&1&0\end{pmatrix},$$

求一正交阵 P 使 $P'AP$ 为对角阵.

解 因为

$$|\lambda E-A|=\begin{vmatrix}\lambda&-1&-1&1\\-1&\lambda&1&-1\\-1&1&\lambda&-1\\1&-1&-1&\lambda\end{vmatrix}=\begin{vmatrix}0&\lambda-1&\lambda-1&1-\lambda^2\\0&\lambda-1&0&\lambda-1\\0&0&\lambda-1&\lambda-1\\1&-1&-1&\lambda\end{vmatrix}$$

$$=-(\lambda-1)^3\begin{vmatrix}1&1&-1-\lambda\\1&0&1\\0&1&1\end{vmatrix}=(\lambda-1)^3(\lambda+3),$$

所以 A 的特征值为 1 (三重根), -3.

对 $\lambda=1$, 求齐次线性方程组 $(E-A)X=0$, 也即

$$\begin{pmatrix}1&-1&-1&1\\-1&1&1&-1\\-1&1&1&-1\\1&-1&-1&1\end{pmatrix}\begin{pmatrix}x_1\\x_2\\x_3\\x_4\end{pmatrix}=\begin{pmatrix}0\\0\\0\\0\end{pmatrix}$$

的基础解系为

$$\alpha_1=\begin{pmatrix}1\\1\\0\\0\end{pmatrix},\quad\alpha_2=\begin{pmatrix}1\\0\\1\\0\end{pmatrix},\quad\alpha_3=\begin{pmatrix}-1\\0\\0\\1\end{pmatrix}.$$

把它们正交化得

$$\boldsymbol{\beta}_1=\boldsymbol{\alpha}_1=\begin{pmatrix}1\\1\\0\\0\end{pmatrix},\quad \boldsymbol{\beta}_2=\boldsymbol{\alpha}_2-\frac{(\boldsymbol{\alpha}_2,\boldsymbol{\beta}_1)}{(\boldsymbol{\beta}_1,\boldsymbol{\beta}_1)}\boldsymbol{\beta}_1=\begin{pmatrix}\frac{1}{2}\\-\frac{1}{2}\\1\\0\end{pmatrix},$$

$$\boldsymbol{\beta}_3=\boldsymbol{\alpha}_3-\frac{(\boldsymbol{\alpha}_3,\boldsymbol{\beta}_2)}{(\boldsymbol{\beta}_2,\boldsymbol{\beta}_2)}\boldsymbol{\beta}_2-\frac{(\boldsymbol{\alpha}_3,\boldsymbol{\beta}_1)}{(\boldsymbol{\beta}_1,\boldsymbol{\beta}_1)}\boldsymbol{\beta}_1=\begin{pmatrix}-\frac{1}{3}\\\frac{1}{3}\\\frac{1}{3}\\1\end{pmatrix}.$$

再单位化得

$$\boldsymbol{\eta}_1=\begin{pmatrix}\frac{1}{\sqrt{2}}\\\frac{1}{\sqrt{2}}\\0\\0\end{pmatrix},\quad \boldsymbol{\eta}_2=\begin{pmatrix}\frac{1}{\sqrt{6}}\\-\frac{1}{\sqrt{6}}\\\frac{2}{\sqrt{6}}\\0\end{pmatrix},\quad \boldsymbol{\eta}_3=\begin{pmatrix}-\frac{1}{\sqrt{12}}\\\frac{1}{\sqrt{12}}\\\frac{1}{\sqrt{12}}\\\frac{3}{\sqrt{12}}\end{pmatrix}.$$

对 $\lambda=-3$, 求齐次线性方程 $(-3\boldsymbol{E}-\boldsymbol{A})\boldsymbol{X}=\boldsymbol{0}$, 即

$$\begin{pmatrix}-3&-1&-1&1\\-1&-3&1&-1\\-1&1&-3&-1\\1&-1&-1&-3\end{pmatrix}\begin{pmatrix}x_1\\x_2\\x_3\\x_4\end{pmatrix}=\begin{pmatrix}0\\0\\0\\0\end{pmatrix}$$

的基础解系为

$$\boldsymbol{\alpha}_4=\begin{pmatrix}1\\-1\\-1\\1\end{pmatrix}.$$

因为只有一个向量, 所以只需单位化：

$$\boldsymbol{\eta}_4 = \begin{pmatrix} \frac{1}{2} \\ -\frac{1}{2} \\ -\frac{1}{2} \\ \frac{1}{2} \end{pmatrix}.$$

这样, 所求的正交矩阵就为

$$\boldsymbol{P} = (\boldsymbol{\eta}_1, \boldsymbol{\eta}_2, \boldsymbol{\eta}_3, \boldsymbol{\eta}_4) = \begin{pmatrix} \frac{1}{\sqrt{2}} & \frac{1}{\sqrt{6}} & -\frac{1}{\sqrt{12}} & \frac{1}{2} \\ \frac{1}{\sqrt{2}} & -\frac{1}{\sqrt{6}} & \frac{1}{\sqrt{12}} & -\frac{1}{2} \\ 0 & \frac{2}{\sqrt{6}} & \frac{1}{\sqrt{12}} & -\frac{1}{2} \\ 0 & 0 & \frac{3}{\sqrt{12}} & \frac{1}{2} \end{pmatrix},$$

而

$$\boldsymbol{P}'\boldsymbol{A}\boldsymbol{P} = \boldsymbol{P}^{-1}\boldsymbol{A}\boldsymbol{P} = \begin{pmatrix} 1 & & & \\ & 1 & & \\ & & 1 & \\ & & & -3 \end{pmatrix}.$$

6.4 二次型及其标准形

在解析几何中, 为了便于研究二次曲线

$$ax^2 + 2bxy + cy^2 = 1 \tag{6.8}$$

的几何性质, 常常选择适当的角度 θ, 然后作坐标旋转变换

$$\begin{cases} x = X\cos\theta - Y\sin\theta, \\ y = X\sin\theta + Y\cos\theta, \end{cases}$$

就把 (6.8) 式化为标准形*

---

*只要使 θ 满足 $(a-c)\sin 2\theta = \cos 2\theta$, 就可将 (6.8) 式化为标准形 $mX^2 + nY^2 = 1$, 此时 $m = a\cos^2\theta + b\sin 2\theta + c\sin^2\theta$, $n = a\sin^2\theta - b\sin 2\theta + c\cos^2\theta$.

$$mX^2+nY^2=1.$$

对二次曲面的研究也有类似的情况.

(6.8) 式的左端是一个二次齐次多项式, 从代数学的观点看, 化标准形的过程就是通过变量的线性变换化简一个二次齐次多项式, 使它只含有平方项. 这样一个问题在许多理论问题以及实际问题中常会遇到. 现在我们把这类问题一般化, 讨论含有 n 个变量的二次齐次多项式的化简问题.

定义 6.4.1 含有 n 个变量且系数全为实数的二次齐次多项式

$$\begin{aligned} f(x_1,x_2,\cdots,x_n)=a_{11}x_1^2+2a_{12}x_1x_2+2a_{13}x_1x_3+\cdots+2a_{1n}x_1x_n \\ +a_{22}x_2^2+2a_{23}x_2x_3+\cdots+2a_{2n}x_2x_n \\ +a_{33}x_3^2+\cdots+2a_{3n}x_3x_n \\ +\cdots\cdots \\ +a_{nn}x_n^2 \end{aligned} \tag{6.9}$$

称为**实二次型**, 或者简称为**二次型**.

显然, 实二次型的每一项中两个变量次数的和总等于 2; x_i^2 的系数为 a_{ii}, 而 $x_ix_j\ (i\neq j)$ 的系数为 $2a_{ij}$, 这里将 x_ix_j 的系数写为 $2a_{ij}$, 而不简单地写为 a_{ij} 是为了以后讨论上的方便.

可以说, 最简单的实二次型就是只含有平方项的二次型

$$f(x_1,x_2,\cdots,x_n)=d_1x_1^2+d_2x_2^2+\cdots+d_nx_n^2.$$

这样的二次型通常称为标准形.

二次型的一个最基本的问题就是如何把一个比较复杂的二次型化为较简单的标准形, 从而有利于讨论二次型的性质. 一般来说, 常常希望通过变量的线性变换来化简二次型.

定义 6.4.2 设 $x_1,x_2,\cdots,x_n$ 和 $y_1,y_2,\cdots,y_n$ 是两组变量, 那么称关系式

$$\begin{cases} x_1=c_{11}y_1+c_{12}y_2+\cdots+c_{1n}y_n, \\ x_2=c_{21}y_1+c_{22}y_2+\cdots+c_{2n}y_n, \\ \cdots\cdots \\ x_n=c_{n1}y_1+c_{n2}y_2+\cdots+c_{nn}y_n \end{cases} \tag{6.10}$$

为**由变量** $x_1,x_2,\cdots,x_n$ **到变量** $y_1,y_2,\cdots,y_n$ **的线性变换**, 或者简称为**线性变换**.

显然, (6.10) 式可以表示为矩阵的形式:

$$\boldsymbol{X}=\boldsymbol{C}\boldsymbol{Y}, \tag{6.11}$$

其中

$$\boldsymbol{X}=\begin{pmatrix}x_1\\x_2\\\vdots\\x_n\end{pmatrix},\quad \boldsymbol{C}=\begin{pmatrix}c_{11}&c_{12}&\cdots&c_{1n}\\c_{21}&c_{22}&\cdots&c_{2n}\\\vdots&\vdots&&\vdots\\c_{n1}&c_{n2}&\cdots&c_{nn}\end{pmatrix},\quad \boldsymbol{Y}=\begin{pmatrix}y_1\\y_2\\\vdots\\y_n\end{pmatrix}.$$

若 $\boldsymbol{C}$ 可逆, 则称 (6.10) 或 (6.11) 为**可逆线性变换**; 若 $\boldsymbol{C}$ 是正交矩阵, 则称 (6.10) 或 (6.11) 为**正交变换**.

正交变换的一个基本性质是：正交变换保持向量的长度不变, 即若 $\boldsymbol{X}=\boldsymbol{PY}$ 为正交变换, 则 $|\boldsymbol{X}|=|\boldsymbol{Y}|$. 这是因为

$$|\boldsymbol{X}|=\sqrt{(\boldsymbol{X},\boldsymbol{X})}=\sqrt{(\boldsymbol{PY},\boldsymbol{PY})}=\sqrt{(\boldsymbol{PY})'(\boldsymbol{PY})}=\sqrt{\boldsymbol{Y}'\boldsymbol{P}'\boldsymbol{PY}}=\sqrt{\boldsymbol{Y}'\boldsymbol{Y}}=|\boldsymbol{Y}|.$$

下面我们借助矩阵这个有效的工具来研究实二次型的标准化问题. 为此, 首先来建立实二次型和矩阵之间的关系.

如果令 $a_{ij}=a_{ji}$, 那么 $2a_{ij}x_ix_j=a_{ij}x_ix_j+a_{ji}x_jx_i$, 于是 (6.9) 式就可写为

$$\begin{aligned}f(x_1,x_2,\cdots,x_n)&=a_{11}x_1^2+a_{12}x_1x_2+\cdots+a_{1n}x_1x_n\\&\quad+a_{21}x_2x_1+a_{22}x_2^2+\cdots+a_{2n}x_2x_n\\&\quad+\cdots\cdots\\&\quad+a_{n1}x_nx_1+a_{n2}x_nx_2+\cdots+a_{nn}x_n^2\\&=\sum_{i=1}^n\sum_{j=1}^n a_{ij}x_ix_j.\end{aligned}$$

若记

$$\boldsymbol{A}=\begin{pmatrix}a_{11}&a_{12}&\cdots&a_{1n}\\a_{21}&a_{22}&\cdots&a_{2n}\\\vdots&\vdots&&\vdots\\a_{n1}&a_{n2}&\cdots&a_{nn}\end{pmatrix},\quad \boldsymbol{X}=\begin{pmatrix}x_1\\x_2\\\vdots\\x_n\end{pmatrix},$$

则 $\boldsymbol{A}'=\boldsymbol{A}$, 即 $\boldsymbol{A}$ 是实对称阵, 且

$$\boldsymbol{X}'\boldsymbol{A}\boldsymbol{X}=(x_1,x_2,\cdots,x_n)\begin{pmatrix}a_{11}&a_{12}&\cdots&a_{1n}\\a_{21}&a_{22}&\cdots&a_{2n}\\\vdots&\vdots&&\vdots\\a_{n1}&a_{n2}&\cdots&a_{nn}\end{pmatrix}\begin{pmatrix}x_1\\x_2\\\vdots\\x_n\end{pmatrix}$$

$$= (x_1, x_2, \cdots, x_n) \begin{pmatrix} a_{11}x_1 + a_{12}x_2 + \cdots + a_{1n}x_n \\ a_{21}x_1 + a_{22}x_2 + \cdots + a_{2n}x_n \\ \vdots \\ a_{n1}x_1 + a_{n2}x_2 + \cdots + a_{nn}x_n \end{pmatrix}$$

$$= \sum_{i=1}^{n}\sum_{j=1}^{n} a_{ij}x_ix_j.$$

故

$$f(x_1, x_2, \cdots, x_n) = \boldsymbol{X}'\boldsymbol{A}\boldsymbol{X}. \tag{6.12}$$

这样一来, 只要给出一个实二次型, 就唯一地确定了一个实对称阵; 反之, 给定一个实对称阵 $\boldsymbol{A}$, 则 $\boldsymbol{X}'\boldsymbol{A}\boldsymbol{X}$ 就是一个实二次型. 所以, 实二次型和实对称阵之间是相互确定的. 我们注意到, 矩阵 $\boldsymbol{A}$ 的第 i 行第 j 列 $(i \neq j)$ 元素恰好是二次型 (6.9) 的交叉项 x_ix_j 的系数的一半, 而 $\boldsymbol{A}$ 的对角线元素 a_{ii} 又恰好是平方项 x_i^2 的系数.

以后我们把实对称阵 $\boldsymbol{A}$ 叫做**二次型**(6.9) (或者 (6.12)) **的矩阵**, 也把二次型 (6.9) (或者 (6.12)) 叫做**对称阵 $\boldsymbol{A}$ 的二次型**. 对称阵 $\boldsymbol{A}$ 的秩叫做**二次型** (6.9) **的秩**.

例如, 二次型

$$f(x_1, x_2, x_3) = x_1^2 - 2x_2^2 + 4x_3^2 + 4x_1x_2 - 8x_1x_3 + 6x_2x_3$$

的矩阵就是

$$\boldsymbol{A} = \begin{pmatrix} 1 & 2 & -4 \\ 2 & -2 & 3 \\ -4 & 3 & 4 \end{pmatrix},$$

而对称阵

$$\boldsymbol{A} = \begin{pmatrix} 0 & 1 & 3 & 0 \\ 1 & 1 & -1 & 3 \\ 3 & -1 & -4 & 0 \\ 0 & 3 & 0 & 2 \end{pmatrix}$$

的二次型是

$$f(x_1, x_2, x_3, x_4) = \boldsymbol{X}'\boldsymbol{A}\boldsymbol{X} = x_2^2 - 4x_3^2 + 2x_4^2 + 2x_1x_2 + 6x_1x_3 - 2x_2x_3 + 6x_2x_4.$$

显然, 一个二次型是标准形的充分必要条件是它的矩阵是对角阵.

现在对二次型 (6.12) 作可逆线性变换 $\boldsymbol{X} = \boldsymbol{C}\boldsymbol{Y}$(其中矩阵 $\boldsymbol{C}$ 可逆), 这相当于把 $\boldsymbol{X} = \boldsymbol{C}\boldsymbol{Y}$ 代入 (6.12), 即

$$f(x_1, x_2, \cdots, x_n) = \boldsymbol{X}'\boldsymbol{A}\boldsymbol{X} = (\boldsymbol{C}\boldsymbol{Y})'\boldsymbol{A}(\boldsymbol{C}\boldsymbol{Y}) = \boldsymbol{Y}'(\boldsymbol{C}'\boldsymbol{A}\boldsymbol{C})\boldsymbol{Y}.$$

由于 $\boldsymbol{A}$ 是实对称阵, 因此 $(\boldsymbol{C}'\boldsymbol{A}\boldsymbol{C})' = \boldsymbol{C}'\boldsymbol{A}'\boldsymbol{C} = \boldsymbol{C}'\boldsymbol{A}\boldsymbol{C}$, 这就是说 $\boldsymbol{C}'\boldsymbol{A}\boldsymbol{C}$ 也是实对称阵. 所以 $\boldsymbol{Y}'(\boldsymbol{C}'\boldsymbol{A}\boldsymbol{C})\boldsymbol{Y}$ 是以 $y_1, y_2, \cdots, y_n$ 为变量的实二次型.

定义 6.4.3 设 $\boldsymbol{A}, \boldsymbol{B}$ 为 n 阶方阵, 若有可逆矩阵 $\boldsymbol{C}$ 使得 $\boldsymbol{C}'\boldsymbol{A}\boldsymbol{C} = \boldsymbol{B}$, 则称 $\boldsymbol{A}$ 与 $\boldsymbol{B}$ **合同**, 或者说 $\boldsymbol{A}$ **合同于** $\boldsymbol{B}$.

不难证明矩阵合同关系的下列性质.

(1) 反身性: $\boldsymbol{E}'\boldsymbol{A}\boldsymbol{E} = \boldsymbol{A}$;

(2) 对称性: 由 $\boldsymbol{C}'\boldsymbol{A}\boldsymbol{C} = \boldsymbol{B}$, 即得 $(\boldsymbol{C}^{-1})'\boldsymbol{B}\boldsymbol{C}^{-1} = \boldsymbol{A}$;

(3) 传递性: 由 $\boldsymbol{C}_1'\boldsymbol{A}\boldsymbol{C}_1 = \boldsymbol{B}$ 和 $\boldsymbol{C}_2'\boldsymbol{B}\boldsymbol{C}_2 = \boldsymbol{C}$, 即得 $(\boldsymbol{C}_1\boldsymbol{C}_2)'\boldsymbol{A}(\boldsymbol{C}_1\boldsymbol{C}_2) = \boldsymbol{C}$.

根据这个定义立即可知, 一个二次型经过可逆线性变换后所得到的新二次型的矩阵和原二次型的矩阵是合同的, 而二次型的秩不变.

由上节定理 6.3.2 知, 对任意实对称阵 $\boldsymbol{A}$, 都存在正交矩阵 $\boldsymbol{P}$, 使得 $\boldsymbol{P}^{-1}\boldsymbol{A}\boldsymbol{P}$, 即 $\boldsymbol{P}'\boldsymbol{A}\boldsymbol{P}$ 是对角阵. 把此结论用于实二次型, 即有下面的定理.

定理 6.4.1 存在正交变换 $\boldsymbol{X} = \boldsymbol{P}\boldsymbol{Y}$, 使得将实二次型 $f = \boldsymbol{X}'\boldsymbol{A}\boldsymbol{X}$ 化为标准形, 即存在正交矩阵 $\boldsymbol{P}$, 当 $\boldsymbol{X} = \boldsymbol{P}\boldsymbol{Y}$ 时,

$$f = \lambda_1 y_1^2 + \lambda_2 y_2^2 + \cdots + \lambda_n y_n^2,$$

其中 $\lambda_1, \lambda_2, \cdots, \lambda_n$ 是 $\boldsymbol{A}$ 的特征值.

例 6.4.1 求一个正交变换 $\boldsymbol{X} = \boldsymbol{P}\boldsymbol{Y}$, 把二次型

$$f(x_1, x_2, x_3) = 3x_1^2 - 4x_1x_2 - 8x_1x_3 + 6x_2^2 - 4x_2x_3 + 3x_3^2$$

化为标准形.

解 容易写出二次型的矩阵为

$$\boldsymbol{A} = \begin{pmatrix} 3 & -2 & -4 \\ -2 & 6 & -2 \\ -4 & -2 & 3 \end{pmatrix},$$

而 $\boldsymbol{A}$ 的特征多项式为

$$|\lambda\boldsymbol{E} - \boldsymbol{A}| = \begin{vmatrix} \lambda - 3 & 2 & 4 \\ 2 & \lambda - 6 & 2 \\ 4 & 2 & \lambda - 3 \end{vmatrix} = (\lambda - 7)^2(\lambda + 2),$$

因此, $\boldsymbol{A}$ 的特征值为 $\lambda_1 = \lambda_2 = 7$, $\lambda_3 = -2$.

对 $\lambda_1 = \lambda_2 = 7$, 求解齐次线性方程组 $(7\boldsymbol{E} - \boldsymbol{A})\boldsymbol{X} = \boldsymbol{0}$, 也即

$$\begin{pmatrix} 4 & 2 & 4 \\ 2 & 1 & 2 \\ 4 & 2 & 4 \end{pmatrix}\begin{pmatrix} x_1 \\ x_2 \\ x_3 \end{pmatrix} = \begin{pmatrix} 0 \\ 0 \\ 0 \end{pmatrix},$$

即得特征值为 7 的两个线性无关的特征向量

$$\boldsymbol{\alpha}_1=\begin{pmatrix}1\\2\\-2\end{pmatrix},\quad \boldsymbol{\alpha}_2=\begin{pmatrix}0\\2\\-1\end{pmatrix}.$$

把它们正交化得

$$\boldsymbol{\beta}_1=\boldsymbol{\alpha}_1=\begin{pmatrix}1\\2\\-2\end{pmatrix},\quad \boldsymbol{\beta}_2=\boldsymbol{\alpha}_2-\frac{(\boldsymbol{\alpha}_2,\boldsymbol{\beta}_1)}{(\boldsymbol{\beta}_1,\boldsymbol{\beta}_1)}\boldsymbol{\beta}_1=\begin{pmatrix}-\frac{2}{3}\\\frac{2}{3}\\\frac{1}{3}\end{pmatrix}.$$

再单位化得

$$\boldsymbol{\eta}_1=\begin{pmatrix}\frac{1}{3}\\\frac{2}{3}\\-\frac{2}{3}\end{pmatrix},\quad \boldsymbol{\eta}_2=\begin{pmatrix}-\frac{2}{3}\\\frac{2}{3}\\\frac{1}{3}\end{pmatrix}.$$

对 $\lambda=-2$, 求解齐次线性方程 $(-2\boldsymbol{E}-\boldsymbol{A})\boldsymbol{X}=\boldsymbol{0}$, 即

$$\begin{pmatrix}-5&2&4\\2&-8&2\\4&2&-5\end{pmatrix}\begin{pmatrix}x_1\\x_2\\x_3\end{pmatrix}=\begin{pmatrix}0\\0\\0\end{pmatrix},$$

即得特征值为 -2 的一个线性无关的特征向量

$$\boldsymbol{\alpha}_3=\begin{pmatrix}2\\1\\2\end{pmatrix}.$$

将其单位化得

$$\boldsymbol{\eta}_3=\begin{pmatrix}\frac{2}{3}\\\frac{1}{3}\\\frac{2}{3}\end{pmatrix}.$$

于是得正交矩阵

$$\boldsymbol{P}=(\boldsymbol{\eta}_1,\boldsymbol{\eta}_2,\boldsymbol{\eta}_3)=\begin{pmatrix}\frac{1}{3} & -\frac{2}{3} & \frac{2}{3}\\ \frac{2}{3} & \frac{2}{3} & \frac{1}{3}\\ -\frac{2}{3} & \frac{1}{3} & \frac{2}{3}\end{pmatrix}.$$

将正交变换

$$\begin{pmatrix}x_1\\x_2\\x_3\end{pmatrix}=\boldsymbol{P}\begin{pmatrix}y_1\\y_2\\y_3\end{pmatrix}$$

代入二次型

$$f(x_1,x_2,x_3)=(x_1,x_2,x_3)\boldsymbol{A}\begin{pmatrix}x_1\\x_2\\x_3\end{pmatrix}$$

即得

$$f(x_1,x_2,x_3)=g(y_1,y_2,y_3)=7y_1^2+7y_2^2-2y_3^2.$$

6.5 用配方法将二次型化为标准形

上一节我们证明了一个实二次型可通过一个正交变换化为标准形, 然而在具体化时不但要求矩阵的特征值和特征向量, 而且还要用施密特正交化方法等, 因此常常不胜其繁. 在这一节中我们主要通过举例来介绍另外一种化二次型为标准形的方法 —— 配方法. 这种方法在某种程度上稍微简单些, 只是变换矩阵不一定是正交矩阵.

例6.5.1 化二次型

$$f(x_1,x_2,x_3)=x_1^2+2x_2^2+5x_3^2+2x_1x_2+2x_1x_3+8x_2x_3$$

为标准形, 并求所用的变换矩阵.

解 先将所有含有 x_1 的项放到一起, 并凑成完全平方再减去必要的项:

$$\begin{aligned}f(x_1,x_2,x_3)&=(x_1^2+2x_1x_2+2x_1x_3)+2x_2^2+5x_3^2+8x_2x_3\\&=(x_1+x_2+x_3)^2-x_2^2-x_3^2-2x_2x_3+2x_2^2+5x_3^2+8x_2x_3\\&=(x_1+x_2+x_3)^2+x_2^2+6x_2x_3+4x_3^2.\end{aligned}$$

再对后面那些项配方：

$$x_2^2+6x_2x_3+4x_3^2=(x_2+3x_3)^2-5x_3^2.$$

于是

$$f(x_1,x_2,x_3)=(x_1+x_2+x_3)^2+(x_2+3x_3)^2-5x_3^2.$$

令

$$\begin{cases}y_1=x_1+x_2+x_3,\\ y_2=x_2+3x_3,\\ y_3=x_3,\end{cases}$$

即

$$\begin{cases}x_1=y_1-y_2+2y_3,\\ x_2=y_2-3y_3,\\ x_3=y_3,\end{cases}$$

或者

$$\begin{pmatrix}x_1\\x_2\\x_3\end{pmatrix}=\begin{pmatrix}1&-1&2\\0&1&-3\\0&0&1\end{pmatrix}\begin{pmatrix}y_1\\y_2\\y_3\end{pmatrix},$$

则二次型就化为标准形

$$f(x_1,x_2,x_3)=y_1^2+y_2^2-5y_3^2.$$

例 6.5.2　化二次型

$$f(x_1,x_2,x_3)=x_1^2+x_2^2-2x_3^2-4x_1x_2+2x_1x_3+2x_2x_3$$

为标准形, 并求所用的变换矩阵.

解

$$\begin{aligned}f(x_1,x_2,x_3)&=(x_1^2-4x_1x_2+2x_1x_3)+x_2^2+2x_2x_3-2x_3^2\\&=(x_1-2x_2+x_3)^2-3x_2^2+6x_2x_3-3x_3^2\\&=(x_1-2x_2+x_3)^2-3(x_2-x_3)^2.\end{aligned}$$

作代换

$$\begin{cases}y_1=x_1-2x_2+x_3,\\ y_2=x_2-x_3,\\ y_3=x_3,\end{cases}$$

或者

$$\begin{cases} x_1 = y_1 + 2y_2 + y_3, \\ x_2 = y_2 + y_3, \\ x_3 = y_3, \end{cases}$$

则二次型就化为

$$f(x_1, x_2, x_3) = y_1^2 - 3y_2^2,$$

且其变换矩阵为

$$\boldsymbol{C} = \begin{pmatrix} 1 & 2 & 1 \\ 0 & 1 & 1 \\ 0 & 0 & 1 \end{pmatrix}.$$

例6.5.3 化二次型

$$f(x_1, x_2, x_3) = 2x_1x_2 + 2x_1x_3 - 6x_2x_3$$

为标准形, 并求所用的变换矩阵.

解 由于缺少了 x_1^2 项, 所以不能直接配方. 但作如下代换

$$\begin{cases} x_1 = y_1 + y_2, \\ x_2 = y_1 - y_2, \\ x_3 = y_3, \end{cases}$$

则

$$f = 2y_1^2 - 2y_2^2 - 4y_1y_3 + 8y_2y_3.$$

此时, 二次型含有 y_1^2 项, 因此可以配方得

$$f = 2(y_1 - y_3)^2 - 2(y_2 - 2y_3)^2 + 6y_3^2.$$

令

$$\begin{cases} z_1 = y_1 - y_3, \\ z_2 = y_2 - 2y_3, \\ z_3 = y_3, \end{cases}$$

即

$$\begin{cases} y_1 = z_1 + z_3, \\ y_2 = z_2 + 2z_3, \\ y_3 = z_3, \end{cases}$$

则二次型就化为

$$f = 2z_1^2 - 2z_2^2 + 6z_3^2.$$

易见, 所用的变换矩阵为

$$C = \begin{pmatrix} 1 & 1 & 0 \\ 1 & -1 & 0 \\ 0 & 0 & 1 \end{pmatrix} \begin{pmatrix} 1 & 0 & 1 \\ 0 & 1 & 2 \\ 0 & 0 & 1 \end{pmatrix} = \begin{pmatrix} 1 & 1 & 3 \\ 1 & -1 & -1 \\ 0 & 0 & 1 \end{pmatrix}.$$

6.6 惯性定理

设有实二次型 $f(x_1, x_2, \cdots, x_n) = \boldsymbol{X}'\boldsymbol{A}\boldsymbol{X}$, 由定理 6.4.1 知, 存在可逆线性变换把二次型化为标准形. 我们知道, 标准形中不为零的平方项的个数恰好就是矩阵 $\boldsymbol{A}$ 的秩 $R(\boldsymbol{A}) = s$, 但它们的系数可正可负, 因此再适当排列变量的次序就可得

$$f(x_1, x_2, \cdots, x_n) = d_1y_1^2 + d_2y_2^2 + \cdots + d_py_p^2 - d_{p+1}y_{p+1}^2 - \cdots - d_sy_s^2,$$

其中 $d_i > 0,\ i = 1, 2, \cdots, s$.

再作可逆线性变换

$$\begin{cases} y_1 = \dfrac{1}{\sqrt{d_1}}z_1, \\ \cdots\cdots \\ y_s = \dfrac{1}{\sqrt{d_s}}z_s, \\ y_{s+1} = z_{s+1}, \\ \cdots\cdots \\ y_n = z_n, \end{cases}$$

那么

$$f(x_1, x_2, \cdots, x_n) = z_1^2 + z_2^2 + \cdots + z_p^2 - z_{p+1}^2 - \cdots - z_s^2. \tag{6.13}$$

(6.13) 式通常称为实二次型 $f(x_1, x_2, \cdots, x_n)$ 的**规范标准形**.

下面定理的证明读者可以略去不看.

定理 6.6.1(惯性定理)　任何实二次型都可以通过可逆线性变换将其变为规范标准形, 且规范标准形是唯一的.

证明　定理的前半部分上面已经证明, 下面用反证法证明唯一性. 设实二次型 $f(x_1, x_2, \cdots, x_n) = \boldsymbol{X}'\boldsymbol{A}\boldsymbol{X}$ 经过可逆线性变换 $\boldsymbol{X} = \boldsymbol{B}\boldsymbol{Y}$ 和 $\boldsymbol{X} = \boldsymbol{C}\boldsymbol{Z}$ 分别化为规范标准形

$$f(x_1, x_2, \cdots, x_n) = y_1^2 + \cdots + y_p^2 - y_{p+1}^2 - \cdots - y_s^2 \tag{6.14}$$

和

$$f(x_1,x_2,\cdots,x_n)=z_1^2+\cdots+z_q^2-z_{q+1}^2-\cdots-z_s^2. \tag{6.15}$$

所谓唯一性, 就是要证明 $p=q$. 假设 $p<q$. 由 (6.14) 式和 (6.15) 式知, 对任意给定的 $\boldsymbol{X}=(x_1,x_2,\cdots,x_n)'$, 对应的 $\boldsymbol{Y}=(y_1,y_2,\cdots,y_n)'$ 和 $\boldsymbol{Z}=(z_1,z_2,\cdots,z_n)'$ 必满足

$$y_1^2+\cdots+y_p^2-y_{p+1}^2-\cdots-y_s^2=z_1^2+\cdots+z_q^2-z_{q+1}^2-\cdots-z_s^2, \tag{6.16}$$

其中

$$\boldsymbol{Y}=\boldsymbol{B}^{-1}\boldsymbol{C}\boldsymbol{Z}. \tag{6.17}$$

令

$$\boldsymbol{B}^{-1}\boldsymbol{C}=\boldsymbol{G}=\begin{pmatrix} g_{11} & g_{12} & \cdots & g_{1n} \\ g_{21} & g_{22} & \cdots & g_{2n} \\ \vdots & \vdots & & \vdots \\ g_{n1} & g_{n2} & \cdots & g_{nn} \end{pmatrix},$$

则 (6.17) 式即为

$$\begin{cases} y_1=g_{11}z_1+g_{12}z_2+\cdots+g_{1n}z_n, \\ y_2=g_{21}z_1+g_{22}z_2+\cdots+g_{2n}z_n, \\ \cdots\cdots \\ y_p=g_{p1}z_1+g_{p2}z_2+\cdots+g_{pn}z_n, \\ \cdots\cdots \\ y_n=g_{n1}z_1+g_{n2}z_2+\cdots+g_{nn}z_n. \end{cases} \tag{6.18}$$

构造齐次线性方程组

$$\begin{cases} g_{11}z_1+g_{12}z_2+\cdots+g_{1n}z_n=0, \\ g_{21}z_1+g_{22}z_2+\cdots+g_{2n}z_n=0, \\ \cdots\cdots \\ g_{p1}z_1+g_{p2}z_2+\cdots+g_{pn}z_n=0, \\ z_{q+1}=0, \\ \cdots\cdots \\ z_n=0. \end{cases} \tag{6.19}$$

注意到方程组 (6.19) 的方程个数为 $p+(n-q)=n-(q-p)$, 而变量个数为 n, 于是由假设即有 $n-(q-p)<n$, 因此方程组 (6.19) 有非零解. 设 $k_1,k_2,\cdots,k_n$ 为其非零

解, 则显然 $k_{q+1}=\cdots=k_n=0$, 而 $k_1,k_2,\cdots,k_q$ 不全为零. 将 $\boldsymbol{Z}=(k_1,k_2,\cdots,k_n)'$ 代入 (6.18) 式得 $\boldsymbol{Y}=(l_1,\cdots,l_p,l_{p+1},\cdots,l_n)'$. 因为 $k_1,k_2,\cdots,k_n$ 是方程组 (6.19) 的解, 因此 $l_1=\cdots=l_p=0$, 而 $l_{p+1},\cdots,l_n$ 不全为零 (因为 $k_1,k_2,\cdots,k_n$ 不全为零, 而 $\boldsymbol{B}^{-1}\boldsymbol{C}=\boldsymbol{G}$ 可逆). 现在将 $\boldsymbol{Y}$ 和 $\boldsymbol{Z}$ 的这两组值分别代入 (6.16) 式的左端和右端, 则可得

$$f=-l_{p+1}^2-l_{p+2}^2+\cdots-l_s^2\leqslant 0,$$

$$f=k_1^2+k_2^2+\cdots+k_q^2>0.$$

这个矛盾的结果说明 $p\geqslant q$.

同理可证 $q\geqslant p$. 故 $p=q$, 从而唯一性得证. ■

由惯性定理可知, 实二次型的 (规范) 标准形中, 系数为正的平方项的个数 p 与化二次型为 (规范) 标准形时所用的可逆线性变换无关, 它是由二次型唯一确定的. 同样, 系数为负的平方项的个数 $s-p$ 也是由二次型唯一确定的.

定义6.6.1　在秩为 s 的实二次型 $f(x_1,x_2,\cdots,x_n)$ 的 (规范) 标准形中, 系数为正的平方项的个数 p 称为二次型 $f(x_1,x_2,\cdots,x_n)$ 的**正惯性指数**, 系数为负的平方项的个数 $s-p$ 称为二次型 $f(x_1,x_2,\cdots,x_n)$ 的**负惯性指数**, 两者的差 $p-(s-p)=2p-s$ 称为二次型 $f(x_1,x_2,\cdots,x_n)$ 的**符号差**.

例6.6.1　求二次型

$$f(x_1,x_2,x_3)=x_1^2+x_2^2-x_3^2+2x_2x_3$$

的秩、正惯性指数和负惯性指数.

解　因为

$$f(x_1,x_2,x_3)=x_1^2+(x_2+x_3)^2-2x_3^2,$$

所以二次型的标准形为

$$f(x_1,x_2,x_3)=y_1^2+y_2^2-2y_3^2.$$

由此知二次型的秩为 3, 正惯性指数为 2, 负惯性指数为 1.

实对称阵 $\boldsymbol{A}$ 的二次型的正 (负) 惯性指数称为矩阵 $\boldsymbol{A}$ 的**正 (负) 惯性指数**.

设实对称阵 $\boldsymbol{A}$ 的特征值为 $\lambda_1,\lambda_2,\cdots,\lambda_n$, 那么不难看出, $\boldsymbol{A}$ 的秩即为 $\boldsymbol{A}$ 的不为零的特征值的个数; $\boldsymbol{A}$ 的正惯性指数即为 $\boldsymbol{A}$ 的正特征值的个数; $\boldsymbol{A}$ 的负惯性指数即为 $\boldsymbol{A}$ 的负特征值的个数. 根据惯性定理, 这三个数由矩阵 $\boldsymbol{A}$ 唯一确定.

比如, 例 6.6.1 中, 二次型的矩阵为

$$\boldsymbol{A}=\begin{pmatrix}1&0&0\\0&1&1\\0&1&-1\end{pmatrix},$$

于是由 $|\lambda\boldsymbol{E}-\boldsymbol{A}|=0$ 不难得 $\boldsymbol{A}$ 的特征值为 $1,\sqrt{2},-\sqrt{2}$, 故二次型的秩为 3, 正惯性指数为 2, 负惯性指数为 1.

将惯性定理用于实对称阵, 即得下面的推论.

推论 6.6.1 任何 n 阶实对称阵 $\boldsymbol{A}$ 都合同于形如

$$\begin{pmatrix} \boldsymbol{E}_p & \boldsymbol{O} & \boldsymbol{O} \\ \boldsymbol{O} & -\boldsymbol{E}_{s-p} & \boldsymbol{O} \\ \boldsymbol{O} & \boldsymbol{O} & \boldsymbol{O} \end{pmatrix}$$

的对角阵, 其中 p 为 $\boldsymbol{A}$ 的正惯性指数, s 为 $\boldsymbol{A}$ 的秩.

推论 6.6.2 n 阶实对称阵 $\boldsymbol{A}$ 和 $\boldsymbol{B}$ 合同的充分必要条件是它们有相同的秩和相同的正惯性指数.

证明 若 $\boldsymbol{A}$ 与 $\boldsymbol{B}$ 合同, 即存在可逆阵 $\boldsymbol{P}$ 使得 $\boldsymbol{P}'\boldsymbol{A}\boldsymbol{P}=\boldsymbol{B}$, 这就是说, 实二次型 $f=\boldsymbol{X}'\boldsymbol{A}\boldsymbol{X}$ 可经过可逆线性变换 $\boldsymbol{X}=\boldsymbol{P}\boldsymbol{Y}$ 化为 $f=\boldsymbol{Y}'\boldsymbol{B}\boldsymbol{Y}$. 于是由惯性定理知, $\boldsymbol{A}$ 与 $\boldsymbol{B}$ 有相同的秩和相同的正惯性指数.

反之, 若 $\boldsymbol{A}$ 与 $\boldsymbol{B}$ 有相同的秩 s 和相同的正惯性指数 p, 那么由推论 6.6.1, $\boldsymbol{A}$ 和 $\boldsymbol{B}$ 都合同于同一个矩阵

$$\begin{pmatrix} \boldsymbol{E}_p & \boldsymbol{O} & \boldsymbol{O} \\ \boldsymbol{O} & -\boldsymbol{E}_{s-p} & \boldsymbol{O} \\ \boldsymbol{O} & \boldsymbol{O} & \boldsymbol{O} \end{pmatrix}.$$

于是由矩阵合同的对称性和传递性即知 $\boldsymbol{A}$ 与 $\boldsymbol{B}$ 合同. ■

6.7 正定二次型与正定矩阵

定义 6.7.1 称实二次型 $f(x_1,x_2,\cdots,x_n)$**正定**, 如果对任意一组不全为零的数 $c_1,c_2,\cdots,c_n$ 都有 $f(c_1,c_2,\cdots,c_n)>0$. 一个实对称矩阵 $\boldsymbol{A}$ 称为**正定矩阵**, 如果 $\boldsymbol{A}$ 的二次型是正定二次型, 正定矩阵简称为**正定阵**.

显然, 一个标准二次型正定的充分必要条件是其平方项的系数全部大于零. 因此对角矩阵正定的充分必要条件是对角线元素全大于零.

容易证明, 可逆线性变换 $\boldsymbol{X}=\boldsymbol{P}\boldsymbol{Y}$ 不改变实二次型 $f=\boldsymbol{X}'\boldsymbol{A}\boldsymbol{X}$ 的正定性. 事实上, 设可逆线性变换 $\boldsymbol{X}=\boldsymbol{P}\boldsymbol{Y}$, 将二次型 $\boldsymbol{X}'\boldsymbol{A}\boldsymbol{X}$ 化为 $\boldsymbol{Y}'\boldsymbol{B}\boldsymbol{Y}$, 我们知道, 此时 $\boldsymbol{B}=\boldsymbol{P}'\boldsymbol{A}\boldsymbol{P}$, 即 $(\boldsymbol{P}^{-1})'\boldsymbol{B}\boldsymbol{P}^{-1}=\boldsymbol{A}$.

假设 $\boldsymbol{X}'\boldsymbol{A}\boldsymbol{X}$ 正定, 即对任意 $\boldsymbol{X}\neq\boldsymbol{0}$ 都有 $\boldsymbol{X}'\boldsymbol{A}\boldsymbol{X}>0$, 于是对任意的 $\boldsymbol{Y}\neq\boldsymbol{0}$, 注意到 $\boldsymbol{P}\boldsymbol{Y}\neq\boldsymbol{0}$ (因为 $\boldsymbol{P}$ 可逆), 所以 $\boldsymbol{Y}'\boldsymbol{B}\boldsymbol{Y}=\boldsymbol{Y}'\boldsymbol{P}'\boldsymbol{A}\boldsymbol{P}\boldsymbol{Y}=(\boldsymbol{P}\boldsymbol{Y})'\boldsymbol{A}(\boldsymbol{P}\boldsymbol{Y})>0$. 反之, 假设 $\boldsymbol{Y}'\boldsymbol{B}\boldsymbol{Y}$ 正定, 即对任意 $\boldsymbol{Y}\neq\boldsymbol{0}$ 都有 $\boldsymbol{Y}'\boldsymbol{B}\boldsymbol{Y}>0$, 于是, 对任意 $\boldsymbol{X}\neq\boldsymbol{0}$ 都

有 $\boldsymbol{P}^{-1}\boldsymbol{X} \neq \boldsymbol{0}$, 进而 $\boldsymbol{X}'\boldsymbol{A}\boldsymbol{X} = \boldsymbol{X}'(\boldsymbol{P}^{-1})'\boldsymbol{B}\boldsymbol{P}^{-1}\boldsymbol{X} = (\boldsymbol{P}^{-1}\boldsymbol{X})'\boldsymbol{B}(\boldsymbol{P}^{-1}\boldsymbol{X}) > 0$, 这就是说 $\boldsymbol{X}'\boldsymbol{A}\boldsymbol{X}$ 也正定.

正定二次型和正定阵是在实际中有着广泛应用的两个概念. 在这一节里, 我们主要介绍判断一个实二次型是正定二次型和判断一个实对称阵是正定阵的方法.

关于正定性, 我们有下列等价条件.

定理 6.7.1　设 $\boldsymbol{A} = (a_{ij})$ 为 n 阶实对称阵, 则下列条件等价:

(1) $\boldsymbol{A}$ 正定;

(2) $\boldsymbol{A}$ 的特征值全为正数;

(3) 存在实可逆矩阵 $\boldsymbol{B}$ 使得 $\boldsymbol{A} = \boldsymbol{B}'\boldsymbol{B}$;

(4) 存在实可逆矩阵 $\boldsymbol{C}$ 使得 $\boldsymbol{C}'\boldsymbol{A}\boldsymbol{C} = \boldsymbol{E}$.

证明　设 $\boldsymbol{A}$ 是实对称阵, 则存在正交矩阵 $\boldsymbol{P}$ 使得

$$\boldsymbol{P}'\boldsymbol{A}\boldsymbol{P} = \begin{pmatrix} \lambda_1 & & & \\ & \lambda_2 & & \\ & & \ddots & \\ & & & \lambda_n \end{pmatrix} = \boldsymbol{\Lambda}$$

是对角矩阵, 且对角线元素 $\lambda_1, \lambda_2, \cdots, \lambda_n$ 为 $\boldsymbol{A}$ 的特征值.

(1) $\Rightarrow$ (2)　由于 $\boldsymbol{A}$ 与 $\boldsymbol{\Lambda}$ 有相同的正定性, 因此, 当 $\boldsymbol{A}$ 正定时, $\boldsymbol{\Lambda}$ 也正定, 进而 $\boldsymbol{A}$ 的特征值全大于零.

(2) $\Rightarrow$ (3)　设 $\boldsymbol{A}$ 的特征值全为正数. 令

$$\boldsymbol{B} = \begin{pmatrix} \sqrt{\lambda_1} & & & \\ & \sqrt{\lambda_2} & & \\ & & \ddots & \\ & & & \sqrt{\lambda_n} \end{pmatrix} \boldsymbol{P}',$$

那么

$$\boldsymbol{A} = \boldsymbol{P}\boldsymbol{\Lambda}\boldsymbol{P}' = \boldsymbol{B}'\boldsymbol{B}.$$

(3) $\Rightarrow$ (4)　设存在可逆矩阵 $\boldsymbol{B}$ 使得 $\boldsymbol{A} = \boldsymbol{B}'\boldsymbol{B}$. 令 $\boldsymbol{C} = \boldsymbol{B}^{-1}$, 则 $\boldsymbol{C}' = (\boldsymbol{B}^{-1})' = (\boldsymbol{B}')^{-1}$, 于是 $\boldsymbol{C}'\boldsymbol{A}\boldsymbol{C} = \boldsymbol{E}$.

(4) $\Rightarrow$ (1)　显然. ■

推论 6.7.1　正定矩阵的行列式大于零.

证明　设 $\boldsymbol{A}$ 正定, 则存在可逆矩阵 $\boldsymbol{C}$ 使得 $\boldsymbol{C}'\boldsymbol{A}\boldsymbol{C} = \boldsymbol{E}$, 于是

$$|\boldsymbol{C}'\boldsymbol{A}\boldsymbol{C}| = |\boldsymbol{C}'||\boldsymbol{A}||\boldsymbol{C}| = |\boldsymbol{C}|^2|\boldsymbol{A}| = |\boldsymbol{E}| = 1.$$

由此可得 $|\boldsymbol{A}| > 0$. ■

有时我们希望直接从 (二次型的) 矩阵本身来判别它的正定性, 而不需要去求矩阵的特征值或者将其进行分解.

设矩阵 $\boldsymbol{A}=(a_{ij})_{n\times n}$, 则称 r 阶行列式

$$\begin{vmatrix} a_{11} & a_{12} & \cdots & a_{1r} \\ a_{21} & a_{22} & \cdots & a_{2r} \\ \vdots & \vdots & & \vdots \\ a_{r1} & a_{r2} & \cdots & a_{rr} \end{vmatrix}$$

为 $\boldsymbol{A}$ 的 r 阶**顺序主子式**. 下面的定理给出了用矩阵的顺序主子式来判别矩阵正定的方法, 但其证明比较复杂, 读者可以略去不看.

定理 6.7.2 n 阶实对称阵 $\boldsymbol{A}=(a_{ij})$ 正定的充分必要条件是 $\boldsymbol{A}$ 的各阶顺序主子式全大于零.

证明 必要性 设 $\boldsymbol{A}$ 正定, 即二次型

$$f(x_1,x_2,\cdots,x_n)=\sum_{i=1}^{n}\sum_{j=1}^{n}a_{ij}x_ix_j$$

正定. 对每个 k, $1\leqslant k\leqslant n$, 令

$$f_k(x_1,x_2,\cdots,x_k)=\sum_{i=1}^{k}\sum_{j=1}^{k}a_{ij}x_ix_j,$$

于是, 对任意一组不全为零的数 $c_1,c_2,\cdots,c_k$,

$$\begin{aligned} f_k(c_1,c_2,\cdots,c_k)&=\sum_{i=1}^{k}\sum_{j=1}^{k}a_{ij}c_ic_j \\ &=f(c_1,c_2,\cdots,c_k,0,\cdots,0)>0. \end{aligned}$$

因此 $f_k(x_1,x_2,\cdots,x_k)$ 正定. 由上面的推论, $f_k(x_1,x_2,\cdots,x_k)$ 的矩阵的行列式

$$\begin{vmatrix} a_{11} & a_{12} & \cdots & a_{1k} \\ a_{21} & a_{22} & \cdots & a_{2k} \\ \vdots & \vdots & & \vdots \\ a_{k1} & a_{k2} & \cdots & a_{kk} \end{vmatrix}>0,$$

这证明了 $\boldsymbol{A}$ 的各阶顺序主子式全大于零.

充分性 设 $\boldsymbol{A}$ 的各阶顺序主子式全大于零. 我们对 n 用归纳法证明 $\boldsymbol{A}$ 正定.

若 $n=1$, 显然结论成立. 今假设对 $n-1$ 阶矩阵结论也正确. 现证明 n 阶的情形. 令

$$\boldsymbol{A}_1=\begin{pmatrix} a_{11} & a_{12} & \cdots & a_{1,n-1} \\ a_{21} & a_{22} & \cdots & a_{2,n-1} \\ \vdots & \vdots & & \vdots \\ a_{n-1,1} & a_{n-1,2} & \cdots & a_{n-1,n-1} \end{pmatrix}, \quad \boldsymbol{\alpha}=\begin{pmatrix} a_{1n} \\ a_{2n} \\ \vdots \\ a_{n-1,n} \end{pmatrix},$$

则

$$\boldsymbol{A}=\begin{pmatrix} \boldsymbol{A}_1 & \boldsymbol{\alpha} \\ \boldsymbol{\alpha}' & a_{nn} \end{pmatrix}.$$

显然, $\boldsymbol{A}_1$ 的各阶顺序主子式全大于零, 于是由归纳假设, $\boldsymbol{A}_1$ 正定, 进而存在可逆矩阵 $\boldsymbol{C}_1$ 使得 $\boldsymbol{C}_1'\boldsymbol{A}_1\boldsymbol{C}_1=\boldsymbol{E}$. 令

$$\boldsymbol{C}=\begin{pmatrix} \boldsymbol{C}_1 & \boldsymbol{O} \\ \boldsymbol{O} & 1 \end{pmatrix},$$

那么

$$\boldsymbol{C}'\boldsymbol{A}\boldsymbol{C}=\begin{pmatrix} \boldsymbol{C}_1'\boldsymbol{A}_1\boldsymbol{C}_1 & \boldsymbol{C}_1'\boldsymbol{\alpha} \\ \boldsymbol{\alpha}'\boldsymbol{C}_1 & a_{nn} \end{pmatrix}=\begin{pmatrix} \boldsymbol{E} & \boldsymbol{C}_1'\boldsymbol{\alpha} \\ \boldsymbol{\alpha}'\boldsymbol{C}_1 & a_{nn} \end{pmatrix}.$$

再令

$$\boldsymbol{D}=\begin{pmatrix} \boldsymbol{E} & -\boldsymbol{C}_1'\boldsymbol{\alpha} \\ \boldsymbol{O} & 1 \end{pmatrix},$$

于是,

$$\begin{aligned}(\boldsymbol{C}\boldsymbol{D})'\boldsymbol{A}(\boldsymbol{C}\boldsymbol{D})&=\boldsymbol{D}'(\boldsymbol{C}'\boldsymbol{A}\boldsymbol{C})\boldsymbol{D}=\boldsymbol{D}'\begin{pmatrix} \boldsymbol{E} & \boldsymbol{C}_1'\boldsymbol{\alpha} \\ \boldsymbol{\alpha}'\boldsymbol{C}_1 & a_{nn} \end{pmatrix}\boldsymbol{D} \\ &=\begin{pmatrix} \boldsymbol{E} & \boldsymbol{O} \\ \boldsymbol{O} & a_{nn}-\boldsymbol{\alpha}'\boldsymbol{C}_1\boldsymbol{C}_1'\boldsymbol{\alpha} \end{pmatrix}.\end{aligned}$$

如果记 $\boldsymbol{C}\boldsymbol{D}=\boldsymbol{P}$, $a_{nn}-\boldsymbol{\alpha}'\boldsymbol{C}_1\boldsymbol{C}_1'\boldsymbol{\alpha}=a$, 上式就是

$$\boldsymbol{P}'\boldsymbol{A}\boldsymbol{P}=\begin{pmatrix} \boldsymbol{E} & \boldsymbol{O} \\ \boldsymbol{O} & a \end{pmatrix}.$$

两边取行列式得

$$|\boldsymbol{P}'\boldsymbol{A}\boldsymbol{P}|=|\boldsymbol{P}|^2|\boldsymbol{A}|=a,$$

由此有 $a>0$. 再令

$$Q = P\begin{pmatrix} 1 & & & \\ & \ddots & & \\ & & 1 & \\ & & & \sqrt{a^{-1}} \end{pmatrix},$$

这时就有

$$Q'AQ = E,$$

从而 A 正定. ■

例6.7.1 判断二次型

$$f(x_1, x_2, x_3) = 5x_1^2 + 5x_2^2 + 5x_3^2 + 4x_1x_2 - 4x_1x_3 - 2x_2x_3$$

是否正定.

解 这个二次型的矩阵为

$$A = \begin{pmatrix} 5 & 2 & -2 \\ 2 & 5 & -1 \\ -2 & -1 & 5 \end{pmatrix},$$

它的各阶顺序主子式子分别是

$$|5| = 5 > 0, \quad \begin{vmatrix} 5 & 2 \\ 2 & 5 \end{vmatrix} = 21 > 0, \quad \begin{vmatrix} 5 & 2 & -2 \\ 2 & 5 & -1 \\ -2 & -1 & 5 \end{vmatrix} = 88 > 0,$$

所以 A 正定, 即二次型正定.

除了正定二次型外, 实二次型中还有半正定二次型, 负定 (半负定) 二次型以及不定二次型等. 实二次型 $f = X'AX$ 称为**半正定**的, 如果对任一 $X \neq 0$, $f = X'AX \geqslant 0$. 这时也称实对称矩阵 A 为**半正定矩阵**. 对偶地, 我们有实二次型 (或实对称阵) **负定** (**半负定**) 的概念. 既不是半正定也不是半负定的二次型称为**不定二次型**.

可以像正定二次型 (正定矩阵) 那样讨论半正定二次型 (半正定矩阵), 负定二次型 (负定矩阵) 以及半负定二次型 (半负定矩阵) 的相关性质, 由于篇幅所限, 这里不再赘述.

习 题 6

1. 求下列矩阵的特征值和特征向量:

(1) $\begin{pmatrix} 1 & -1 \\ 2 & 4 \end{pmatrix}$; (2) $\begin{pmatrix} 3 & 1 & 0 \\ -4 & -1 & 0 \\ 4 & -8 & 2 \end{pmatrix}$; (3) $\begin{pmatrix} 0 & 0 & 1 \\ 0 & 1 & 0 \\ 1 & 0 & 0 \end{pmatrix}$.

2. 证明：若 λ 是方阵 $\boldsymbol{A}$ 的特征值, 则

(1) λ 是 $\boldsymbol{A}'$ 的特征值;

(2) $c\lambda$ 是 $c\boldsymbol{A}$ 的特征值 ($c \neq 0$ 为常数);

(3) λ^k 是 $\boldsymbol{A}^k$ 的特征值 (k 为正整数).

3. 证明：若 λ 是可逆矩阵 $\boldsymbol{A}$ 的特征值, 则

(1) λ^{-1} 是 $\boldsymbol{A}^{-1}$ 的特征值;

(2) $\lambda^{-1}|\boldsymbol{A}|$ 是 $\boldsymbol{A}^*$ 的特征值.

4. 设矩阵

$$\boldsymbol{A} = \begin{pmatrix} a & -1 & c \\ 5 & b & 3 \\ 1-c & 0 & -a \end{pmatrix},$$

其行列式 $|\boldsymbol{A}| = -1$, 而其伴随矩阵 $\boldsymbol{A}^*$ 有一个特征值 λ_0, 属于 λ_0 的一个特征向量为 $\boldsymbol{\xi} = (-1, -1, 1)'$, 试求 a, b, c 和 λ_0 的值.

5. 已知矩阵 $\boldsymbol{A} = \begin{pmatrix} 1 & -2 & -4 \\ -2 & x & -2 \\ -4 & -2 & 1 \end{pmatrix}$ 与对角阵 $\boldsymbol{\Lambda} = \begin{pmatrix} 5 & & \\ & y & \\ & & -4 \end{pmatrix}$ 相似, 试求 x 和 y.

6. 设 $\boldsymbol{A} = \begin{pmatrix} 1 & 4 & 2 \\ 0 & -3 & 4 \\ 0 & 4 & 3 \end{pmatrix}$, 求 $\boldsymbol{A}^k$.

7. 证明：矩阵 $\boldsymbol{A}$ 的不同特征值对应的两个特征向量的和不再是 $\boldsymbol{A}$ 的特征向量.

8. 证明：正交矩阵的特征值的绝对值等于 1.

9. 证明：反对称 (即满足 $\boldsymbol{A}' = -\boldsymbol{A}$) 的实矩阵的特征值是零或纯虚数.

10. 设 $\boldsymbol{A}, \boldsymbol{B}$ 为 n 阶方阵, 且 $\boldsymbol{A}$ 可逆, 证明：$\boldsymbol{AB}$ 与 $\boldsymbol{BA}$ 相似.

11. 设 $\boldsymbol{A}, \boldsymbol{B}$ 为 n 阶方阵, $\boldsymbol{C}, \boldsymbol{D}$ 为 m 阶方阵, 且 $\boldsymbol{A}$ 与 $\boldsymbol{B}$ 相似, $\boldsymbol{C}$ 与 $\boldsymbol{D}$ 相似, 证明

$$\begin{pmatrix} \boldsymbol{A} & \boldsymbol{O} \\ \boldsymbol{O} & \boldsymbol{C} \end{pmatrix} \quad 与 \quad \begin{pmatrix} \boldsymbol{B} & \boldsymbol{O} \\ \boldsymbol{O} & \boldsymbol{D} \end{pmatrix}$$

相似.

12. 对于下列矩阵 $\boldsymbol{A}$, 求正交矩阵 $\boldsymbol{P}$, 使 $\boldsymbol{P}'\boldsymbol{AP}$ 为对角矩阵：

(1) $\boldsymbol{A} = \begin{pmatrix} 2 & 2 & -2 \\ 2 & 5 & -4 \\ -2 & -4 & 5 \end{pmatrix}$;　(2) $\boldsymbol{A} = \begin{pmatrix} 2 & -2 & 0 \\ -2 & 1 & -2 \\ 0 & -2 & 0 \end{pmatrix}$.

13. 设三阶矩阵 $\boldsymbol{A}$ 的特征值为 $1, 0, -1$, 它们对应的特征向量分别为

$$\boldsymbol{\xi}_1 = \begin{pmatrix} 1 \\ 2 \\ 2 \end{pmatrix}, \quad \boldsymbol{\xi}_2 = \begin{pmatrix} 2 \\ -2 \\ 1 \end{pmatrix}, \quad \boldsymbol{\xi}_3 = \begin{pmatrix} -2 \\ -1 \\ 2 \end{pmatrix},$$

求 $\boldsymbol{A}$.

14. 设三阶实对称阵 $\boldsymbol{A}$ 的特征值为 6,3,3, 其中 6 对应的特征向量为 $\boldsymbol{\xi}=(1,1,1)'$, 试求 $\boldsymbol{A}$.

15. 设三阶实对称矩阵 $\boldsymbol{A}$ 的各行元素之和均为 3, 向量 $\boldsymbol{\alpha}_1=(-1,2,-1)'$, $\boldsymbol{\alpha}_2=(0,-1,1)'$ 是方程组 $\boldsymbol{AX}=\boldsymbol{0}$ 的两个解.

(1) 求 $\boldsymbol{A}$ 的特征值和特征向量;

(2) 求正交阵 $\boldsymbol{P}$ 以及对角阵 $\boldsymbol{\Lambda}$, 使得 $\boldsymbol{P}'\boldsymbol{AP}=\boldsymbol{\Lambda}$.

16. 证明：两个 n 阶实对称阵相似的充分必要条件是它们有相同的特征多项式.

17. 求一个正交变换将下列二次型化为标准形：

(1) $f=2x_1^2+x_2^2-4x_1x_2-4x_2x_3$;

(2) $f=2x_1^2+3x_2^2+3x_3^2+4x_2x_3$;

(3) $f=x_1^2+4x_2^2+4x_3^2-4x_1x_2+4x_1x_3-8x_2x_3$;

(4) $f=x_1^2+x_2^2+x_3^2+x_4^2+2x_1x_2-2x_1x_4-2x_2x_3+2x_3x_4$.

18. 用配方法将二次型化为标准形, 并写出所用的变换矩阵：

(1) $f=x_1^2+3x_2^2+5x_3^2+2x_1x_2-4x_1x_3$;

(2) $f=x_1x_2+x_1x_3+x_2x_3$.

19. 已知实二次型

$$f(x_1,x_2,x_3)=2x_1^2+3x_2^2+3x_3^2+2ax_2x_3 \quad (a>0),$$

通过正交变换 $\boldsymbol{X}=\boldsymbol{PY}$ 化为标准形

$$f=y_1^2+2y_2^2+5y_3^2,$$

求参数 a 及所用的正交变换矩阵 $\boldsymbol{P}$.

20. 已知实二次型

$$f(x_1,x_2,x_3)=(1-a)x_1^2+(1-a)x_2^2+2x_3^2+2(1+a)x_1x_2$$

的秩为 2.

(1) 求 a 的值;

(2) 求正交变换 $\boldsymbol{X}=\boldsymbol{PY}$, 把 $f(x_1,x_2,x_3)$ 化为标准形;

(3) 求方程 $f(x_1,x_2,x_3)=0$ 的解.

21. 证明：二次型 $f=\boldsymbol{X}'\boldsymbol{AX}$ 在 $|\boldsymbol{X}|=1$ 时的最大值是 $\boldsymbol{A}$ 的最大特征值.

22. 已知

$$\boldsymbol{A}=\begin{pmatrix}1&2&0\\2&2&0\\0&0&-1\end{pmatrix},$$

试判断下列矩阵中哪个与 $\boldsymbol{A}$ 合同, 并说明理由.

(1) $\begin{pmatrix}1&0&0\\0&1&0\\0&0&1\end{pmatrix}$; (2) $\begin{pmatrix}1&0&0\\0&1&0\\0&0&-1\end{pmatrix}$; (3) $\begin{pmatrix}1&0&0\\0&-1&0\\0&0&-1\end{pmatrix}$; (4) $\begin{pmatrix}-1&0&0\\0&-1&0\\0&0&-1\end{pmatrix}$.

23. 判别下列二次型的正定性:

(1) $-2x_1^2-6x_2^2-4x_3^2+2x_1x_2+2x_1x_3$;

(2) $x_1^2+3x_2^2+9x_3^2+19x_4^2-2x_1x_2+4x_1x_3+2x_1x_4-6x_2x_4-12x_3x_4$.

24. 设 $\boldsymbol{A}$ 为 n 阶正定阵, 证明行列式 $|\boldsymbol{E}+\boldsymbol{A}|>1$.

25. 设 $\boldsymbol{A}$ 为 $m\times n$ 实矩阵, 矩阵 $\boldsymbol{B}=\lambda\boldsymbol{E}+\boldsymbol{A}'\boldsymbol{A}$, 其中 λ 为实数. 试证: 当 $\lambda>0$ 时, $\boldsymbol{B}$ 为正定阵.

26. 设矩阵 $\boldsymbol{A}=\begin{pmatrix}1&0&1\\0&2&0\\1&0&1\end{pmatrix}$, 矩阵 $\boldsymbol{B}=(k\boldsymbol{E}+\boldsymbol{A})^2$, 其中 k 为实数, 求对角矩阵 $\boldsymbol{\Lambda}$ 使得 $\boldsymbol{B}$ 与 $\boldsymbol{\Lambda}$ 相似, 并求 k 为何值时, $\boldsymbol{B}$ 为正定阵.

27. 设

$$f=x_1^2+x_2^2+5x_3^2+2ax_1x_2-2x_1x_3+4x_2x_3$$

是正定二次型, 求 a 的值.

28. 设实二次型

$$f=(x_1+a_1x_2)^2+(x_2+a_2x_3)^2+\cdots+(x_{n-1}+a_{n-1}x_n)^2+(x_n+a_nx_1)^2,$$

其中 $a_i\ (i=1,2,\cdots,n)$ 为实数, 试问 $a_1,a_2,\cdots,a_n$ 满足何种条件时, f 为正定二次型.

29. 设 $\boldsymbol{A}$ 为 m 阶正定阵, $\boldsymbol{B}$ 是 $m\times n$ 实矩阵. 证明: $\boldsymbol{B}'\boldsymbol{A}\boldsymbol{B}$ 是正定阵的充分必要条件是 $\boldsymbol{B}$ 的秩 $R(\boldsymbol{B})=n$.

30. 设 $\boldsymbol{A}$ 为 n 阶实对称矩阵, 且 $\boldsymbol{A}^2=\boldsymbol{A}$, 证明存在正交矩阵 $\boldsymbol{Q}$ 使得

$$\boldsymbol{Q}'\boldsymbol{A}\boldsymbol{Q}=\begin{pmatrix}1&&&&&\\&\ddots&&&&\\&&1&&&\\&&&0&&\\&&&&\ddots&\\&&&&&0\end{pmatrix}.$$

31. 求矩阵 $\begin{pmatrix}a_1\\a_2\\\vdots\\a_n\end{pmatrix}(a_1,a_2,\cdots,a_n)$ 的特征值和特征向量.

32. 用凯莱 – 哈密顿定理证明: 任意可逆矩阵 $\boldsymbol{A}$ 的逆矩阵 $\boldsymbol{A}^{-1}$ 可表示为 $\boldsymbol{A}$ 的多项式.